"微动摩擦学理论与实践"丛书

微动磨损理论

朱旻昊　蔡振兵　周仲荣　著

科学出版社

北京

内容简介

  本书是有关微动磨损基本现象、理论和最新研究进展的专著。在详细分析工业领域中常见微动损伤现象和失效形式的基础上，本书归纳了九类典型微动损伤失效形式。首先，介绍了运行工况微动图和材料响应微动图的二类微动图建立方法和过程，阐述了切向微动磨损条件下微动磨损的运行行为和损伤机理。随后，介绍了其他微动磨损形式（包括径向微动磨损、扭动微动磨损、转动微动磨损、双向复合微动磨损、扭转复合微动磨损）的运行行为和损伤机理，以及微动白层的最新研究进展。最后，根据总结的微动磨损理论，本书提出了微动磨损的防护准则，并结合工程应用实际范例，对抗微动磨损防护的表面工程设计方法进行了概述。

  本书可供摩擦学与表面工程、机械工程、材料科学、力学等专业以及交通运输、电力装备、核电装备、航空航天等工业领域从事产品设计、制造、运维等方面的科技人员、工程技术人员和大专院校师生参考使用。

图书在版编目(CIP)数据

  微动磨损理论/朱旻昊，蔡振兵，周仲荣著. — 北京：科学出版社，2021.10（2022.8 重印）

  （微动摩擦学理论与实践）

  ISBN 978-7-03-057219-6

  Ⅰ.①微…　Ⅱ.①朱…　②蔡…　③周…　Ⅲ.①微动磨损–研究　Ⅳ.①TH117.1

  中国版本图书馆 CIP 数据核字（2018）第 074166 号

责任编辑：华宗琪 / 责任校对：樊雅琼
责任印制：罗　科 / 封面设计：义和文创

科 学 出 版 社 出版

北京东黄城根北街16号
邮政编码：100717
http://www.sciencep.com

成都锦瑞印刷有限责任公司印刷

科学出版社发行　各地新华书店经销

*

2021 年 10 月第 一 版　开本：B5（720×1000）
2022 年 8 月第二次印刷　印张：23 3/4
字数：479 000

定价：199.00 元
（如有印装质量问题，我社负责调换）

序

摩擦消耗掉全世界 1/3 的一次性能源，约有 80%的机器零部件因为磨损而失效，而 50%以上的机械装备恶性事故起因于润滑失效和过度磨损。1984 年，我国工矿企业在摩擦、磨损和润滑方面的节约潜力约占 GNP 的 1.37%，而其投入回报率高达 1∶50。2006 年，我国再次组织了全社会的摩擦学调查，报告指出摩擦磨损的损失约 9500 亿元。根据该调研数据测算，在工业领域应用摩擦学知识估计可节约 3270 亿元，占 2006 年我国国内生产总值的 1.55%。因此，磨损理论的研究具有重要的理论和实际意义。

微动是不同于滑动和滚动的另外一种摩擦运动，微动磨损则是一种涉及黏着磨损、磨粒磨损、疲劳磨损、氧化磨损四种基本磨损机制的特殊而且复杂的磨损形式。微动磨损被称为现代工业的"癌症"，广泛存在于现代工业的各个领域。由于其具有相对运动幅度极低(通常在微米量级)、原位接触、损伤隐蔽等特点，在我国工业各领域长期被忽视。

微动现象被关注要追溯到 1911 年，E. M. Eden 等在疲劳试验夹持位置观察到了红褐色磨屑，提出了"微动"的概念。真正的研究大致始于 1939 年，直到 20世纪 70 年代，微动摩擦学的系统性研究才开展起来。我国国内最早的微动磨损研究始于 20 世纪 80 年代初，以沈阳金属研究所李诗卓、上海材料研究所罗唯力等老一代摩擦学工作者为代表。西南交通大学周仲荣教授在法国留学期间，提出了切向微动磨损的"微动混合区""二类微动图"等创新理念，1997 年他回国后，带领团队一直致力于微动摩擦学的研究，于 2006 年获得了国家自然科学奖二等奖。近二十年，朱旻昊教授等将微动磨损的研究从切向模式又扩展到了径向、扭动、转动和所有复合模式，构建了完整的理论体系，为工业各领域，尤其是重大工程关键部件的微动损伤防护提供了重要的理论支撑和应用指导，同时也使我国微动磨损领域的研究跻身国际领先水平。因此，微动磨损近年来越来越受到广大工程技术人员的关注。

该书是作者团队对微动磨损理论的系统归纳和总结，一共十章，其主要特点有以下几个方面。

(1)系统介绍了微动摩擦学相关基础知识、概念和趋势，以及发展历史(第 1章)。

(2)结合大量实例，系统总结了现代工业各领域的微动损伤现象，给出了科学分类和概括总结(第 2 章)。

(3)分别针对切向、径向、扭动、转动等单一微动模式,再到双向复合微动磨损和扭转复合微动磨损,系统介绍了微动磨损的试验模拟、动力学行为、二类微动图、摩擦系数(摩擦扭矩)动态演变、能量耗散和损伤机理(第3章~第8章)。

(4)从微观组织结构转变角度,系统对比了不同微动模式摩擦白层的形成过程及机理,揭示了其对微动磨损过程的影响(第9章)。

(5)最后系统归纳了微动磨损理论的核心内容,并给出了抗微动磨损的防护准则和表面工程设计方法(第10章)。

该书不仅是摩擦学领域的重要理论性著作,更是工程技术领域的重要参考书,因此推荐给摩擦学、机械工程、材料学、力学等专业以及在交通运输、航空航天、电力、核电等工业领域从事产品研究、设计、制造、使用、维修等方面的科技人员和大专院校师生学习、参考。

中国工程院院士

2020 年 11 月

前　言

　　微动是一种不同于滑动、滚动的摩擦运动，微动摩擦学是研究与微动摩擦运动相关的摩擦、磨损、疲劳、腐蚀等行为及机理，以及相关试验、检测和工程应用的学科方向，它是摩擦学的主要分支领域之一。迄今，对微动摩擦学的研究中，微动腐蚀的研究相对偏少，其文献量大约占总数的5%，而微动磨损和微动疲劳的研究大约在剩下的部分中各占1/2。

　　本书系统介绍微动磨损的相关理论。微动磨损按球/平面接触模式，可以分为切向微动、径向微动、扭动微动和转动微动四种基本模式。目前国内外绝大多数的研究主要集中在切向微动磨损上，作者课题组于2000年率先在径向微动磨损模式上取得突破，然后将微动模式逐渐推广到扭动微动磨损、转动微动磨损，以及双向复合微动磨损、扭转复合微动磨损等复合模式上。另外，团队发展了基于切向微动磨损的微动图理论(运行工况微动图和材料响应微动图)，将其推广到了所有单一和复合模式的微动磨损领域。

　　本书系统介绍微动摩擦学及微动磨损的相关基础概念，总结现今工程领域存在的各种微动损伤和失效现象，系统揭示单一和复合模式微动磨损的运行行为和损伤机理，并介绍基于微动磨损理论的材料损伤防护准则和针对抗复杂微动损伤的摩擦学及表面工程设计方法。希望本书在丰富发展摩擦学的基础理论的同时，为实际工程中的抗微动损伤应用提供指导和参考。

　　本书各章的具体内容如下。

　　第1章　绪论。介绍微动摩擦学的基本概念、发展历史和微动磨损的试验方法，以及微动摩擦学的理论体系。

　　第2章　工业领域的典型微动损伤现象。总结归纳九类现代工业各领域的各种微动损伤现象，以帮助读者，尤其是工程应用部门的技术人员了解微动损伤可能发生的场合。

　　第3章　切向微动磨损及微动图理论。介绍运行工况微动图和材料响应微动图的建立过程，阐述切向微动磨损条件下，微动磨损的运行行为和损伤机理。

　　第4章　径向微动磨损。介绍径向微动磨损产生的条件及其试验装置，阐述径向微动磨损条件下，微动磨损的运行行为和损伤机理。

　　第5章　扭动微动磨损。介绍扭动微动磨损的实现，阐述扭动微动磨损条件下，微动磨损的运行行为和损伤机理。

　　第6章　转动微动磨损。介绍转动微动磨损的实现，阐述转动微动磨损条件下，微动磨损的运行行为和损伤机理。

第7章　双向复合微动磨损。介绍切向与径向双向复合微动磨损的实现，阐述双向复合微动磨损条件下，微动磨损的运行行为和损伤机理。

第8章　扭转复合微动磨损。介绍扭动与转动复合微动磨损的实现，阐述扭转复合微动磨损条件下，微动磨损的运行行为和损伤机理。

第9章　微动白层。介绍摩擦学白层研究中存在的争论，重点阐述微动白层的形成过程及机理。

第10章　微动磨损理论及其应用。总结微动磨损理论，提出微动磨损的防护准则，且从摩擦学和表面工程设计和损伤防护角度，结合工程实际范例，介绍抗微动磨损的表面工程设计方法。

本书是作者团队二十余年研究的理论总结，课题组前后许多研究生为本书中的科研成果做出了重要贡献，他们是莫继良、林修洲、郑健峰、罗军、彭金方、沈明学、周琰、米雪、俞佳、杨皎、廖正君、何莉萍、熊雪梅等，借此机会向他们表示衷心的感谢！

微动磨损研究随着试验技术的进步和基础理论的发展，仍然在不断进步。书中难免存在疏漏或不妥之处，敬请广大同行、读者批评指正。

2020 年 11 月　成都

目　　录

第1章 绪 论

1.1 微动摩擦学概述

1.1.1 微动摩擦学的相关概念

微动(fretting)是指在机械振动、疲劳载荷、电磁振动、流致振动或热循环等交变载荷作用下,接触表面间发生的振幅极小的相对运动(位移幅值通常为微米量级)[1, 2],该接触表面通常名义上是"静止的",即微动发生在"紧固"配合(也可能是间隙配合)的机械部件中。因此,微动摩擦学是研究微动的运行机理、损伤机制、测试、监控、预防和安全评估的一个学科分支,它是一门日益发展的新兴交叉学科,涉及的学科广泛,如机械学、材料学、力学、物理学、化学,甚至生物医学、电工学等。

微动是一种不同于滑动和滚动的摩擦运动方式,其特点是具有高隐蔽性和危害性,主要表现如下。

(1)近似原位接触,表面损伤区无法直接观察或检测;

(2)损伤过程不伴随明显的摩擦热,难以被及时探测或预测;

(3)其损伤机制复杂,涉及黏着、磨粒、氧化和疲劳四种基本磨损机制;

(4)与滚动和滑动不同,磨屑形成过程的氧化过程和产物不同。

虽然微动的相对运动幅度很小,但其造成的材料损伤是严重的,通常称为微动损伤,表现为两种基本形式[3-5]。

(1)微动导致的磨损:微动可以造成接触面间的表面磨损(图 1-1(a)),产生材料损失和构件尺寸变化,引起构件咬合、松动、功率损失、振动噪声增加或形成污染源。

(2)微动导致的疲劳:微动可以加速裂纹的萌生与扩展(图 1-1(b)和(c)),使构件的疲劳寿命大大缩短,微动疲劳极限甚至可低至材料常规疲劳极限的 1/5～1/3。往往此损伤形式的危险性和危害性更大,甚至可造成一些灾难性的事故。

实际上,许多设计、工艺和维修人员在实践中都曾遇到各种微动损伤,由于其高隐蔽性,或者对其不够了解和认识,可能出现一些误判。在工程实际中,一般可通过如下 4 个步骤判断是否发生了微动损伤。

（1）判断是否有振动源或承受交变载荷，电磁作用、噪声、冷热循环和流致振动等外加作用也可产生振动而导致微动；而实际的工程问题中，外加载荷往往是多种形式的叠加。这是微动发生的内因。

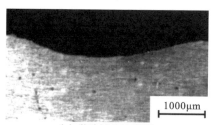
（a）微动导致的磨损

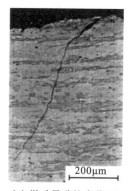
（b）微动导致的疲劳（1）

（c）微动导致的疲劳（2）

图 1-1　微动导致的磨损与微动导致的疲劳之典型损伤形貌

（2）判断损伤是否发生在名义上静止的紧配合界面上，当然微动也可发生于间隙配合面间。

（3）判断是否存在微动损伤的表面形貌。其相对滑动的痕迹可作为判断的重要依据，一般可参照同一部件的其他部分，检查局部的表面形貌和轮廓变化，如粗糙度、塑性变形、划痕、表面和亚表面裂纹等。

（4）判断磨屑的特征。普通的铁锈成分为 α-$Fe_3O_4 \cdot H_2O$，具有层状结构，较易分散，而钢的微动磨屑为棕红色 α-Fe_2O_3（干态无润滑时），比普通铁锈鲜艳得多，磨屑明显不同于黑色的滑动磨损产物，这是由于磨屑难以排出微动接触界面，磨屑反复碾碎而细化、氧化，磨屑中观察不到金属颗粒。对于铝合金和钛合金等有色金属，磨屑往往呈黑色（而通常的氧化铝为白色）。

1.1.2　微动摩擦学的分类

在微动摩擦学领域，习惯上将微动分为三类(图 1-2)[5]。

(1)微动磨损(fretting wear)：通常是指接触表面的相对位移是由接触副外界振动引起的微动，接触副本身只承受局部接触载荷，或承受固定的预应力，如图 1-2(a)所示。

(2)微动疲劳(fretting fatigue)：是指接触表面的相对位移是由接触副承受外界的交变疲劳应力引起的变形而产生的微动，如图 1-2(b)所示。

(3)微动腐蚀(fretting corrosion)：是指在电解质或其他腐蚀介质(如海水、酸雨、腐蚀性气氛等)中发生的微动。微动过程都有腐蚀发生，但这时腐蚀作用占优势，如图 1-2(c)所示。

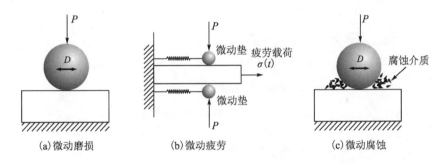

(a)微动磨损　　　　　　　(b)微动疲劳　　　　　　　(c)微动腐蚀

图 1-2　微动磨损、微动疲劳和微动腐蚀示意图

P-法向压力；D-位移幅值；$\sigma(t)$-交变应力

需要指出的是，微动磨损、微动疲劳和微动腐蚀并不是三种损伤机制，而只是微动的三种类型，损伤机制只有两种，即微动导致的表面磨损和疲劳。换一种说法，可描述为：微动损伤是微动磨损、微动疲劳和微动腐蚀造成的材料表面磨损和疲劳的统称；而微动的分类是基于形成的原因给出的。

在国内对微动现象也曾使用过很多名词，如"咬蚀""震蚀""磨蚀""微振磨蚀""微振磨损"等，这些称呼与国际习惯不接轨，建议根据微动的工况条件和形成原因使用微动磨损、微动疲劳和微动腐蚀等名词。

实际工程问题的微动现象往往是比较复杂的，从接触副相对运动的关系来说，就存在十分复杂的运动形式。球/平面接触是研究中最常采用的接触模型，以此为例，按不同的相对运动方向，微动可分为四种基本运行模式[4, 5](图 1-3)：①切向微动，或称平移式微动；②径向微动；③转动微动；④扭动微动。后三类微动形式虽然在工业中也经常出现，但研究报道却相对较少，大概不足 10%。而综合两种或两种以上的微动模式的研究，即复合模式的微动(简称复合微动)，因其问题复杂性大大增加，研究更是少见。

在核反应堆的微动损伤研究中，国外一些学者习惯将在径向存在微幅冲击的运动称为冲击微动(见2.4节)[6-8]，实际上这是一种微幅冲击与切向微动复合的复杂微动，与之相对应，也有学者将切向微动称为摩擦微动，但这不为大多数学者所接受。对于电接触领域，因电磁振动导致的微动，国际上通常称为电接触微动(见2.8节)。

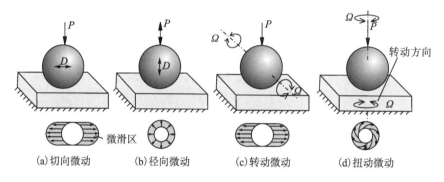

图 1-3　微动运行的四种基本模式示意图

P-法向压力；D-位移幅值；Ω-角度振幅

1.1.3　微动的运动状态及其力学分析

1.微滑的产生

摩擦是两接触副相对运动时所发生的重要物理现象，一个物体置于平面上，其顶部施加法向压力 P 后，在与界面平行的方向上施加切向力 T，如图 1-4(a)所示，同时存在摩擦力 F_f 与之达到平衡。如图 1-4(b)所示，当施加的切向力从 0 线性地增加到 T_{max} 时，此期间相对速度为 0，物体仍处于静止状态，此现象为"静摩擦"；一旦切向力超过 T_{max}，相对速度在很短的加速过程中沿接触面从 0 增加到一个稳定的滑动速度。物体加速所需要的力超过了原来施加的切向力；此后，达到相对稳定的滑动速度，切向力降到常数值 T_{dyn}，此现象称为"动摩擦"。Coulomb 的试验证明了最大静摩擦力在运动开始时与接触面积无关，而与法向压力成正比[9]，所以静摩擦系数可以定义为

$$\mu_s = \frac{T_{max}}{P} \tag{1-1}$$

对给定的摩擦系统该比值是常数，因此摩擦黏着(sticking)的条件为：$T < \mu_s \cdot P$。在滑动条件下，摩擦力为常数，同样可以定义动摩擦系数为

$$\mu_{d} = \frac{T_{dyn}}{P} \tag{1-2}$$

对于球/平面接触，因接触压力是非均匀的，情形与上述平面/平面接触有所不同。可以把球/平面接触看成由一系列无限小的平面单元组成，而法向压力的大小则由压力分布确定，如图 1-5 所示。如果假设切向力是常数，在接触区外部，单元法向载荷小，已经处于滑动状态，而内部单元法向载荷大，仍处于黏着状态。因此，每个单元的摩擦力不同，有的单元处于静摩擦，而有的单元处于动摩擦。摩擦力的总和与施加的切向力相平衡。这就是接触中心黏着，而接触边缘发生微滑(micro-slip)的现象。因此，微滑产生的条件为：$T < \mu \cdot P$。

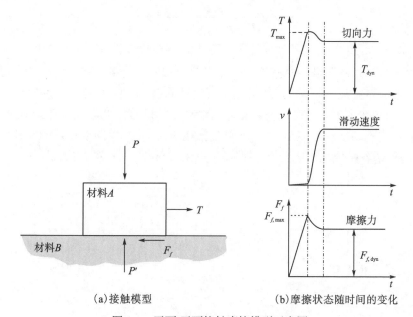

(a)接触模型　　　　　　　　　　(b)摩擦状态随时间的变化

图 1-4　平面/平面接触摩擦模型示意图

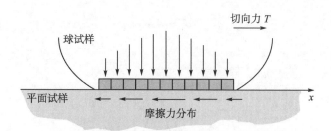

图 1-5　球/平面接触的摩擦力分布示意图

在微动条件下，相对运动存在两种情况：第一种情况，接触中心黏着而接触边缘存在微滑，习惯称为部分滑移(partial slip)；第二种情况，两接触体各点之间均发生相对滑移，习惯上称为完全滑移(gross slip)。因此，微动摩擦学就是研究接触副处于部分滑移和完全滑移，以及两者转化或交替变化的摩擦行为的学科分支。

2. 完全滑移

1)切应力分布

若施加在球上的法向压力为 P，根据 Hertz(赫兹)理论，接触区 Hertz 半径 a 为[10]

$$a = \sqrt[3]{\frac{3}{4} \cdot \frac{P}{E^*} \cdot R} \tag{1-3}$$

$$\frac{1}{E^*} = \frac{1-\upsilon_1^2}{E_1} + \frac{1-\upsilon_2^2}{E_2} \tag{1-4}$$

式中，R 是球的半径；E_i 和 υ_i 是不同接触材料的杨氏弹性模量和泊松比。

如果切向力达到极限摩擦力($T = \mu \cdot P$)，两个接触体将处于完全滑移状态。此时，切向力 $T(t)$ 可描述为振幅为 $2T_{max}$ 的交变循环载荷(图 1-6(a))，切向力从 0 增至 T_{max}，当达到 T_{max} 时，接触载荷沿 x 方向滑动 δ 的位移；切向力从 T_{max} 变到 $-T_{max}$，载荷被固定不动，一旦达到 $-T_{max}$，则接触载荷沿 x 的反向滑动 δ 的位移。根据 Hertz 理论，各阶段切应力分布(图 1-6(b))由式(1-5)~式(1-7)给出[11]：

$$\begin{cases} \tau(x) = -\mu p_0 \sqrt{1-\dfrac{x^2}{a^2}}, & c \leqslant |x| \leqslant a \\ \tau(x) = -\mu p_0 \left(\sqrt{1-\dfrac{x^2}{a^2}} - 2\dfrac{c}{a}\sqrt{1-\dfrac{x^2}{a^2}} \right), & |x| < c \end{cases} \tag{1-5}$$

式中，c 是 T 的函数：

$$\frac{c}{a} = \sqrt{1 - \frac{T_{max}-T}{2\mu P}} \tag{1-6}$$

式中，p_0 是接触中心最大压力：

$$p_0 = \frac{3P}{2\pi a^2} \tag{1-7}$$

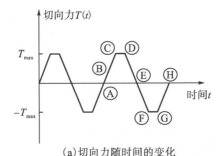

(a)切向力随时间的变化

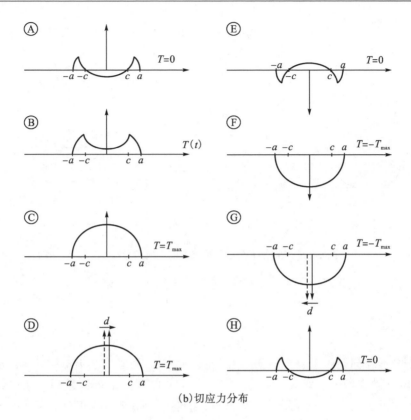

(b)切应力分布

图 1-6 完全滑移条件下承受交变切向力时的切应力分布

2)表面拉应力分布

在同种材料组成的接触副和给定的摩擦系数 μ 下，Hamilton 和 Goodman[12]计算了接触表面拉应力分布情况。

对球/平面接触，其表面应力分布如图 1-7 所示，表面拉应力可表示为

$$\begin{cases} \sigma_{xx} = -\dfrac{\mu\pi p_0 x(4+\upsilon)}{8a} + \dfrac{p_0\left[2\upsilon\lambda + (1-2\upsilon)(G_0 r^{-2} - 2G_0 x^2 r^{-4} + \lambda x^2 r^{-2})\right]}{a} \\ \qquad\qquad -a \leqslant x \leqslant a, \quad 0 < r \leqslant a, \quad x \neq 0 \\ \sigma_{xx} = \dfrac{-(1+2\upsilon)p_0}{2}, \qquad\qquad x = 0 \end{cases} \tag{1-8}$$

式中，

$$G_0 = \frac{\sqrt{(a^2-r^2)^3}}{3} - \frac{a^3}{3} \tag{1-9}$$

$$\lambda = -\sqrt{(a^2-r^2)} \tag{1-10}$$

最大拉应力处于接触边缘（$x=-a$）处（图 1-7(c)），其值为

$$\sigma_{\max} = \frac{\mu\pi p_0(4+\upsilon)}{8a} + \frac{p_0(1-2\upsilon)}{3a} \tag{1-11}$$

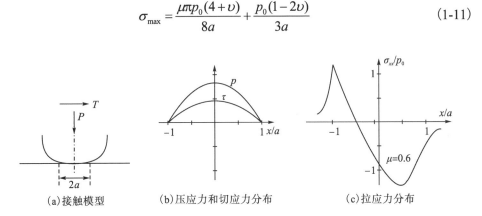

(a)接触模型　　　　(b)压应力和切应力分布　　　(c)拉应力分布

图1-7　完全滑移状态下接触表面的应力分布示意图

3.部分滑移

1)切应力分布

部分滑移问题的求解方法首先由Cattaneo[13]于1938年提出，并由Mindlin[14]在1949年独立给出了球/平面接触的切应力分布的解。Mindlin发现，对于球/平面接触，如果 $T < \mu_s \cdot P$，接触处于部分滑移，接触区可划分为两部分，即一个环形微滑区和一个半径为 c 的黏着区，Mindlin模型的微滑圆环如图1-8所示。黏着区半径 c 与Hertz接触区半径的关系为

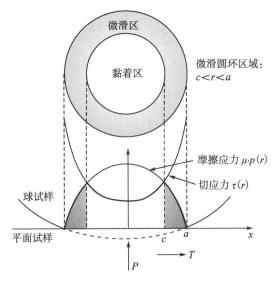

图1-8　Mindlin模型的微滑圆环示意图

$$\frac{c}{a} = \left(1 - \frac{T}{\mu \cdot P}\right)^{\frac{1}{3}} \tag{1-12}$$

不断增加切向力，结果黏着区的接触圆向接触中心收缩，接触区的切应力可表示为

$$\tau(x) = -\mu \cdot p_0 \sqrt{1 - \left(\frac{x}{a}\right)^2} + \tau'(x), \quad |x| \leqslant a \tag{1-13}$$

式中，x 是在切向力方向的坐标；第 1 项代表微滑圆环内的滑动切应力分布；$\tau'(x)$ 代表弹性变形范围内黏着区的切应力分布：

$$\tau'(x) = \mu \cdot p_0 \frac{c}{a} \sqrt{1 - \left(\frac{x}{c}\right)^2}, \quad |x| \leqslant c \tag{1-14}$$

球/平面接触的切应力分布如图 1-9 所示。在黏着区的边界上出现切应力的奇点，而在完全滑移状态下切应力是接触区位置的连续函数。

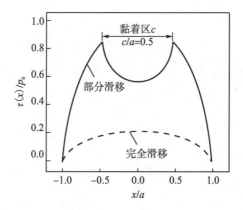

图 1-9　部分滑移条件下接触表面切应力分布

当接触表面施加交变切向力 $T(t) < \mu P$ 时，根据 Mindlin 理论，切应力分布（图 1-10）可表示为

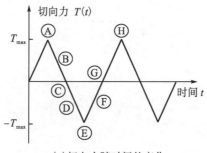

(a)切向力随时间的变化

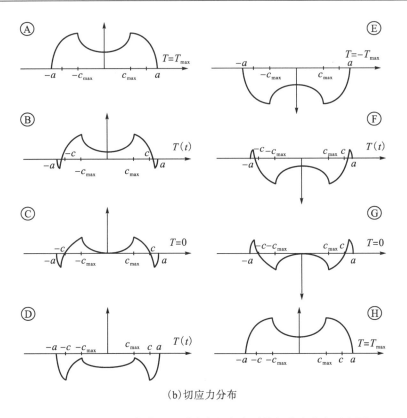

(b)切应力分布

图 1-10   部分滑移条件下承受交变切向力时的切应力分布示意图

$$
\begin{cases}
\tau(x) = -\mu p_0 \sqrt{1 - \dfrac{x^2}{a^2}}, & c \leqslant |x| \leqslant a \\[3mm]
\tau(x) = -\mu p_0 \left(\sqrt{1 - \dfrac{x^2}{a^2}} - 2\dfrac{c}{a}\sqrt{1 - \dfrac{x^2}{c^2}} \right), & c_{\max} \leqslant |x| \leqslant c \quad (1\text{-}15) \\[3mm]
\tau(x) = -\mu p_0 \left(\sqrt{1 - \dfrac{x^2}{a^2}} - 2\dfrac{c}{a}\sqrt{1 - \dfrac{x^2}{c^2}} + \dfrac{c_{\max}}{a}\sqrt{1 - \dfrac{x^2}{c_{\max}^2}} \right), & |x| \leqslant c_{\max}
\end{cases}
$$

式中，$c_{\max}$ 是

$$
\frac{c_{\max}}{a} = \sqrt{1 - \frac{T_{\max}}{\mu \cdot P}} \tag{1-16}
$$

而且 c 是 $T(t)$ 的函数：

$$
\frac{c}{a} = \sqrt{1 - \frac{T_{\max} - T}{2\mu \cdot F_{\mathrm{n}}}} \tag{1-17}
$$

2) 表面拉应力分布

对球/平面接触的部分滑移状态，Hamilton 和 Goodman[12]给出了接触表面拉应力分布。在微滑区的表面拉应力可表示为

$$\sigma_{xx} = \sigma_{xx}^{*} - \frac{b}{a}\sigma_{xx}^{**} \tag{1-18}$$

式中，σ_{xx}^{*} 为滑移状态下的应力值（见式(1-8)）：

$$\sigma_{xx}^{**} = \frac{(1-2\upsilon)a^2}{3x^2} - \frac{\mu}{4}\left[\begin{array}{c}\dfrac{a}{x}(\upsilon-4)\left(\dfrac{a^2}{x^2}-1\right)^{1/2} + \dfrac{x}{a}(\upsilon+4)\arctan\left(\dfrac{x^2}{a^2}-1\right)^{-1/2} \\ -\dfrac{2\upsilon a^3}{x^3}\left(\dfrac{x^2}{a^2}-1\right)^{3/2}\end{array}\right] \tag{1-19}$$

接触表面应力分布如图 1-11 所示。

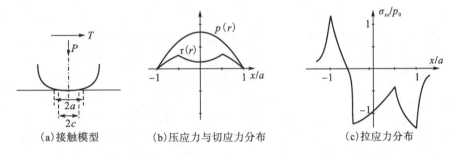

(a) 接触模型　　　　(b) 压应力与切应力分布　　　　(c) 拉应力分布

图 1-11　部分滑移状态下接触表面的应力分布示意图

3) 切向力-位移曲线

图 1-12 示出了在外加激振力作用下切向力和位移的关系，切向力很小时，位移与切向力几乎呈线性关系，表面产生的微滑由弹性变形协调；切向力较大时，接触区的微滑伴随着材料的弹塑性变形，切向力-位移曲线则呈椭圆形。当 $T=\mu \cdot F_n$ 时，处于开始滑动的临界状态，切向位移刚好是接触边缘上相对滑动位移 δ 的两倍。

根据 Mindlin 等的研究，可以得到在激振切向力 T 的作用下，部分滑移状态时所消耗的能量 E_d，其值对应于

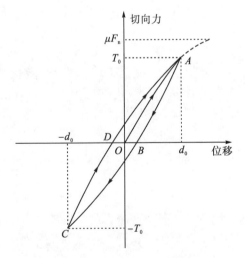

图 1-12　部分滑移状态下切向力和位移的关系

图 1-12 中椭圆形切向力-位移曲线内的面积,图 1-12 中位移 δ 和耗散能 E_d 的解可表示为[14]

$$\delta = \frac{K_1 \mu P}{a}\left[2\left(1 - \frac{T_*}{2\mu P}\right)^{2/3} - \left(1 - \frac{T_*}{\mu P}\right)^{2/3} - 1\right] \qquad (1\text{-}20)$$

$$E_d = \frac{24(\mu P)^2 K_1}{5a}\left\{1 - \left(1 - \frac{T_*}{\mu P}\right)^{5/3} - \frac{5T_*}{6\mu P}\left[1 + \left(1 - \frac{T_*}{\mu P}\right)^{2/3}\right]\right\} \qquad (1\text{-}21)$$

实际上,对于处于部分滑移条件下的微动,其接触边缘产生的磨损与式(1-21)给出的耗散能的积累密切相关。

4.切向刚度

切向刚度在微动状态中是另一个很重要的参量,因为微动的位移幅值通常为微米量级,它直接影响相对滑动值的大小。也就是说,对于一给定的位移幅值,切向刚度减小,接触界面的弹性变形加大,相对滑动值减小;反之,切向刚度增大,接触界面的弹性变形变小,相对滑动值加大。在部分滑移状态,切向刚度可表达为

$$K = \frac{4Ga}{2 - \upsilon} \qquad (1\text{-}22)$$

从式(1-22)中可以看到,切向刚度不仅与材料特性有关,而且与接触区尺寸和测试系统有关。切向刚度越大,图 1-12 中图形越倾向于纵轴,横轴的投影值(相对滑动位移 δ)就越小。

5.部分滑移向完全滑移转变的条件

Fouvry 等[15-17]为描述微动滑移状态的转变,引入了三个与切向力-位移曲线相关的能量参数,定量描述了部分滑移向完全滑移的转变,如图 1-13 所示。当这三个参数(能量比 A、滑动比 B 和非系统依赖比率 C)达到临界值时,微动的相对运动就从部分滑移转化为完全滑移。

(1)能量比 A(energy ratio):定义为微动循环的耗散能 E_d 与系统全部能量 E_t 的比率(图 1-13(b))。对于部分滑移条件有

$$A = \frac{E_d}{E_t} = 1 - \frac{E_e}{E_t} \qquad (1\text{-}23)$$

如果从完全滑移条件考虑,则有

$$A = \frac{E_d}{E_t} = \frac{E_{dt} + E_{dg}}{E_t} \qquad (1\text{-}24)$$

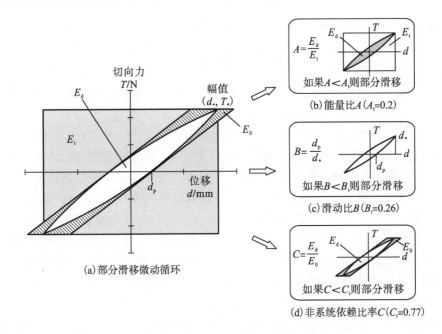

图 1-13　部分滑移向完全滑移转变的临界参数示意图

可以证明，A_t=0.2 是部分滑移向完全滑移转变的临界值，即 A_t<0.2 时微动处于部分滑移状态[15]。

(2)滑动比 B(sliding ratio)：定义为微动循环滞后位移 d_p 与滑动位移 d_* 的比率（图 1-13(c)），即

$$B = \frac{d_p}{d_*} \qquad (1\text{-}25)$$

同样可以证明，B_t=0.26 是部分滑移转变为完全滑移时的临界滑动比[15]。

(3)非系统依赖比率 C(system-free transition criterion，SFTC)：判据参数 A、B 在计算中都包含了试验系统的顺应性，可以引入非系统依赖比率 C，即图 1-13(d)中的部分滑移耗散能 E_d 与 E_0（图 1-13(a)中阴影部分面积）之比：

$$C = \frac{E_d}{E_0} \qquad (1\text{-}26)$$

也可以证明当 C<临界值 C_t=0.77 时，微动处于部分滑移状态[15]。

6.微动的范围

早在 1927 年 Tomlinson[18]的研究就指出，运动幅度低至几百万分之一英寸(约 125nm)的相对运动就可引发微动损伤，而且相对运动是产生微动的必要条件。Kennedy 等[19]的研究显示，在 88N 的外加载荷作用下，钢试件产生微动损伤的最

小位移幅值是 0.06μm(即 60nm)。因此可以确定微动的相对位移在低至纳米尺度(100nm 以下)时也可产生微动损伤,目前还没有真正意义上纳米范畴的微动研究,但随着纳米科技研究的深入,"Nano-fretting"的研究已成为一个新的研究方向[20],因为一些微机电系统(micro electro mechanical system,MEMS)和纳米机械必然存在由振动引起的纳米量级的相对运动。

不容置疑,相对运动幅度大到一定值,微动就变成了普通意义上的滑动,但自 Tomlinson 的研究以来,微动运动幅度的上限是什么,一直是微动摩擦学领域争论的焦点之一。有研究发现[21-25],在保持其他参数不变的条件下,在往复滑动的位移幅值由小变大的过程中,磨损系数会在某一个位移幅值范围内发生突变,这个对应于磨损系数突变的位移幅值范围就被认为是微动磨损向往复滑动磨损转变的过渡区。

往复相对运动的位移幅值对微动磨损机理的变化有重要影响,是决定微动磨损向往复滑动磨损转变的一个很重要的参数。然而,关于从微动到滑动的转变阶段(即过渡区)的摩擦磨损的研究不多[21-25],得出的磨损模式转变的临界位移幅值的数据差别较大,例如,Vingsbo[21]和 Soderberg 以及 Ohmae 和 Tsukizoe[22]得出的临界值为 300μm,Lewis 和 Didsbury[23]得出的临界值为 70μm,Toth[25]得出的临界值为 50μm,有的学者甚至认为临界值是 1mm[24],但从微动磨损的研究来看,绝大多数研究选取的位移幅值通常不超出 300μm,可以肯定的是,不同研究者试验条件差别很大,缺乏统一的标准,更没有形成理论模型来进行指导。

目前,国际上多用磨损系数来确定微动向往复滑动转变的过渡区[21, 22, 24],作者所在课题组[26, 27]在微动-往复滑动磨损试验装置上,研究了 GCr15 钢球(直径为 40mm)/GCr15 钢平面试样在位移幅值 5~1500μm 范围内的摩擦磨损行为,由磨损系数随位移幅值的变化曲线(图 1-14)可见:当位移幅值处于 100~1500μm 时,

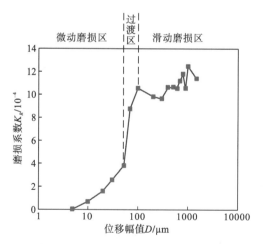

图 1-14　位移幅值对磨损系数的影响

(GCr15 钢球/GCr15 钢平面)

磨损系数曲线近似于平台状；70～100μm 是磨损系数突变的区域；当位移幅值低于 70μm 时，磨损系数处于缓慢上升的阶段。改变平面试样材料为 45#钢(GCr15 钢球/45#钢平面接触)[28]，也得到相似的结果，即磨损系数的突变区处于 70～125μm。需要指出的是，研究选用的球试样直径为 40mm，如果改变其尺寸，相应地，接触区尺寸会发生改变，过渡区的临界位移幅值必然改变，这也就是目前国际上许多研究者所得到的数据不相同的重要原因之一。

但在工程实际中，研究微动范围的上限具有重要的理论意义和工程价值，原因至少包括以下 3 个方面。

(1)因为微动和滑动磨损在损伤机理上存在显著的差异，对于往复滑动磨损通常要考虑的是材料的耐磨性，而在微动范围，局部疲劳产生的裂纹问题是不容忽视的。

(2)由于微动和滑动磨损的损伤机理不同，在进行表面工程设计、选择表面防护技术时也必须针对不同的磨损模式，具体问题具体分析。

(3)不同磨损模式条件下，润滑油和脂的行为不同，当运动处于往复滑动时，油或脂润滑通常能有效地起到减摩作用，而处于微动时，油或脂润滑反而有可能加剧表面的磨损[29-33]。

在工程实际中，花键联轴器就是一个可能承受微动磨损或往复滑动磨损的例子，当联轴器耦合件之间的相对运动位移比较大时表现为往复滑动磨损，而小于某数值时为微动磨损。

作者所在课题组早期的研究表明：可以通过摩擦系数的突变来确定从微动到往复滑动磨损的过渡区位置；过渡区的摩擦系数在早期存在迅速上升，又迅速降低的过程，其摩擦系数峰值高于微动区和滑动区；微动磨损和往复滑动磨损具有不同的磨损机理，而过渡区的损伤形貌和磨损机理均表现出随位移幅值增大的渐变特征。需要指出的是，采用磨损系数来判定磨损的类型(微动还是滑动)，存在试验量大、受试验参数影响的局限性，因此不能直接指导工程应用。近年来，作者所在课题组提出了基于摩擦振动和噪声来进行评判的方法，可以避免试验参数影响检测结果的弊端，是一种新的判别方法，值得推广(相关内容将在第 7 章中详细阐述)。

实际工程应用中，需要对微动的范围有相对明确的界定，根据作者多年的研究，可以给出如下的经验判据。

(1)对于切向微动磨损，当两接触副的接触区直径为 a 时，产生微动的位移幅值 D 应为 $\frac{1}{4}a\sim\frac{1}{2}a$，如图 1-15 所示，可见微动的特点是原位接触，需要有足够的接触重叠区。

(2)对于转动或扭动微动，两接触副的角位移幅值通常在大于 15° 和小于 10° 时，分别处于滑动和微动范畴，而 10°～15° 可认为是两者的过渡区。

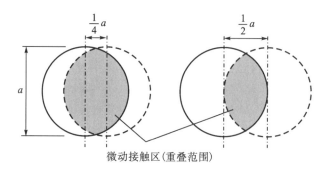

图 1-15　切向微动磨损的范围与接触区尺寸的关系示意图

1.2　微动磨损理论的发展

1.2.1　微动磨损的发展过程

对微动现象的认识至今刚过去一个世纪，首次报道是在 1911 年，Enden 等在其疲劳试验机夹具与钢试件配合处观察到了棕色氧化磨屑[34]。1924 年 Gillet 和 Mack 发现了机器紧固件因微动导致疲劳寿命明显降低[35]。真正意义上的研究，一直到 1939 年 Tomlinson 等[36]的研究才开始，他们设计的装置实现了微幅旋转运动，并在钢试样表面观察到了棕红色的氧化铁（α-Fe$_2$O$_3$），由于氧化铁是摩擦过程中钢与空气的氧发生化学反应的产物，因此他们创造了"微动腐蚀（fretting corrosion）"一词；指出产生损伤必须要有他们称为"滑移（slip）"的相对运动，这对后来的研究具有指导意义。此后，人们注意到微动可以加速疲劳破坏[37, 38]，而且微动和疲劳的交互作用更危险，可以使疲劳强度大大降低。

早期，微动的研究发展极缓慢，1949 年 Mindlin[14]提出了在一定条件下微动接触区存在滑移区和黏着区，并最早计算了接触应力分布，这标志着微动的研究进入了一个新的发展阶段。随着第二次世界大战后现代工业的发展，微动损伤的危害日益突出，相关研究迅速增加。20 世纪 50 年代初在美国费城召开了首届微动摩擦学会议，并出版了第一本论文集[39]。这一时期提出了一些微动磨损理论，如 Uhlig[40]认为微动破坏是机械和化学作用共同作用的结果；Feng 和 Rightmire[41]则提出一种磨损速率变化理论，将微动过程划分为四个阶段；1969 年 Nishioka 等[42]提出了一种早期的微动疲劳模型；1970 年 Hurrick[43]在他的一篇综述论文中将微动分为 3 个过程；1972 年 Waterhouse 出版了首部有关微动的专著 *Fretting Corrosion*[1]。

此后随着新学科之间的相互交叉和科学技术的迅速发展，微动摩擦学也得到了迅猛发展。新的学术思想不断地引入微动摩擦学的研究，例如，Hoeppner 和

Goss[44]、Endo 和 Goto[45]等将断裂力学方法引入微动疲劳的研究，Waterhouse[46]引入了 Suh[47]的滑动磨损条件下的剥层理论（delamination theory）。

随着分析、测试技术的发展，一些新的理论模型被提出，20 世纪 80 年代末 Berthier 等[48]提出了微动运动调节理论；随后 Godet[49]提出了微动的三体理论；Hills 和 Nowell[50, 51]以及 Maouche 等[11]对微动疲劳力学进行的分析丰富和发展了 Mindlin 理论；Vingsbo 和 Soderberg[21]最先提出了微动图概念，而 Zhou 等[52-56]建立了二类微动图理论，揭示了微动运行机制和损伤机制之间的内在规律，为微动摩擦学的研究提供了有效工具。这些理论标志着微动摩擦学进入了崭新发展阶段。

近二三十年，微动摩擦学的研究日趋活跃，研究论文迅猛增加，国际交流频繁，如 1985 年期刊 *Wear* 编辑出版了在英国诺丁汉召开的“Fretting Wear Seminar（微动摩擦）”[57]会议专辑；1988 年期刊 *Wear* 在 Waterhouse 退休之际，编辑出版了纪念他对发展微动摩擦学所做出的贡献的论文集[58]；1990 年在美国费城召开了“ASTM Symposium on Standardization of Fretting Fatigue Tests Methods and Equipment（微动疲劳测试和试验装备标准）”[59]会议；1993 年首届“International Symposium on Fretting-fatigue（国际微动磨损和微动疲劳，ISFF）”[60]会议在英国的谢菲尔德召开；1996 年在英国的牛津召开了“Euromech 346 on Fretting Fatigue（第 346 次欧洲力学学会微动疲劳）”[61]会议。从 1998 年在美国盐湖城召开了第二届的 ISFF 会议，此后形成了每 3 年的 4 月举办一届 ISFF 会议的格局，分别在各国际执行委员所在的国家举行，各届 ISFF 会议的举办地为：ISFF3 于 2001 年在日本京都；ISFF4 于 2004 年在法国里昂；ISFF5 于 2007 年在加拿大蒙特利尔；ISFF6 于 2010 年在中国成都；ISFF7 于 2013 年在英国牛津；ISFF8 于 2016 年在巴西巴西利亚；ISFF9 于 2019 年在西班牙塞维利亚举行，并明确把微动磨损与微动疲劳并列作为会议主题。

近十余年来，微动磨损的研究进展主要集中于作者所在课题组。课题组将微动运行模式的研究扩展到径向、扭动和转动等所有基本微动模式和复合模式，进一步丰富和发展了微动图理论，构建了完整的微动磨损理论体系。

微动领域最早的华裔学者是 Feng，1953 年他与 Rightmire 在美国合作提出了描述微动过程的著名物理模型[41]。而国内微动摩擦学的研究起步较晚，20 世纪 70 年代才出现微动一词，真正的研究直到 80 年代才开始，但也缺乏系统深入的研究。1997 年在成都召开了首届“国际微动摩擦学专题会议”[62]，罗唯力、周仲荣和刘家浚的论文[63]综述了中国的研究现状，他们总结大约有 10 所大学和科研机构进行了微动研究人才的培养，并在碳钢、合金钢、铝合金、钛合金、钢缆、聚合物、陶瓷、电接触、润滑剂和反应堆部件等方面进行了基础和应用研究，此外，他们还提出了今后的研究方向，对微动摩擦学的研究至今仍有指导意义。

在全球最大、覆盖学科最多的综合性学术信息资源数据库 ISI Web of Science 中，检索近十年发表的有关微动磨损研究的论文，结果显示，目前针对微动磨损研究主要集中在切向模式，占到了 90%以上。而其他模式微动磨损的系统研究主要集中在作者所在课题组[64-71]。不容忽视的是，随着径向、扭动、转动等微动模式，以及复合微动磨损研究的进行，微动磨损的研究范围大大扩展，对机理的认识也得以深化，而且目前其他模式的研究逐渐受到国内外学者的重视，已成为重要的发展趋势，例如，美国西北大学，以及国内的清华大学、中国矿业大学、重庆大学、四川大学、武汉大学的研究人员大量引用了作者等的扭动微动磨损试验原理和方法，研究涉及人工关节[72, 73]、矿车心盘耐磨材料[74]、矿井钢丝绳[75]、多股旋转弹簧[76, 77]，以及数值模拟[78-80]等。因此，可以说目前微动磨损研究进入了新的发展阶段，研究的发展趋势是：包含基本微动模式和复合微动模式的全模式微动磨损的研究将不断深入。

根据微动磨损理论的发展过程，至少可以以 20 世纪 80 年代为界，划分为两个阶段，即早期理论(见 1.2.2 节)和当前理论(见 1.2.3 节和 1.2.4 节)。

1.2.2 微动磨损的早期理论

1.Tomlinson 分子磨损理论

鉴于微动在极小的相对运动下就可造成损伤，Tomlinson 等[18, 36]认为微动磨损是一种分子磨损过程，即两接触面在法向负荷和往复运动作用下，足以使两表面的材料接近到范德瓦尔斯力起作用的范围，分子吸引是导致材料脱落的主要原因。这种建立在物理作用基础上的模型，是最早的微动磨损理论，但目前几乎没人赞同。

2.Godfrey 黏着机理

Godfrey 等[81, 82]研究了不同材料微动磨损初期磨屑颗粒的起源后，认为磨屑颗粒是因接触表面间的黏着而产生的，然后从接触面间挤出，同时伴随着氧化。根据此理论，材料剥离产生的磨损过程主要是机械作用，氧化行为被认为是产生材料损失的次要因素。该理论忽视了微动现象与其他磨损不同的氧化特征，具有片面性，但在微动研究的早期，该理论还是有积极意义的。

3.Uhlig 机械-化学作用机理

Uhlig[40]认为机械和化学的联合作用是引起微动破坏的两个主要因素。接触表面的微凸体在相对运动过程中，将表面氧化和吸附层刮掉，裸露出清洁而新鲜的金属表面，这是机械作用。在微凸体通过之后，新鲜金属将迅速吸附大气中的氧气并发生化学反应，形成氧化物，这是化学作用。机械和化学因素的交替作用，造成材料损失，因此氧化膜越厚则磨损量越大；在其他条件不变的情况下，氧化膜厚度与新鲜金属暴露的时间成正比，即与微动频率成反比。Uhlig 的模型是最早给出定量表达式的微动磨损理论，虽然它将机械和化学作用孤立地看待，并将氧化行为视为完全有害的影响，这不能完全符合实际情况，例如，在有些有色金属的微动磨损过程中，氧化并不促进磨损的进行，但这些并不能影响该理论在微动摩擦学发展历史中的重要地位。

4.Feng 和 Rightmire 的磨损速率变化理论

Feng 和 Rightmire[41]将磨损量随循环周次(也称为循环次数)的变化规律划分为 4 个阶段，如图 1-16 所示，第一阶段(OA 段)，由于金属转移，磨损速率迅速上升；第二阶段(AB 段)，这是过渡阶段，从剪切到磨粒磨损的变化，导致曲线的上翘；第三阶段(BC 段)，磨粒的作用下降，磨损速率逐渐降低；第四阶段(CD 段)，磨损进入稳定阶段，磨损速率基本保持不变，磨屑的产生和溢出保持动态平衡。

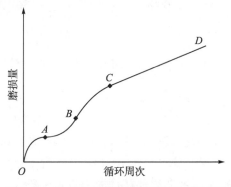

图 1-16　微动磨损量与循环周次的关系曲线

Feng 和 Rightmire 的贡献还在于建立了一个物理模型(图 1-17[41])，对微动磨损形成的深坑提出了独到见解。接触表面存在大量微凸体，真实的接触发生在凸峰，黏着使金属在接触表面间转移，形成少量剥落的颗粒，并落入接触峰点之间，如图 1-17(a)所示；剥落的颗粒氧化、破碎后在接触表面间形成磨粒，随磨损量增加，凸峰间位置被逐渐填满，磨损由剪切转变为磨粒磨损，在磨粒作用下，同一小区域的许多凸峰转化为一个小平面，氧化磨屑层形成，如图 1-17(b)所示；随之，磨屑随磨粒磨损过程的进行而逐渐增加，并被排斥到邻近的低洼区，如图 1-17(c)所示；最后，磨损过程中接触压力发生再分布，由于中心区颗粒密实而不易溢出，中心法向压力增高，边缘压力则降低，中心的磨粒磨损比边缘严重，磨坑迅速加深，而且溢出的磨屑逐步充满邻近的低洼区并形成新坑，最终许多邻近坑合并为深坑。该模型将微动磨损的稳定阶段解释为磨粒磨损，曾被许多人接受，并用于解释微动磨损表面形成很大粗糙度的原因，但是这个理论在一些情况下并不很吻合，例如，有时氧化颗粒增多磨损并不加剧。20 世纪 70 年代 Suh[47]提出剥层理论后，该理论得到了修正。

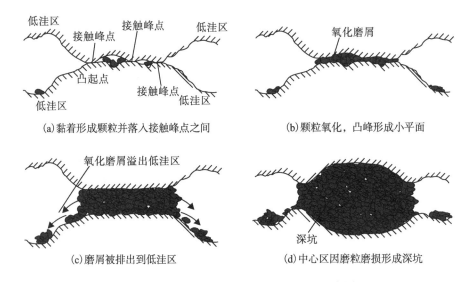

(a)黏着形成颗粒并落入接触峰点之间　　　(b)颗粒氧化，凸峰形成小平面

(c)磨屑被排出到低洼区　　　(d)中心区因磨粒磨损形成深坑

图 1-17　微动磨损过程中深坑形成过程示意图

5.微动磨损的三阶段理论

Wright[83]曾认为微动磨损过程中颗粒脱落氧化后具有磨粒磨损特性，并且表面破坏还应考虑疲劳的影响。Halliday 和 Hirst[84]发现，颗粒脱落是由于氧化膜破裂，接触塑性变形导致金属表面局部黏合点的断裂；并认为磨屑的存在阻止了金属直接接触，而且起到了类似滚珠或滚柱的作用，降低了磨损速率。Waterhouse[46]等将 Suh[47]在滑动磨损条件下提出的剥层理论应用于微动磨损研究，认为颗粒的剥离与亚表面层裂纹的萌生及平行于表面扩展有密切关系，至今剥层理论被广泛用于解释微动条件下磨屑颗粒的形成。

20 世纪 70 年代初，Hurrick[43]在总结前人研究成果后认为，微动磨损可分为 3 个阶段：

(1)初期金属表面的黏着和转移；

(2)颗粒的氧化；

(3)稳定磨损状态的建立。

此后，Aldham 等[85]、Waterhouse 等[86, 87]、Goto 和 Buckley[88]都有类似的总

结，并细化了 Hurrick 提出的观点。概括起来主要内容是在两平面或两同曲圆柱面之间发生的微动磨损(磨屑不易溢出时)，随着时间(或循环次数)增加，微动过程可分为 3 个阶段。

(1)初始阶段(循环次数在数千次内)：金属与金属接触占主导地位，导致形成局部冷焊(黏着)，表面更加粗糙，引起高摩擦，同时使接触电阻较低。如果微动由交变应力引起，则在该阶段将萌生疲劳裂纹。

(2)氧化阶段：在机械和化学作用下，颗粒发生氧化形成致密的氧化物层，此时摩擦系数下降，接触电阻在高、低值间剧烈摆动，表现出不稳定的特性。

(3)稳态阶段：摩擦力或高或低，保持稳定，接触电阻通常较高，但偶尔短时间较低。

从上述观点来看，虽然对微动的磨损机理存在不同的解释，如黏着、疲劳、磨粒磨损，但普通金属的氧化是大家普遍承认的事实，正因为如此，微动磨损过去曾一度被部分学者当作微动腐蚀来处理。然而，这种观点被后人逐渐抛弃，因为氧化通常伴随颗粒的剥落而发生，在大气环境下属于次要因素，而且不少材料如金刚石等不存在氧化问题而同样发生微动破坏。

另外，很多关于微动磨损机理的观点，尤其是早期提出的，在现在看来已存在明显不足(如这些观点无法解释裂纹与磨损的关系)，甚至相互矛盾。这显然与人们当时的认识水平和试验手段的局限性有关。

1.2.3　微动运动调节机理和三体理论

1.摩擦界面运动调节机理

20 世纪 80 年代后期，Berthier 等[48]提出了微动摩擦过程中接触界面的运动调节机理，他们将接触系统分解为三体(即两个接触本体和第三体——磨屑)或 5 个基本组成部分(即两个接触本体、依附在接触本体上的两个表面膜及其中间的磨屑第三体)，分别用符号 $S_1 \sim S_5$ 表示(图 1-18(a))。摩擦过程中，每个组成部分都有可能以弹性变形、法向断裂、剪切、滚动 4 个基本运动方式进行调节，以实现两个接触本体的相对滑移，分别用 $M_1 \sim M_4$ 表示(图 1-18(b))。因此，按排列组合在 5 个位置共有 20 种运动调节机理。

例如，试验设备、试样和夹具之间的弹性变形可用 $S_1 M_1$ 和 $S_5 M_1$ 表示，当第一体的刚度随裂纹的产生而变小时，弹性变形将调节到较大的振幅 $S_1 M_2$ 和 $S_5 M_2$。这些运动调节机理在微动过程中是普遍存在的，第三体的位置 S_2、S_3 和 S_4 也在微动中产生积极作用[89]。

微动的运动调节机理不仅适用于干摩擦，而且可推广到润滑工况。它的最大特点是可以更清楚地解释界面相对运动过程和微观摩擦特性。

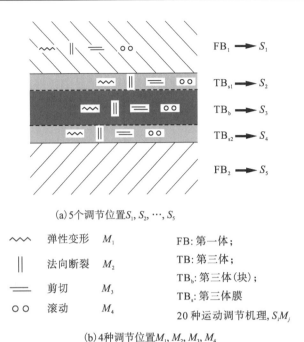

(a) 5个调节位置 $S_1, S_2, \cdots, S_5$

⌇⌇   弹性变形 M_1 FB：第一体；
‖   法向断裂 M_2 TB：第三体；
=   剪切 M_3 TB_b：第三体(块)；
oo   滚动 M_4 TB_s：第三体膜
                            20种运动调节机理, S_iM_j

(b) 4种调节位置 M_1, M_2, M_3, M_4

图 1-18   微动摩擦界面运动调节机理示意图

2.微动的三体理论

大量的文献将研究关注于微动产生的磨损和疲劳寿命的降低，早期就有研究注意到铁的氧化物床的形成[84, 88]，并观察到它们对摩擦磨损具有防护作用[43]，对是否存在接触界面间闪温产生的温度对氧化床的影响一直存在争论[43, 90, 91]。

微动的三体理论认为[91, 49, 92]：磨屑的产生可看成是两个连续和同时发生的过程。

1) 磨屑的形成

(1) 接触表面黏着和产生塑性变形，并伴随强烈加工硬化。

(2) 加工硬化使材料脆化，微动白层同时也形成，随着白层的破碎，颗粒剥落。

(3) 颗粒随后被碾碎，并发生迁移，迁移过程取决于颗粒的尺寸、形状和机械参数(如振幅、频率、载荷等)。

2) 磨屑的演化

(1) 起初磨屑呈轻度氧化，仍为金属本色，粒度为微米量级(约 1μm)。

(2) 在碾碎和迁移过程中进一步氧化，颜色变成灰褐色，粒度在亚微米量级(约 0.1μm)。

(3) 磨屑深度氧化，呈红褐色，粒度进一步减小为纳米颗粒(约 10nm)，X 射线衍射分析表明磨屑含 α-Fe、α-Fe$_2$O$_3$(呈红色)和低百分比的 Fe$_3$O$_4$。

微动第一体的磨损受磨屑的转变、磨屑床(或称第三体床)的保持和第三体的磨粒作用控制。而第三体床的保持或第三体的排出取决于试验条件和试样形状[91]。多数情况下，第三体床的存在降低了黏着的有害作用，保护了金属表面，减缓了磨损，但如果试验周期性地停顿，第三体被排出接触区，磨损会增加[92]。在微动第三体的形成过程中，摩擦学白层的形成和磨损中的行为有很大的影响[93]。

利用三体理论可很好地解释金属材料微动摩擦系数随循环周次的变化过程[92]，如图 1-19 所示。

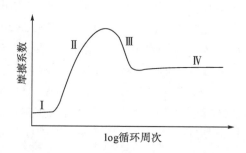

图 1-19　微动磨损的摩擦系数随循环周次变化关系示意图

(1)跑合期：接触表面膜去除，摩擦系数较低。

(2)第一体、第二体之间相互作用增加，发生黏着，摩擦系数上升，并伴随材料组织结构变化(如加工硬化)。

(3)磨屑剥落，第三体床形成，二体接触逐渐变成三体接触，因第三体的保护作用，黏着受抑制，摩擦系数下降。

(4)磨屑连续地不断形成和排出，其成分和接触表面随时间改变，形成和排出的磨屑达到平衡，微动磨损进入稳定阶段。

1.2.4　微动图理论

1.微动图概念的提出

1988 年，Vingsbo 和 Soderberg[21]在位移幅值 1~35μm、法向压力 1~50N 和频率 10~20000Hz 的条件下，对三种金属材料(低碳结构钢、奥氏体不锈钢和纯铌)的微动磨损进行了研究,并对循环次数在 10^4~10^9 次内的摩擦力变化和试样损伤进行了分析，提出了微动图的概念。

Vingsbo 和 Soderberg 根据摩擦力-位移变化曲线的不同和损伤分析,认为微动图由黏着区、黏着-滑移混合区、完全滑移区组成。在黏着区，氧化与磨损非常有限，在 10^6 次内没有裂纹形成，称为低损伤微动；在黏着-滑移混合区，磨损与氧化较小，快速的裂纹生长强烈地降低疲劳寿命，称为微动疲劳；在完全滑移区，伴随着氧化的表面磨损严重，裂纹形成受到抑制，称为微动磨损。

Vingsbo 和 Soderberg 认为，在黏着区，界面微凸体的接触处于黏着状态，微滑没有在接触边缘观测到，运动主要依靠弹性变形调节；在黏着-滑移混合区，尽管有大量的塑性变形发生，但 Mindlin 的接触理论仍然定性适用；完全滑移区的主要标志是摩擦力-位移曲线中的摩擦力突然降低，即从静摩擦过渡到动摩擦。

Vingsbo 和 Soderberg 的主要贡献是在 Mindlin 的接触理论和文献研究的基础上，结合其试验结果，提出了微动图的概念，认为黏着-滑移混合区与完全滑移区的临界点处于疲劳寿命的最低点。但是，Vingsbo 和 Soderberg 提出的微动图与 Mindlin 的接触理论具有一定的相似性，在区域划分上没有本质性的差异，因此没有正确反映微动磨损的运行机制和破坏规律，主要原因有两个方面。

(1) 没有完整的微动运行过程(摩擦力与位移幅值随微动循环周次的变化关系)的试验数据记录，试验数量及相应的试样损伤分析偏少，因此对微动运行机制缺乏了解，对微动区域的划分缺乏依据，也未能对微动疲劳寿命降低的原因给出合理的解释。

(2) 部分概念混淆，微动疲劳是传统意义上的微动模式，而不是损伤机制，Vingsbo 和 Soderberg 将在黏着-滑移混合区观测到的裂纹扩展现象称为微动疲劳，显然是不合适的。

2.二类微动图理论

根据对不同法向压力、位移幅值、频率、材料、接触区几何尺寸和试样大小的微动磨损试验研究，周仲荣等提出了二类微动图理论[52-56]，二类微动图包括运行工况微动图(running condition fretting map，RCFM)和材料响应微动图(material response fretting map，MRFM)。运行工况微动图由部分滑移区、混合区和滑移区组成，其区域的划分由摩擦力-位移幅值-循环周次的变化特征确定，混合区的形成和大小主要与摩擦副的特性、界面介质有关；材料响应微动图由轻微损伤区、裂纹区和磨损区组成，其区域的划分主要由损伤类型确定，损伤区域分布、尺寸大小与循环次数密切相关。

对照运行工况和材料响应的二类微动图发现，部分滑移区损伤轻微，磨损主要发生在滑移区，裂纹首先在混合区形成，并伴有强烈的周期性塑性变形，随着循环次数的增加，裂纹向其他两个区域，尤其是部分滑移区扩展。

二类微动图的主要作用表现在以下 3 点：

(1)完整地揭示了微动磨损的运行机制和破坏规律；

(2)提出了微动磨损性能只有在同一区域才能比较的观点，揭示了国际上有关微动磨损研究相互矛盾的原因；

(3)在了解界面摩擦动力特性的前提下，可以预见其损伤机制。

周仲荣等提出的二类微动图与 Vingsbo 和 Soderberg 提出的微动图的不同之处如下。

(1)在 Vingsbo 和 Soderberg 提出的微动图中，黏着区、黏着-滑移混合区其实均属于部分滑移区范畴，因此没有运行工况微动图所介绍的混合区，这主要是由于没有系统研究微动摩擦特性的全过程；同样原因，Vingsbo 和 Soderberg 对滑移区的定义也不完整，充其量只是对静止到滑移的接触工况的描述；另外，Vingsbo 和 Soderberg 没有构建相对应的材料损伤响应微动图。

(2)Vingsbo 和 Soderberg 对微动区域划分的主要依据是摩擦力-位移曲线特征，而不是摩擦力-位移幅值-循环周次的变化特性曲线，因此其微动区域的划分是错误的，其微动图既无法揭示微动磨损的运行机制和破坏规律，也无法真正解释微动疲劳寿命的原因。

关于运行工况微动图和材料响应微动图的建立的详细内容详见第 3 章。

1.3　微动磨损的试验模拟

1.3.1　微动磨损试验装置的发展现状

在微动磨损的试验装置中，接触模式的不同必然导致接触面积、接触应力分布等参数的差异，因此对材料微动磨损特性产生影响。两固体的接触方式不外乎有三种，即点接触、线接触和面接触。其中，面接触试验的重复性不好，在磨损试验系统中很少采用；点接触的重复性最好，线接触次之，其中点接触以球/平面和轴线相互垂直的正交圆柱接触最为常见。

对于微动磨损试验系统，最关键的部件是输出位移的驱动装置。在国内外的微动磨损研究中，采用的试验设备可谓各式各样，往往针对不同的研究对象，研制和使用不同的试验装置，至今国际上尚无统一标准。

目前，在国内外摩擦试验机市场上的商业化微动磨损试验系统屈指可数。其中，位移控制精度最好的当数英国 Phoenix 公司的 TE77 电液伺服微动磨损试验系统(西南交通大学定制的 PLINT 微动磨损试验系统是该试验系统的原型，如图 1-20 所示)，该系统采用卧式设计，可模拟流体介质和不高于 500℃的高温环境；由于液压系统幅频特性的限制，位移幅值较大时频率不能过高，因此通常试验频率不高于 10Hz。美国布鲁克 UMT 多功能摩擦磨损试验机采用电机和凸轮机构驱动，最小位移幅值控制到 25μm，使其很难获得微动部分滑移区和混合区的数据。德国 SRV 高温摩擦磨损试验机的最小位移幅值在 50μm 或 100μm 以上，实际上相对运动已处于滑动范畴，不能算作真正意义上的微动磨损试验机。

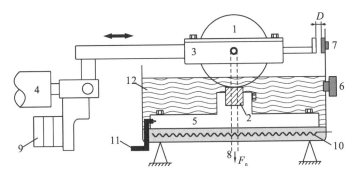

图 1-20　PLINT 微动磨损试验装置示意图

1-球试样；2-平面试样；3-球试样夹具；4-液压系统活塞；5-平面试样夹具；6-载荷传感器(摩擦力测量)；

7-外加位移传感器；8-钢绳(法向载荷施加)；9-配重；10-加热器；11-热电偶；12-试样室

近年来，美国、加拿大、日本、韩国、印度、瑞典、意大利等国家的不同研究者开发了不同的微动磨损试验设备进行研究，其中有代表性的有：韩国学者用伺服电机带动凸轮机构驱动的切向微动磨损试验机(图 1-21)，其试验的位移高达 300μm[94]，该装置位移过大，仅能研究微动滑移区的磨损特性；加拿大学者研发的电磁激振切向微动磨损试验机如图 1-22 所示[95]，其最小位移幅值控制到 10μm，频率可达 200Hz，日本学者的装置也有相同技术指标[96]，该技术指标在电磁激振设备中处于领先地位；图 1-23 示出了基于液压伺服系统实现的微动磨损试验机[97]，其设计采取了对称加载，同时可以测试两个试样。

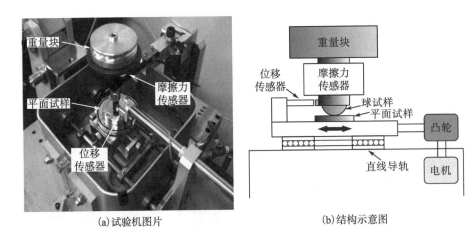

(a)试验机图片　　　　　　　　　　　(b)结构示意图

图 1-21　一种伺服电机驱动的凸轮式微动磨损试验机

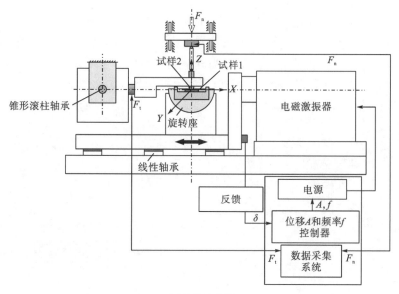

(a)结构示意图

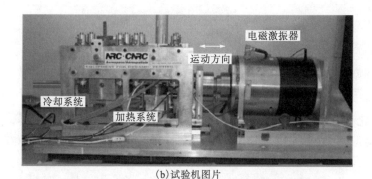

(b)试验机图片

图 1-22 一种电磁激振器驱动的微动磨损试验机

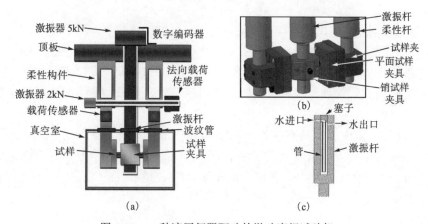

图 1-23 一种液压伺服驱动的微动磨损试验机

　　压电驱动是近年逐渐成熟的技术，美国学者发展了一种压电驱动的切向微动磨损试验机[98]，如图 1-24 所示，但该装置未充分发挥压电驱动器可精确控制位移幅值的特点，其位移幅值为 6.5μm，另外，高频率优势也未体现出，其试验频率仅 5Hz。当前的压电驱动技术可以把位移幅值控制到 100nm 以下，频率达 200Hz以上，而且结构简单。因此，压电驱动技术应用于微动磨损设备将是未来的发展方向之一。

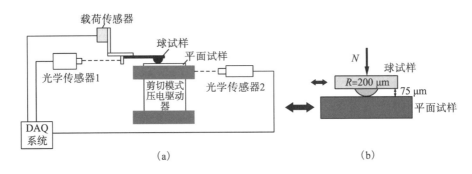

图 1-24　一种压电驱动的微动磨损试验机

1.3.2　微动驱动方式的对比

　　目前微动磨损试验研究装置按驱动方式归纳起来大致有四类。

　　(1)机械式。设备简易，造价低，通常使用凸轮或偏心轮机构。该类设备频率较低，且难以实现极小振幅的运动(大于 25μm)，精度差，但可得到较稳定的位移振幅或激振力，较容易模拟工程中的微动实例。

　　(2)电磁式。采用电磁激振器输出相对位移，最大优点是频带宽，可模拟高频(可达几百赫兹)微动；缺点是激振力和位移振幅不高且控制精度差，激振力相对较小。

　　(3)电液伺服式。由液压作动器输出位移，能进行实时控制，控制精度高，目前最小位移幅值可控制到 1μm，并受液压作动器幅频特性影响，国际上能达到该指标的液压作动器不多。其缺点是体积较大，液压系统维护成本较高，频率不高。高精度电液伺服式微动试验机位移的恒幅可控性好，非常适合实时获取微动运行特性曲线。

　　(4)其他。压电驱动具有控制小位移幅值(<0.1μm)和高频率(>200Hz)的优点，且结构简单，但压电陶瓷在高温下驱动特性将丧失，不宜制作高温微动磨损设备。另外，音圈电机作为一种较新的驱动技术(控制指标：位移幅值可达 1μm，频率>200Hz)，是具有发展潜力的微动驱动装置。

1.3.3　微动磨损试验系统的发展趋势

文献研究表明，当前微动磨损试验研究设备存在的主要问题如下。

(1)具有复杂运动方向、低的位移幅值控制、大位移幅值跨度、大运动频率跨度的试验设备尚待突破；

(2)微动的驱动方式陈旧，压电、音圈电机驱动等新技术鲜见；

(3)试验环境的模拟单一，通常为单因素模拟；

(4)微动接触界面的动态检测手段不多，通常采集相对位移和摩擦力(或摩擦系数)；

(5)未见多功能、模块化、智能化的微动磨损综合测试系统。

近年来，广大研究者也在不断努力，向驱动技术、多种环境模拟、采用新的检测技术等方向发展，多功能、模块化和智能化是发展趋势。

作者所在课题组在不同微动模式上对试验装置都有创新性的发展，具体将在后续各章介绍。

1.4　微动摩擦学理论体系

作者近二十年的研究，从切向微动磨损扩展到了所有的基本微动模式和复合微动模式，建立了完整的理论体系(图 1-25)。

微动摩擦学的研究中微动腐蚀相对偏少，文献量大约占总数的 5%，而微动磨损和微动疲劳大约在剩下的部分中各占 1/2 的比例。

微动磨损按球/平面接触模式，可以分为切向微动、径向微动、扭动微动和转动微动四种基本模式。目前国际上绝大多数的研究还是集中在切向微动磨损上，作者所在课题组于 2000 年率先在径向微动模式上取得突破[99]，然后将微动模式逐渐推广到扭动微动[68]、转动微动[70]、双向复合微动[67]、扭转复合微动[100]等模式。由图 1-25 可知，微动磨损理论体系包括切向微动、径向微动、扭动微动、转动微动四种基本模式，以及双向复合微动(切向+径向)、扭转复合微动(扭动+转动)、扭动+径向复合微动和冲击复合微动(冲击+切向)等复合模式。

微动疲劳按疲劳载荷(交变应力)施加的方式，可以分为拉压微动疲劳、弯曲微动疲劳和扭转微动疲劳三种基本模式，其中拉压微动疲劳研究得最多，而弯曲微动疲劳和扭转微动疲劳则研究得较少。同样，与微动磨损相似，微动疲劳也可通过不同基本模式的复合，成为复合微动疲劳。由图 1-25 可知，微动疲劳理论体系包括拉压、弯曲和扭转三种基本模式的微动疲劳，以及拉扭复合、弯扭复合、旋转弯曲等复合微动疲劳模式。

　　微动腐蚀实质上是腐蚀介质中的微动磨损或微动疲劳。因此，图 1-25 示出了微动摩擦学的整个理论体系。只有系统、深入地揭示微动摩擦学理论体系中的各项基础理论问题，才能更有效地指导复杂微动损伤的工程防护。

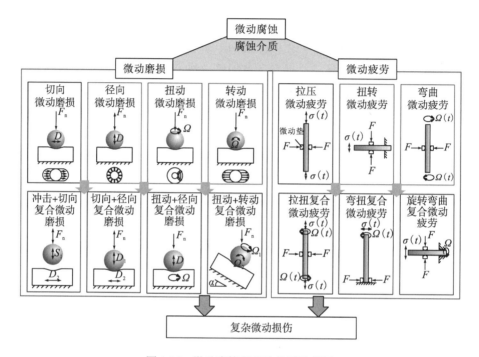

图 1-25　微动摩擦学理论体系示意图

参 考 文 献

[1] Waterhouse R B. Fretting Corrosion. Oxford: Pergamon Press, 1972.

[2] Waterhouse R B. Fretting Fatigue. London: Elsevier Applied Science, 1981.

[3] 李诗卓, 董祥林. 材料的冲蚀磨损与微动磨损. 北京: 机械工业出版社, 1987.

[4] 周仲荣, 罗唯力, 刘家浚. 微动摩擦学的发展现状与趋势. 摩擦学学报, 1997, 17(3): 272-280.

[5] 周仲荣, Vincent L. 微动磨损. 北京: 科学出版社, 2002.

[6] Levy G, Morri J. Impact fretting wear in CO_2-based environment. Wear, 1985, 106(1-3): 97-138.

[7] Jones D H, Nehru A Y, Skinner J. The impact fretting wear of a nuclear reactor component. Wear, 1985, 106(1-3): 139-162.

[8] Cha J H, Wambsganss M W, Jendrzejczyk J A. Experimental study on impact-fretting wear in heat exchanger tubes. Journal of Pressure Vessel Technology, 1985, 109(3): 265-274.

[9] Downson D. History of Tribology. 2nd ed. London: Professional Engineering Publishing Limited, 1998.

［10］Johnson K L. Contact mechanics. Cambridge: Cambridge University Press, 1985.

［11］Maouche N, Maitournam M H, Van K D. On a new method of evaluation of the inelastic state due to moving contacts. Wear, 1997, 203-204: 139-147.

［12］Hamilton G M, Goodman L E. The stress field created by a circular sliding contact. Journal of Applied Mechanics, 1966, 33(2): 371-376.

［13］Cattaneo C. Sul contatto di due corpi elastici: Distribuzione locale degli sforzi. Reconditi dell Academia Nationale dei Lincei, 1938, 27: 342-348, 434-436, 474-478.

［14］Mindlin R D. Compliance of elastic bodies in contact. ASME Journal of Applied Mechanics, 1949, 16(3): 259-268.

［15］Fouvry S, Kapsa P, Vincent L. Analysis of sliding behaviour for fretting loadings: Determination of transition criteria. Wear, 1995, 185(1-2): 35-46.

［16］Fouvry S, Kapsa P, Vincent L. Quantification of fretting damages. Wear, 1996, 200(1-2): 186-205.

［17］Fouvry S, Kapsa P, Zahouani H, et al. Wear analysis in fretting of hard coatings through a dissipated energy concept. Wear, 1997, 203-204: 393-403.

［18］Tomlinson G A. The rusting of steel surface in contact. Proceedings of the Royal Society A: Mathematical, Physical and Engineering Sciences, 1927, 115(771): 472-483.

［19］Kennedy P J, Peterson M B, Stallings L. An evaluation of fretting at small amplitudes. Materials Evaluation under Fretting Conditions, ASTM STP, 1982, 780: 30-48.

［20］Qian L M, Yu J X, Yu B J, et al. Tangential nanofretting and radial nanofretting //Ekwall B, Cronquist M. Micro Electro Mechanical Systems(MEMS): Technology, Fabrication Processes and Applications. New York: Nova Science Publishers Inc, 2010.

［21］Vingsbo O, Soderberg S. On fretting maps. Wear, 1988, 126(2): 131-147.

［22］Ohmae N, Tsukizoe T. The effect of slip amplitude on fretting. Wear, 1974, 27(3): 281-294.

［23］Lewis M J, Didsbury P B. The rubbing fretting behaviour of mild steel in air at room temperature: The effects of load, frequency, slip amplitude and test duration. Treatise on Material Science and Technology, 1979, 136: 334-341.

［24］Baker R F, Olver A V. Direct observations of fretting wear of steel. Wear, 1997, 203-204: 425-433.

［25］Toth L. The investigation of the steady state of steel fretting. Wear, 1972, 20(3): 277-283.

［26］Chen G X, Zhou Z R. Study on transition between fretting and reciprocating sliding wear. Wear, 2001, 250(1-12): 665-672.

［27］陈光雄, 周仲荣, 黎红. GCr15 微动磨损转向往复滑动磨损特性的研究. 中国机械工程, 2002, 18(8): 643-645.

［28］何毓珏, 陈光雄. 过渡区的摩擦特性研究. 润滑与密封, 2002, (6): 26-28.

［29］Zhou Z R. Lubrication in fretting- a review. Wear, 1999, 225(4): 962-967.

［30］Zhou Z R, Liu Q Y, Zhu M H, et al. Investigation of fretting behaviour of several metallic materials under grease lubrication. Tribology International, 2000, 33(2): 69-74.

［31］Liu Q Y, Zhou Z R. Effect of displacement amplitude in oil-lubricated fretting. Wear, 2000, 239(2): 237-243.

［32］刘启跃, 周仲荣. 脂润滑对微动磨损特性影响的研究. 摩擦学学报, 1999, 19(2): 102-106.

［33］刘启跃, 朱旻昊, 周仲荣, 等. 油润滑对微动摩擦特性影响的研究. 机械工程学报, 2000, 36(12): 1-4.

［34］ Eden E M, Rose W N, Cunningham F L. The endurance of metals. Proceedings of the Institution of Mechanical Engineers, 1911, 4: 839-974.

［35］ Gillet H W, Mack E L. Notes on some endurance tests of metals. Proceeding of American Society for Testing and Materials, 1924, 24: 476.

［36］ Tomlinson G A, Thorpe P L, Gough H J. An investigation of the fretting corrosion of closely fitting surfaces. Proceedings of the Institution of Mechanical Engineers, 1939, 141: 223-249.

［37］ Warlow‐Davies E J. Fretting corrosion and fatigue strength: Brief results of preliminary experiments. Proceedings of the Institution of Mechanical Engineers, 1941, 146: 32-38.

［38］ McDdowell J R. Fretting corrosion. Philadelphia: American Society for Testing and Materials, 1953: 24-39.

［39］ DeVilliers T, McDowell J, Campbell W. Symposium on fretting corrosion. Philadelphia: American Society for Testing and Materials, 1953.

［40］ Uhlig H H. Mechanism of fretting corrosion. Journal of Applied Mechanics, 1954, 21: 401-407.

［41］ Feng I M, Rightmire B G. The Mechanism of Fretting. Cambridge: Massachusetts Institute of Technology, 1953.

［42］ Nishioka K, Nishimura S, Hirakawa K. Fundamental investigation of fretting fatigue. Bulletin of the Japan Society of Mechanical Engineers, 1969, 12: 180-187, 397-414, 692-697.

［43］ Hurrick P L. The mechanism of fretting- a review. Wear, 1970, 15: 389-409.

［44］ Hoeppner D W, Goss G L. Research on the mechanism of fretting fatigue//NACE. Corrosion Fatigue: Chemistry, Mechanics, and Microstructure. NACE-2 Conference, Houston, 1972: 617-626.

［45］ Endo K, Goto H. Initiation and propagation of fretting fatigue cracks. Wear, 1976, 38(2): 311-324.

［46］ Waterhouse R B. The role of adhesion and delamination in the fretting wear of metallic materials. Wear, 1977, 45(3): 355-364.

［47］ Suh N P. An overview of the delamination theory of wear. Wear, 1977, 44(1): 1-16.

［48］ Berthier Y, Vincent L, Godet M. Velocity accommodation in fretting. Wear, 1988, 125(1-2): 25-38.

［49］ Godet M. Third-bodies in tribology. Wear, 1990, 136(1): 29-45.

［50］ Hills D A. Mechanics of fretting fatigue. Wear, 1994, 175: 107-103.

［51］ Nowell D, Hills D A. Crack initiation criteria in fretting fatigue. Wear, 1990, 136(2): 329-343.

［52］ Zhou Z R, Fayeulle S, Vincent L. Cracking behaviour of various Aluminium alloys during fretting wear. Wear, 1992, 155(2): 317-330.

［53］ Zhou Z R. Fissuration induite en petits debattements: Application au cas d'alliages d'aluminium aéronautiques. Lyon: Ecole Centrale de Lyon, 1992.

［54］ Zhou Z R, Vincent L. Effect of external loading on wear maps of Aluminium alloys. Wear, 1993, 162-164(3): 619-623.

［55］ Zhou Z R, Vincent L. Mixed fretting regime. Wear, 1995, 181-183: 531-536.

［56］ Zhou Z R, Vincent L. Cracking induced by fretting of Aluminium alloys. Journal of Tribology, 1997, 119(1): 36-42.

［57］ Pearson B R, Brook P A, Waterhouse R B. Fretting in aqueous media, particularly of roping steels in seawater. Wear,

1985, 106: 1-3, 225-260.

[58] Leach J S L. Editorial. Wear, 1985, 125: 1-2.

[59] Attia M H, Waterhouse R B. Symposium on Standardization of Fretting Fatigue Tests Methods and Equipment. Philadelphia: ASTM, 1990.

[60] Waterhouse R B, Lindley T. International Symposium on Fretting-Fatigue. London: Mechanical Engineering Publications, 1993.

[61] Euromech 346 on Fretting Fatigue. Oxford: University of Oxford Press, 1996.

[62] Zhou Z R. International Symposium on Fretting. Chengdu: Southwest Jiaotong University Press, 1997.

[63] Luo W L, Zhou Z R, Liu J J. Current status of fretting research in China//Zhou Z R. International Symposium on Fretting. Chengdu: Southwest Jiaotong University Press, 1997: 14-18.

[64] Zhu M H, Zhou Z R. An experimental study on radial fretting behaviour. Tribology International, 2001, 34(5): 321-326.

[65] Zhu M H, Zhou Z R, Kapsa P, et al. Radial fretting fatigue damage of surface coatings. Wear, 2001, 250(1-12): 650-657.

[66] Zhu M H, Zhou Z R, Kapsa P, et al. An experimental investigation on composite fretting mode. Tribology International, 2001, 34(11): 733-738.

[67] Zhu M H, Zhou Z R. Dual-motion fretting wear behaviour of 7075 Aluminium alloy. Wear, 2003, 255(1-6): 269-275.

[68] Cai Z B, Zhu M H, Shen H M, et al. Torsional fretting wear behaviour of 7075 Aluminium alloy in various relative humidity environments. Wear, 2009, 267(1): 330-339.

[69] Cai Z B, Zhu M H, Zheng J F, et al. Torsional fretting behaviors of LZ50 steel in air and nitrogen. Tribology International, 2009, 42(11): 1676-1683.

[70] Mo J L, Zhu M H, Zheng J F, et al. Study on rotational fretting wear of 7075 Aluminum alloy. Tribology International, 2010, 43(5): 912-917.

[71] Zhu M H, Zhou Z R. On the mechanisms of various fretting wear modes. Tribology International, 2011, 44(11): 1378-1388.

[72] Wang S B, Niu C H. Torsional tribological behavior and torsional friction model of polytetrafluoroethylene against 1045 steel. Plos One, 2016, 22(1): 0147598.

[73] Chen K, Zhang D K, Zhang G F, et al. Research on the torsional fretting behavior of the head-neck interface of artificial hip joint. Materials & Design, 2014, 56: 914-922.

[74] Wang S B, Zhang S, Mao Y. Torsional wear behavior of MC Nylon composites reinforced with GF: Effect of angular displacement. Tribology Letters, 2012, 45(3): 445-453.

[75] Wang S B, Cao B, Teng B. Torsional tribological behavior of polytetrafluoroethylene composites filled with hexagonal boron nitride and phenyl p-hydroxybenzoate under different angular displacements. Industrial Lubrication and Tribology, 2015, 67(2): 139-149.

[76] Wang S L, Li X Y, Lei S, et al. Research on torsional fretting wear behaviors and damage mechanisms of

stranded-wire helical spring. Journal of Mechanical Science and Technology, 2011, 25(8): 2137-2147.

[77] Li X Y, Wang S L, Wang Z J, et al. Location of the first yield point and wear mechanism in torsional fretting. Tribology International, 2013, 66: 265-273.

[78] Li X Y, Wang S L, Zhou J. Analysis of elliptical Hertz contact of steel wires of stranded-wire helical spring. Journal of Mechanical Science and Technology, 2014, 28(7): 2797-2806.

[79] Huang Y Y, Wang Z J, Zhou Q H. Numerical studies on the surface effects caused by inhomogeneities on torsional fretting. Tribology International, 2016, 96: 202-216.

[80] Li X Y, Liang L, Wu S J. A numerical and effective method for the contact stress calculation of elliptical partial slip. Journal of Mechanical Science and Technology, 2015, 29(2): 517-525.

[81] Godfrey D, Bailey J M. Coefficient of friction and damage to contact area during the early stages of fretting Ⅰ: Glass, copper, or steel against copper. Journal of Physical Chemistry B, 1953, 117(51): 16522-16529.

[82] Bailey J M, Godfrey D. Coefficient of friction and damage to contact area during the early stages of fretting Ⅱ: Steel, Iron, Iron Oxide, and glass combinations. Washington: Technical Report Archive & Image Library, 1954: 1-26.

[83] Wright K H R. An investigation of fretting corrosion. Proceedings of the Institution of Mechanical Engineers, 1953, 167(1b): 556-574.

[84] Halliday J S, Hirst W. The fretting corrosion of mild steel. Proceedings of the Royal Society A: Mathematical, Physical and Engineering Sciences, 1956, 236(1206): 411-425.

[85] Aldham D, Warburton J, Pendlebury R E. The unlubricated fretting wear of mild steel in air. Wear, 1985, 106(1-3): 177-201.

[86] Waterhouse R B. Fretting wear//ASME Handbook, vol. 18, Friction, Lubrication, and Wear Technology. Cleveland: ASM International, 1992.

[87] Wharton M H, Waterhouse R B. Environmental effects in the fretting fatigue of Ti-6Al-4V. Wear, 1980, 62(2): 287-297.

[88] Goto H, Buckley D H. The influence of water vapour in air on the friction behaviour of pure metals during fretting. Tribology International, 1985, 18(4): 237-245.

[89] Vincent L. Mechanics and materials in fretting. Wear, 1992, 153: 135-148.

[90] Play D, Godet M. Self protection of high wear materials. ASLE Transactions, 1982, 75: 56-64.

[91] Colombie C, Berthier Y, Floquet A, et al. Fretting: Load carrying capacity of wear debris. Journal of Tribology, 1984, 106(2): 194-201.

[92] Berthier Y, Vincent L, Godet M. Fretting fatigue and fretting wear. Tribology International, 1989, 22: 235-242.

[93] 朱旻昊, 周仲荣, 刘家浚. 摩擦学白层的研究现状. 摩擦学学报, 1999, 19(3): 281-287.

[94] Jeong S H, Yong S J, Lee Y Z. Friction and wear characteristics due to stick-slip under fretting conditions. Tribology Transactions, 2007, 50(4): 564-572.

[95] Korashy A, Attia H, Thomson V, et al. Characterization of fretting wear of cobalt-based superalloys at high temperature for aero-engine combustor components. Wear, 2015, 330-331: 327-337.

[96] Sato K, Stolarski T A, Iida Y. The effect of magnetic field on fretting wear. Wear, 2000, 241(1): 99-108.

[97] Chaudhry V, Kailas S V. Damage quantification under sliding and seizure condition using first-of-a-kind fretting machine. Wear, 2013, 305(1-2): 140-154.

[98] Yoon Y, Etsion I, Talke F E. The evolution of fretting wear in a micro-spherical contact. Wear, 2011, 270(9): 567-575.

[99] 朱旻昊, 周仲荣, 石心余, 等. 新型径向微动装置. 摩擦学学报, 2000, 20(1): 102-105.

[100] Shen M X, Xie X Y, Cai Z B, et al. An experiment investigation on dual rotary fretting of medium carbon steel. Wear, 2011, 271(9-10): 1504-1514.

第2章 工业领域的典型微动损伤现象

微动损伤的存在具有广泛性，即广泛存在于通用机械、航空、航天、汽车、铁路、船舶、电力、电子、石化、矿业、核反应堆、武器系统和人工植入器械等现代工业的各领域。微动损伤起源于紧配合接触界面的微区，具有很强的隐蔽性，易被忽视或忽略，因此具有很大的潜在危险性。随着高科技领域对高精度、长寿命和高可靠性的要求，以及各种苛刻工况条件的存在，关键部件的微动损伤的危害日益凸现，现已成为一些关键零部件失效的主要原因之一，甚至是一些灾难性事故的元凶，因此微动损伤也称为现代工业的"癌症"。例如，1998 年德国 ICE 高速列车动车组因低噪声弹性车轮橡胶件的微动疲劳失效发生崩裂而脱轨，造成了 101 人死亡，84 人重伤，经济损失约 2 亿马克的重大灾难(图 2-1)[1]；又如，2002 年中华航空公司(简称"华航")的一架波音 747-200 型客机因尾翼处蒙皮的微动疲劳，发生解体坠毁事故，搭乘的 225 人全部遇难[2]；再如，2002 年一列途经英国波特斯巴(Potters Bar)的列车在进站之前，因为转辙器上固定第二、第三横杆的螺帽脱落(微动磨损导致)，转辙器发生松动，从而导致列车脱轨翻覆[3]。

(a)事故现场照片

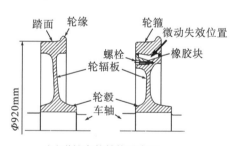

(b)弹性车轮结构示意图

图 2-1 1998 年德国 ICE 高速列车事故状况

本章通过文献研究、实际调研和相关研究，针对广泛存在的微动损伤，根据其配合方式或运行特点进行分析归纳，总结出九类典型微动损伤现象。本章的撰写旨在为工程技术人员认识微动损伤现象提供尽可能详尽的资料和信息。

2.1 各种可拆分式联接①

机械联接方式很多，如焊接、胶接、螺纹联接、销联接、搭接、卡扣联接、铰接等，但除了焊接、胶接可以将部件联接成不可拆分的整体外，其余只要是可拆分式的联接，在外部振动条件下均可发生微动损伤。这里针对应用最广的螺纹联接、铆接、销联接和卡扣联接进行分析。

2.1.1 螺纹联接

据估计，金属加工业有 50%的生产时间用于制造紧固件，紧固件的数量占所有零件总数的 60%，而在所有紧固联接中，由于螺纹联接可以获得很大的联接力，又便于装拆，通过标准化实现了大批量生产，成本低廉，具有互换性，因此，在机械和结构中应用广泛。例如，一辆普通汽车就有 1000 个以上的螺纹联接件，发动机包括 200～300 个螺纹联接件，其中使用了 80～160 种螺栓或螺钉[4]。

在飞机、火车、汽轮机、核反应堆等大型装备中，一旦螺纹联接出现损坏(松动或断裂)，后果十分严重[5]。因此，螺纹联接的可靠性对各类机械结构的安全运行至关重要。在振动或者变温环境中，螺栓轴向力不可避免地出现降低的现象。在开始阶段，虽然不会导致重大事故，但有可能引起压力容器、管道等诸类被联接件的密封性能降低，结构发生异响或者泄漏等故障；在服役后期，由于螺栓轴向力下降到一定程度，螺栓可能发生疲劳断裂或脱落，引起重大安全事故。例如，2014 年宝马公司因发动机螺栓存在安全隐患召回 23 万辆汽车[6]；又如，1989 年挪威柏纳航空 394 号航班由于固定尾翼的四颗螺栓失效机尾发生解体[7]；再如，2011 年韩国 KTX 高速列车由于螺栓松动，控制箱发生脱落，导致列车脱轨(图 2-2)[8]。

大量实践表明，螺纹联接在变载、振动、冲击、热循环等各种外加交变载荷作用下，其结合界面普遍存在微动。微动可造成接触表面磨损和疲劳裂纹形成，在不同环境下导致螺纹件的松动(预紧力下降)、咬死，甚至导致螺栓或螺钉的断裂，使得联接件寿命下降[9-11]。图 2-3 给出了螺纹联接可能产生微动损伤的 4 种位置，分别位于：①螺栓头、螺钉头或垫圈与板之间；②两块联接板之间；③螺纹配合面之间；④螺栓孔与螺栓杆之间。例如，某飞机铝合金旋翼的大梁螺纹联接断裂，失效分析发现其螺栓孔内壁疲劳源区有黑色微动斑及裂纹聚集[9]；又如，

① 在机械工程领域常用到"连接"和"联接"两个术语，其中前者主要是指将两种分离型材或零件联接成一个复杂零件或部件的过程，而后者重点关注被联接件之间的相互关系。在本书中，重点关注的是接触副之间的相互运动关系，因此书中统一使用"联接"一词。

医用金属植入件的螺纹联接，在人体运动时发生微动[12]；在对兔子的人工植入器件进行检测时发现，48周后因微动磨损，纯钛材料制作的螺纹联接件就松动了[13]。

图 2-2   韩国 KTX 高速列车因螺栓松动引发的脱轨事故

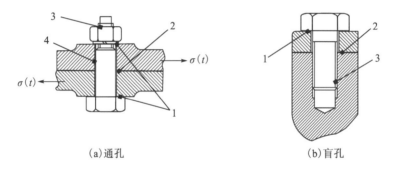

(a) 通孔   (b) 盲孔

图 2-3   螺纹联接件的微动损伤位置示意图

1-螺栓头、螺钉头或垫圈与板之间；2-两块联接板之间；3-螺纹配合面之间；4-螺栓孔与螺栓杆之间

$\sigma(t)$ 表示交变应力，交变应力的激励方向可以是轴向、切向或扭转

　　工程实际中，大量地遇到螺纹联接的松动与断裂问题，其实质是微动导致的损伤，但很少有工程技术人员了解和认识到这一点。工程技术人员通常采用加大结构尺寸、强度或预紧力矩的方法，有时并没有明显的效果，例如，内燃机车柴油机的增压器通过螺栓固定在柴油机上，其工作时产生强烈振动，极易使固定螺栓产生松动，虽然采取了加大联接区结构的尺寸和使用高强螺栓材料等措施，问题并未得到很好解决，忽视了微动损伤是产生失效的主要原因。

　　从理论上讲，若松退力矩不大于拧紧力矩的 80%，螺纹联接不会松动[5, 14, 15]。但实际上，工作中的螺纹件，特别是承受交变载荷或振动时，即使不受松退力矩作用，也能松动回转，即使不松动回转，预紧力也会因松弛而减小。目前对螺纹联接松动机理的普遍认识如下。

(1)支承面压陷引起的松动。螺栓头或螺母支承面的接触压强大时，支承面接触处会有塑性的环状压陷，使用中这种塑性变形持续发生，螺母不回转也会使预紧力降低。

(2)初始松动。由螺纹联接体接触部分(螺旋面、支承面、被联接件相互接触面)的粗糙、波纹、形状误差等产生的局部塑性变形，在拧紧后已经终止，但由于使用中外力的积累作用，还有一部分仍将持续进行，造成"初始松动"。这可以在机械运转一定时间后，进行"补紧"来弥补。

(3)自动回转引起的松动。按受载性质，有 3 种情况。①有静轴向力增减的场合：当螺栓中产生轴向拉伸力时，由于存在螺纹牙斜面上的径向分力，螺母产生弹性径向扩张，而由于泊松比的关系，螺栓产生弹性径向压缩。因此，在螺纹接触界面及承载支承面间将产生不可逆的微幅径向滑动，其反复累积导致松动回转。②有动轴向力增减的场合：当有反复轴向力增减时，在螺纹件接触面和载荷支承面间将有径向的相对滑动；当所加动能足够大时，滑动有可能降低摩擦阻力，摩擦系数低于临界值时，"自锁条件"被破坏，而发生自动松动回转。③变动载荷与轴线方向垂直的场合(即切向振动激励)：当有与轴线垂直方向的振动载荷时，在振动力增大的同时，摩擦系数可能减小到零，破坏了螺纹自锁条件而形成能够自动松动回转的状态。

在上述松动机理认识中，最不容易防止的问题还是自动回转引起的松动。从其实质来看，螺旋副(是指螺旋面构成的特殊摩擦副)的接触界面之间在复杂交变载荷下产生微滑，从而发生微动，导致螺旋副磨损或摩擦系数发生改变，使自锁功能丧失。唐辉[11]针对核电设备中的螺纹联接，通过松动力矩分析和微动的力学分析，论证了在振动环境下，螺旋副自锁功能的丧失，是由于微动导致了松动位移的累积。沈英明等[16]也指出：要实现螺纹联接的防松，提高防松效果，需要从螺栓材料的松弛以及螺旋副配合的微动磨损机理等方面找出松动的原因，以便找到防止松动的对策。

国内外学者对螺栓松动机理的研究可追溯到 1945 年，Goodier 和 Sweeney[17]研究了在轴向振动条件下，螺栓联接结构的松动机理，结果表明：随着工作载荷的增加，外螺纹沿径向往里滑动，而内螺纹沿径向往外滑动，因此相互接触的螺纹之间沿径向发生相对运动，此时沿周向的摩擦力为零，在由法向接触应力产生的力矩作用下，接触界面沿周向也发生相对运动；此外，基于力和力矩平衡方程可知，在加载过程中，内外螺纹发生松动方向的转动；在卸载过程中，内外螺纹发生紧固方向的转动。Junker[18]运用类似的平衡理论研究了横向载荷作用下螺栓联接的松动机理，并发明了至今仍在使用的螺栓松动试验装置。后来研究者在此基础上开展了一系列的研究[19-22]。前述研究均指出螺纹接触界面之间的相对滑动是螺栓松动的原因。

　　随着微动摩擦学的发展，国内外学者开始研究微动对螺栓松动的影响。Ibrahim 等[23-25]研究发现，螺栓在振动环境中，由于接触界面的磨损，螺栓轴向力逐渐下降，当预紧力下降到一定值时，起紧固作用的摩擦力降低到临界值，螺母开始发生回转，导致螺栓轴向力迅速下降。Liu 等[26]研究了轴向交变载荷作用下螺栓联接结构的松动机理，结果发现，在试验后期，由于微动磨损产生的磨屑在接触界面堆积或排出，螺栓轴向力出现先升高后降低的现象，但总体呈减小趋势。

　　Yang 等[27-29]运用有限元方法、理论方法和试验方法研究了轴向交变载荷作用下螺栓联接结构的松动机理，发现联接结构的塑性变形是螺栓松动的原因之一。当工作载荷过大时，螺栓截面上的应力超过其材料屈服强度，螺栓发生塑性变形，被联接件的压缩量减小，工作载荷卸载后，螺栓不能恢复初始长度，被联接件对螺栓施加的轴向力降低，导致螺栓发生松动。Jiang 等[30, 31]研究了横向交变载荷作用下螺栓联接结构的松动机理，认为螺栓联接结构的松动过程可分为两个阶段(图 2-4，$R_F(N)$ 为经过第 N 次循环加载后，螺栓残余轴向力与预紧力之比)：第一阶段，螺栓和螺母之间未发生相对转动，由于材料的塑性变形和应力松弛，螺栓轴向力缓慢降低；第二阶段，螺栓和螺母之间发生相对转动，螺栓轴向力迅速降低。

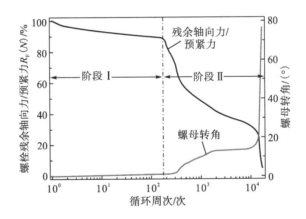

图 2-4　横向交变载荷作用下螺栓联接结构的松动曲线[30]

　　综上所述，螺栓联接结构的松动原因主要有应力松弛、塑性变形、微动磨损和螺纹接触界面的相对滑动等。但是至今为止，关于微动磨损的螺栓松动机理的研究报道还很少见。

　　作者所在课题组从理论分析、有限元模拟、静态试验、动态试验和防松措施等几个方面研究了螺栓联接松动机理[26, 32, 33]，获得的主要结论为：①螺纹配合面的微动磨损包含磨粒磨损、疲劳磨损、黏着磨损和氧化磨损四种磨损机制，是一种十分复杂的磨损现象；②预紧力矩、交变载荷幅值、循环次数等试验参数对螺栓联接结构的松动行为具有强烈的影响；③重复的螺栓拧入/拧出试验表明，相同预紧力矩作用下，多次拧入的预紧力有明显的降低，如果不需要增大螺栓的紧固预紧力矩，应避免不必要的拧入/拧出操作；④螺栓精确建模研究发现降低螺栓头部/被联接件和螺纹接触界面的摩擦系数并适当增大预紧力，可降低塑性应变的累积和螺纹表面单位面积的摩擦耗散能，从而提高螺栓防松性能。因此，采用润滑或表面处理等方式，降低螺纹接触界面的摩擦系数是十分有效的防松措施。

2.1.2 铆接

铆接是利用轴向力，将零件铆钉孔内钉杆墩粗并形成钉头，使多个零件相联接的方法，属于半可拆联接，联接件之间存在配合界面。铆接可以分为三类：①活动铆接，联接件可以相互转动，不是刚性联接，如剪刀、钳子等；②固定铆接，联接件不能相互活动，是刚性联接，如飞机的蒙皮、铁路货车车体、框架结构和桁梁等；③密封铆接，要求铆缝严密，不漏气体、液体，也是刚性联接。但不论是否为刚性联接，由于存在配合界面，铆钉联接件在受到外部振动或交变应力后，可发生微动损伤，微动损伤的位置有如下三个地方[10]（图 2-5）：①铆钉头下缘与平板的接触面之间；②两块被铆板的局部接触表面之间；③铆杆侧面和板孔之间等。飞机的蒙皮、铁路货车、框架结构和桁梁等部件广泛采用铆钉联接。对于飞机蒙皮，由于机身振动或气流作用，这些铆接点均可发生微动，其主要危险是在上述位置因微动磨损而产生疲劳裂纹[32]，图 2-6 是一架飞机铝合金板铆钉孔产生微动疲劳裂纹的实例[33-35]。据估计，各种飞机的疲劳裂纹有 90%起源于微动部位[36]，其中铆接件占据了很大比例。图 2-7 示出了铆杆微动磨损的特征。

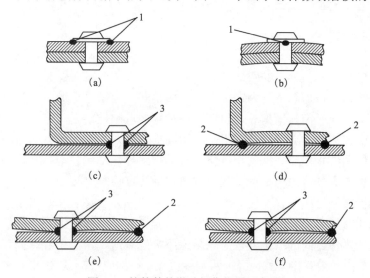

图 2-5 铆接件的微动损伤位置示意图

1-铆钉头与平板之间；2-两块被铆板之间；3-铆杆侧面和板孔之间

图 2-6   铆钉孔处因微动损伤而产生的疲劳裂纹[33-35]

图 2-7   铆杆微动磨损的特征

2.1.3   销联接

销联接是另一类常见的联接方式，用于固定零件的相对位置，并可承受不大的载荷，按用途和功能可分为定位销、联接销和安全销等，形式上又可分为圆柱销、圆锥销、异形销、槽销、开口销和销轴等。以圆柱销为例，其依靠少量过盈固定在孔中，在外加交变载荷作用下，微动损伤可发生在接触界面上，具体有两个位置，如图 2-8 所示，即两个联接零件的接触部位和销柱与被联接零件之间。微动疲劳裂纹大多萌生在垂直于载荷方向的轴孔直径对称边 A—A 处，并沿着板的横截面扩展，最终导致联接失效，如图 2-8(b) 所示。图 2-9 示出了圆锥销的典型结构，在其承受外部交变载荷作用时，配合界面必然将产生微动损伤。销联接用来实现两零件之间的联接，可用来传递不大的载荷，常用于轻载或非动力传输结构。销轴作为销联接方式，用于两零件铰接处，构成铰链联接(由于销轴的微动运行模式属于转动微动，将在 2.5.1 节中详细分析)。

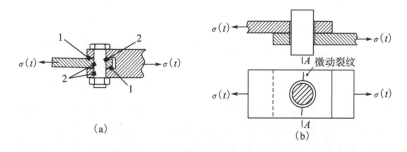

图 2-8　销联接的微动损伤位置示意图

1-两个联接零件接触部位；2-销柱与被联接零件(耳片)之间；$\sigma(t)$表示交变应力

图 2-9　圆锥销的典型结构示意图

2.1.4　卡扣联接

　　卡扣联接是利用结构的弹性变形来实现的，其结构形式多种多样，但通常可分为可拆卸和不可拆卸两类，基本关系如图 2-10 所示。由于卡扣联接结构简单，成本低，多采用弹簧钢和塑料材料等，在汽车内装、仪表等领域，大量使用卡扣联接。对于振动环境中的卡扣联接，在其配合界面处，由于结构变形的不匹配，会产生微滑，导致微动损伤。因微动导致的磨损或疲劳，可使卡扣联接丧失固定功能，产生松动，甚至产生异响。在汽车上，人们时常听到"哒哒哒"的异响，可能与卡扣的松动、脱落有关。

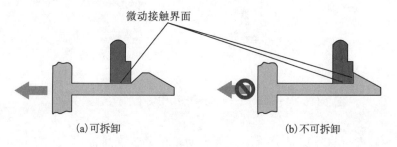

图 2-10　卡扣联接微动损伤发生位置示意图

2.2　过　盈　配　合

当孔的公差带在轴的公差带之下时,过盈量大于零的配合称为过盈配合(也可理解为间隙量为负值),即孔的实际尺寸总是小于轴的实际尺寸,当过盈配合界面存在较高的接触应力时,在外加交变应力作用下,过盈配合区的边缘由于变形的不协调,也可发生相对微滑而产生微动损伤。

2.2.1　轮轴配合

轮轨是轨道交通的基本特征,列车运行的支撑、导向、牵引和制动都由该系统实现,其中车轮、车轴通过过盈配合构成轮对(通常称为轮轴配合),这是轮轨系统的核心部件。

火车轮轴配合是一类非常典型的过盈配合。轮轴在运行过程中主要承受来自垂向的弯曲交变载荷,以及横向振动和扭转应力,使在与轴承过盈配合的轴颈表面上,或在与轮毂过盈配合的轮座表面上,或在与电机传动齿轮或制动盘过盈配合的镶入部,产生微动损伤[37-40],如图 2-11 所示。

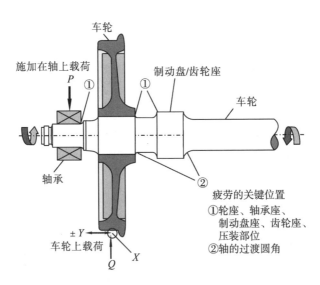

图 2-11　火车轮轴配合微动疲劳损伤发生的位置(图中①)

对轮轴配合进行失效分析,结果表明,微动损伤带的宽度约 15mm,损伤带开始于接触区向内 0.7~1.0mm,处于接触区边缘位置,如图 2-12(a)所示;

有限元模拟结果显示，过盈配合区的最大接触应力位置对应于微动损伤带，如图 2-12(b)所示。由图 2-13 可见，微动疲劳裂纹呈现沿周向多源、台阶状的特征。

(a)微动损伤带位置

(b)过盈配合接触应力分布

图 2-12　轮轴表面微动损伤带位置和过盈配合接触应力分布的有限元模拟结果

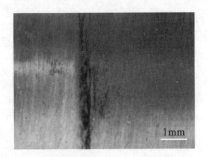

(a)轮轴微动疲劳裂纹OM形貌

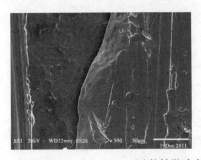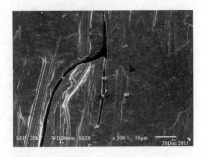

(b)轮轴微动疲劳裂纹SEM形貌

图 2-13　轮轴微动疲劳裂纹 OM 和 SEM 形貌

　　轮轴的微动疲劳失效是列车行车安全必须重视和解决的问题。早在 1842 年，巴黎至凡尔赛铁路的轮轴失效事故，就导致了 60～100 人丧生[41]；2004 年意大利发生的列车脱轨事故缘于轮轴微动疲劳断裂(图 2-14(a)和(b))[42]；而对于高速列车，2008 年德国 ICE 动车组因低轮轴微动疲劳失效而导致脱轨，所幸在低速区段未造成人员伤亡和重大财产损失(图 2-14(c))[43]；2008 年德国因车轴过盈配合处检测到裂纹而使 70%的 ICE-T 型高速列车停运进行退轮检测，造成巨大经济损失[44]。在我国，1996 年分别在京广线和兖石线发生两次断轴，均造成列车脱轨颠覆，构成重大事故[37]。有文献统计，我国车轴微动损伤的轴数达到了 70%[38]；在俄罗斯，仅 1993 年在运用的 220 万～250 万根轴中，因疲劳裂纹报废的就达 6800 根[39]。目前，为防护轮轴微动疲劳损伤，国际上有两种不同的做法：以日本为代表的日系车轴，通过高频感应淬火来强化车轴表面，并配合残余压应力层来抑制裂纹扩展；以德国为代表的欧系车轴，则通过在一定运营里程后将损伤的表面层镟修掉，再装回继续使用。

(a)2004年意大利轮轴事故现场照片

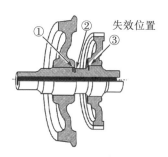

(b)2004年意大利轮轴事故
微动疲劳失效发生位置①③

(c)2008年德国轮轴事故现场照片

图 2-14　列车轮轴微动疲劳失效事故实例

2.2.2　其他过盈配合

与车轴相类似,像一些热套配合和压装配合的配合面、轴承和轴承座之间的过盈配合面,名义上是相对静止的,但在较大交变载荷作用下,都可能产生微动,引起微动损伤。例如,当轴瓦过盈量不足时,轴瓦与座孔的贴合面处容易发生微动磨损,导致零件产生应力集中源,使轴瓦在座孔中的振动应力加大,金属表面疲劳裂纹扩展,引起瓦背或瓦盖断裂;一般情况下,产生微动磨损后,零件疲劳强度将减少 80%左右[45]。

图 2-15(a)示出了动车牵引电机的电机轴与小齿轮轴过盈配合关系,其过盈配合的实施需要用油在高压下将电机轴的锥面孔胀开,因此在过盈配合面上必须布置油孔和油槽。过盈配合面结构的非连续性导致油孔附近接触应力极高,产生应力集中,在运转过程中交变载荷的作用下,微动疲劳裂纹在油孔、油槽处萌生并扩展,并最终导致部件的断裂(图 2-15(b))[46]。电机轴和小齿轮轴的微动疲劳裂纹与轮轴配合相似,也呈现多源和台阶状特征,如图 2-16 所示。

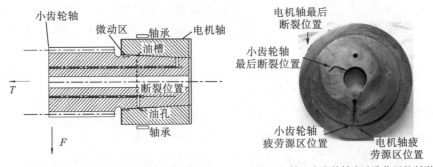

(a)电机轴/小齿轮轴过盈配合结构示意图　　　(b)电机轴和小齿轮轴在油孔位置的断裂形貌

图 2-15　电机轴/小齿轮轴过盈配合微动疲劳失效实例

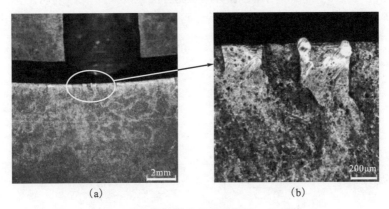

(a)　　　　　　　　　　　　　(b)

图 2-16　电机轴微动疲劳裂纹区 OM 形貌

2.3　各种紧配合

微动损伤的隐蔽性在于配合界面名义上是"静止"的，而外加振动所导致的微滑也发生在这些"静止"的界面内，这尤其表现在紧配合的界面上。这里将针对常见的榫槽配合、键配合与花键配合、紧固与夹持配合进行分析。

2.3.1　榫槽配合

榫槽配合最早源于古代木工器具和建筑的榫卯结构，距今六七千年的新石器文化遗址——河姆渡遗址就发现了大量榫卯结构的木质构件。现代工业中榫槽配合最常见于涡轮机(包括蒸汽轮机和燃气轮机)，其叶片在运转时可在如下三个部位发生微动损伤[9, 35, 47-51]：①压装到驱动轴上的涡轮盘或通过螺栓法兰与轴相连的涡轮盘处；②以燕尾槽结构等榫槽配合固定的涡轮盘叶片处；③叶片上端的减振器(阻尼台)与邻近叶片的减振器相互接触的区域。前两个部位更易形成疲劳裂纹，而阻尼台磨损引起的材料损失将导致叶片振动加剧，引发冲击微动(见 2.4 节)。

榫槽配合是涡轮叶片的基本配合形式，具体又有燕尾槽型和杉树根型等结构。榫槽配合的叶片相当于一端固定的悬臂梁，工作时受到气流的冲击，处于弯扭复合振动状态，叶片在榫槽内发生上下、左右的相对微滑[52]，如图 2-17 所示，导致配合面上出现微动损伤斑和疲劳裂纹。在飞机涡轮发动机中，涡轮叶片沿第一榫槽折断的故障时有发生[10, 36]，横向裂纹和垂向裂纹的分布如图 2-18 所示。图 2-19给出了燕尾槽根部微动疲劳裂纹和杉树根叶片断裂的形貌[52]。

Ruiz 和 Chen[49]预测了燕尾槽型榫槽配合面微动疲劳裂纹的萌生位置，给出了接触界面的应力分布，如图 2-20 所示。可见，界面存在交变的切向和法向载荷，从微动运行的模式来看，这是一种切向和径向微动共同作用的复合微动磨损。

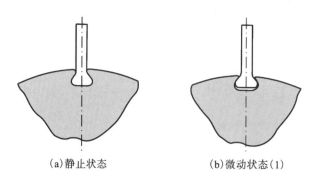

(a)静止状态　　　　　　　　　(b)微动状态(1)

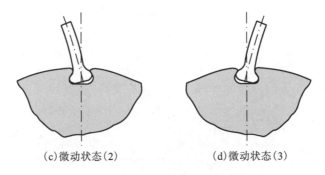

(c)微动状态(2) (d)微动状态(3)

图 2-17 榫槽配合产生微动损伤示意图

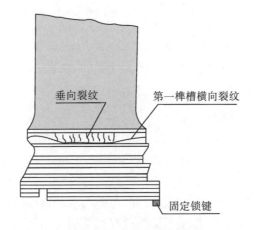

垂向裂纹 第一榫槽横向裂纹

固定锁键

图 2-18 涡轮叶片榫槽配合裂纹分布示意图

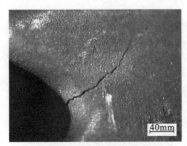

40mm

(a)燕尾槽根部微动疲劳裂纹

(b)杉树根叶片断裂形貌

图 2-19 燕尾槽根部形成的微动疲劳裂纹和杉树根叶片的断裂形貌

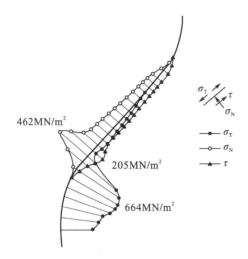

图 2-20   燕尾槽配合面的应力分布示意图

σ_{T}、σ_{N}和τ分别代表切应力、法向应力和接触表面剪应力

2.3.2   键配合与花键配合

键联接用来实现轴和轴上零件的周向固定以传递扭矩，或实现零件的轴向固定或移动，通常有平键、半圆键、楔键、切向键等种类。其中，平键应用最广，其两侧面为工作面，工作时依靠键的侧面与键槽接触传递扭矩，键的上表面与键槽底之间留有间隙，这种结构使得键联接在承受振动工况时，易发生相对滑动，产生微动损伤(图 2-21)。

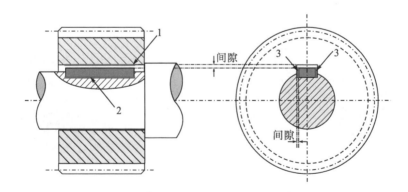

图 2-21   平键联接结构微动损伤示意图

1-平键与轮毂槽之间；2-平键底面或轴槽之间；3-平键侧面或轴槽之间；微动损伤主要发生在位置 3

　　对于定心精度要求高、传递载荷大或经常滑移的联接，采用花键配合。花键分为内花键和外花键，其廓形有矩形、渐开线和三角形，沿周向均匀分布，侧齿为工作面。对比键联接，花键具有受力均匀、对轴削弱程度小、承载能力强、导向性好、加工精度高等特点。花键被设计用于联接轴线有轻微不同轴的轴，因此有振动源存在，是易产生微动损伤的部件，图 2-22 示出了航空发动机花键上由微动引起的疲劳裂纹[9]。图 2-23 示出了花键配合的典型微动损伤形貌，可见花键配合既可导致严重磨损，也可形成疲劳裂纹，大大缩短零部件使用寿命。

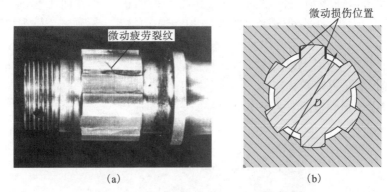

图 2-22　航空发动机花键上的微动疲劳裂纹

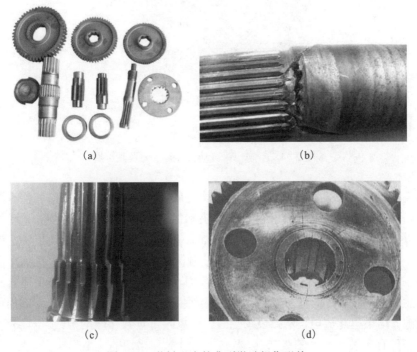

图 2-23　花键配合的典型微动损伤形貌

2.3.3　紧固与夹持配合

　　紧固配合面大量存在于机械部件中，以内燃机车 16V280ZJ 型柴油机为例，连杆与连杆盖采用齿形配合再加螺栓紧固联接，在运行过程中紧配合面承受交变的疲劳载荷，显微观察发现连杆大头短叉处的配合齿面靠外侧第二、第三齿的损伤相对严重，不少齿面靠近齿根侧接触区边缘的位置萌生微动疲劳裂纹，其扩展方向大致与齿面微滑方向垂直[53-55]（其微动损伤机理和表面工程的防护详见10.3.3 节）。又如，铁路第四次大提速（2001 年 10 月）后，不到一个机车架修（即运行不足 30 万 km），活塞铝裙发现大量裂纹（图 2-24），严重危及列车行车安全；失效分析发现，钢顶铝裙活塞通过四根高强螺栓联接，钢顶的交变工作应力通过螺栓经弹性套传递给铝裙活塞，裂纹起源于铝裙活塞和弹性套的紧配合面上，疲劳载荷作用于铝合金的方式呈典型的径向微动磨损[56]。

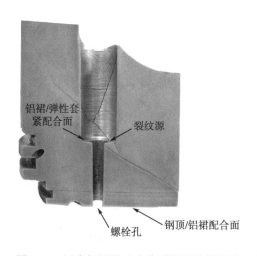

图 2-24　活塞铝裙微动疲劳裂纹源及其扩展

　　夹持机构的形式多样，在电力工业中比较常见。高空电缆和电气化铁路接触网导线均通过夹持机构实现悬挂，电缆夹和吊线夹的失效呈现典型的微动损伤特征。以接触网吊线夹为例，每对吊线夹都有三个位置可能发生微动损伤，即导线与夹子接触处、紧固螺栓处和与承力索接触区，如图 2-25(a)所示。在列车运行过程中，受电弓对接触网有一个较大的冲击力，由冲击产生的振动使上述紧配合部位产生微动磨损，在运行初期就会产生微动损伤，图 2-25(a)中 1 处因磨损可能产生间隙，结果引起放电，电弧烧损导线，严重时可导致接触网掉线。对高空电缆，电缆夹可有多种形式，图 2-25(b)示出了一种微动损伤的典型形式[57]。

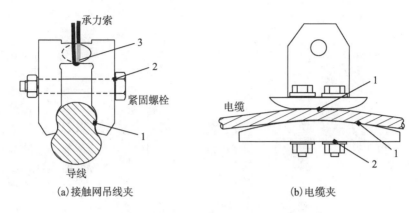

图 2-25　接触网吊线夹和电缆夹微动损伤示意图

1-导线与夹子接触处；2-紧固螺栓处；3-与承力索接触区

2.4　间　隙　配　合

在很多机械配合中都存在间隙，间隙配合是指间隙大于等于零的配合。间隙配合的实例大量存在于工程实际中。

2.4.1　蒸汽发生器传热管

蒸汽发生器(steam generator，SG)是核电站的关键设备之一(图 2-26)，其传热管与管束支撑板或抗振条之间就是典型的间隙配合。蒸汽发生器由于应力腐蚀和微动等损伤的存在，已成为一种易损设备，并是核电站反应堆容量因子损失的一个重要原因，成为核能工程中重大而持久的课题之一[58]。由于受到高温高压和流体的共同作用，支撑界面的各位置(如传热管-抗振条、传热管-管束支撑板，如图 2-27 所示，除图 2-27 中 C 和 F 位置发生的是应力腐蚀和点蚀外)均可产生微动损伤，也就是有可能产生接触的位置就可能产生微动损伤，损伤不仅可产生磨损进而导致管壁减薄，严重时可导致管道和支撑部件破裂。由于管道和管道支撑之间或管道与导流板之间的微动通常存在间隙，伴随着流致振动产生冲击，这种微动现象称为冲击微动[59-61]。Gee 等[59]指出冲击和微动的联合作用比单独的微动更危险，因此冲击微动是冲击磨损与微动磨损耦合的复合微动模式，图 2-28 示出了传热管微动磨损的典型损伤形貌。蒸汽发生器和热交换器中的冲击微动属于高温和流体介质环境下的特殊微动腐蚀行为，腐蚀产物是其重要特征，但正是腐蚀产物的存在，使一些研究者将重点关注到了应力腐蚀上，而忽视了微动的作用。

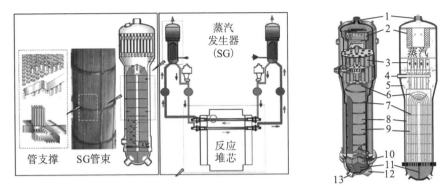

图 2-26 核电站蒸汽发生器结构关系图

1-蒸汽出口管嘴；2-蒸汽干燥器；3-旋叶式汽水分离器；4-给水管嘴；5-水流；6-抗振条；7-管束支撑板；

8-管束围板；9-管束；10-管板；11-隔板；12-冷却剂出口；13-冷却剂进口

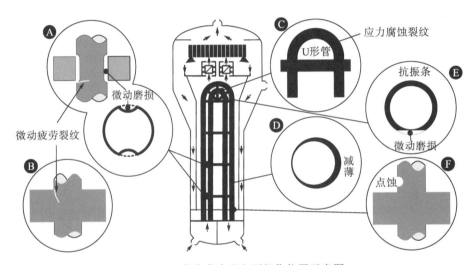

图 2-27 蒸汽发生器主要损伤位置示意图

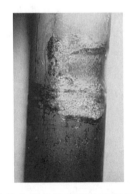

图 2-28 蒸汽发生器传热管微动磨损的典型损伤形貌

调查显示，全世界所有类型的压水堆(pressurized water reactor，PWR)核电站蒸汽发生器中均已发现有不同程度的冲击微动磨损现象，包括美国西屋公司、美国燃烧工程公司 RSG 的抗振条微动磨损，Siemens/KWU 的抗振条微动磨损，CANDU 以及 PWR 核电站 B&W 的 U 形管微动磨损。相关机构对 1993~2012 年的 235 座核电站进行了统计调研，发现运行 5 年后仍无任何问题的仅有 20 座，其中发生了冲击微动磨损的有 138 座，占比为 58.7%。因此，开展对 SG 传热管的冲击微动磨损研究，对其寿命预测以及核电站的安全运行有重要的意义。

2.4.2　控制棒驱动机构

与 SG 传热管的冲击微动磨损服役工况相似，核电一回路(反应堆芯)中的控制棒驱动机构在提升过程中也产生冲击微动磨损(图 2-29)。磁力提升式控制棒驱动机构是压水堆中所用的一种电磁驱动的机械装置。通过控制棒驱动机构改变或保持控制棒组件在垂直方向上的高度，实现反应堆的启停，并在反应堆正常运行中调节或维持堆芯的功率水平，以及在事故工况下快速释棒停堆。在钩爪部件步跃动作过程中，衔铁直线向上运动，撞击到磁极上，衔铁的运动带动钩爪-连杆机构动作，完成钩爪与驱动杆的啮合；该过程可反向动作。钩爪与驱动杆之间存在间隙配合，与 SG 传热管相似，发生冲击微动磨损。

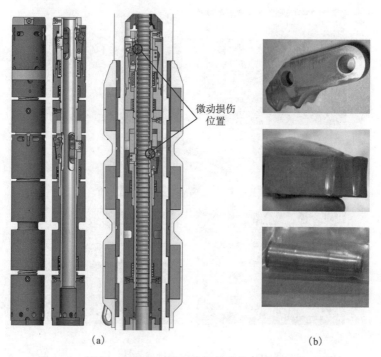

(a)　　　　　　　　　　　　(b)

图 2-29　核电一回路控制棒驱动机构结构及微动损伤示意图

2.4.3　接触网定位钩/钩环结构

　　电气化铁路广泛使用的接触网定位钩与定位钩/钩环结构(属于间隙配合的一种方式)都是铝合金材料,运营中发现钩环联接位置严重磨损(图2-30),定位钩和定位钩/钩环结构均有明显较深磨痕,定位钩/钩环结构的最大磨损深度达3.7mm,磨损程度超过30%(支座厚度为12mm)[62]。失效分析表明,定位钩、定位钩/钩环结构的失效模式属于冲击微动与滑动磨损的复合,定位钩和定位钩/钩环结构的磨损形式主要以剥层机制的层状剥落为主,并伴有磨粒磨损和氧化磨损的特征(图2-31);在实际工况中受电流的影响,定位钩和定位钩/钩环结构磨损的机理十分复杂。

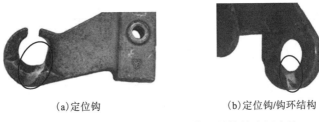

(a)定位钩　　　　　　　　　　　(b)定位钩/钩环结构

图2-30　接触网定位钩和定位钩/钩环结构的磨损失效

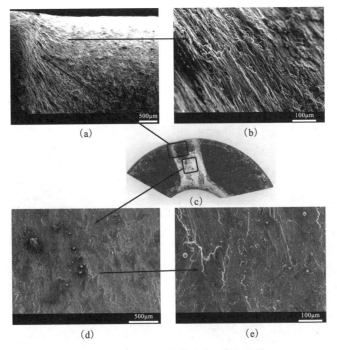

图2-31　接触网定位钩磨痕 SEM 形貌

2.5　回　转　配　合

回转相对运动(扭动或转动)也常发生在多种接触副中，如销轴、心盘、球窝接头、球阀、人工关节等。当外部机械振动、流致振动等作用于回转接触副时，扭动、转动微动磨损及其复合磨损即可发生，造成微动损伤。

2.5.1　销轴

2.1.3 节主要介绍固定联接的销子(包括圆柱销、圆锥销、槽销等)，其作用是用于定位和紧固零部件；而销轴常用于活动铰接点，既可静态固定联接，也可与被联接件做相对运动，主要用于两零件的铰接处，构成铰链联接[63]，广泛存在于工程机械、车辆、门窗等两个部分的装置或零件的联接处。人们常见的门扇和门框是联接在一起的，其联接就是铰接。

处于交变载荷作用下的销轴，可以发生微幅相对转动，可产生转动微动磨损，如图 2-32 所示。国内有报道，直升机尾部发动机尾桨叶与耳片通过销轴联接，在振动作用下，耳片与销轴配合的孔壁发生微动损伤，导致耳片断裂[10, 64]。

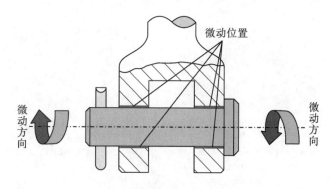

图 2-32　销轴联接的结构示意图

车辆有铰接式无轨电车、铰接式货车、铰接式客车等类型。火车车辆之间的联接装置是车钩缓冲装置，也是一种销轴联接方式。车钩缓冲装置主要由车钩、缓冲器、钩尾框、钩尾销及从板等部件组成。车钩的钩尾销孔通过钩尾销将车钩与钩尾框联接起来(图 2-33)，保证车辆具有联接、牵引以及缓冲的功能[65]。车辆在运行时，会存在开、停、加速、减速、过曲线以及上下坡等工况，由于钩尾销孔与钩尾销之间是间隙配合，所以二者之间就会产生冲击与转动微动磨损的耦合作用,在钩尾销孔的曲面上就会存在磨耗,其磨损主要表现为以剥层机制进行的疲劳磨损且具有一定的犁沟特征[66]。

图 2-33　铁道车辆车钩缓冲装置的销联接

2.5.2　心盘

心盘是铁道机车车辆的主要零部件,目前我国货车车辆转向架普遍采用平面式、上下配合的铸钢心盘。铸钢心盘联接车体和转向架,是车辆运行中整个转向架的回转中心,它同时传递振动和载荷(如车体的垂直力、横向力、纵向力及回转摩擦力)(图 2-34),所以心盘的磨耗是机车车辆难以避免的问题[67]。从上下心盘的相对运动特点来看,它是典型的扭动微动磨损,其损伤见图 2-34(b)。

(a)转向架(中间为下心盘)　　　　　　　(b)下心盘

图 2-34　铁道车辆转向架及产生磨损后的下心盘

2.5.3　球窝接头

球窝接头(ball joints)也称球窝接合、球结或球关节,主要由球形轴头、轴承、轴承座、套圈、端盖、橡胶防尘罩等组成,球形凹面可以允许联接件同时在两个平面上进行自由运动(旋转),如图 2-35 所示。球窝接头通常安装于机动车辆的悬挂系统中,将控制臂联接至转向关节上,作为机动车辆中车轮与悬挂系统的支枢,保证结构在受力的情况下仍能自由转动。汽车在行驶的过程中会产生俯仰(车辆前

后的上下运动)、垂直(车身的上下垂直运动)、横摆(行驶前端的左右摆动)、侧倾
(蛇形活转弯时,汽车左右摇摆的状态)等运动,这些运动主要通过悬挂系统完成,
如图 2-36(a)所示。汽车行驶过程中的振动导致球窝配合副之间发生微幅相对转
动,可产生旋转微动磨损,其典型形貌如图 2-36(b)所示。从旋转运动的相对关系
来说,其微动磨损是扭动和转动微动磨损复合的复杂微动磨损。

(a)球窝接头实物　　　　　　　　　　　　　(b)球窝接头相对运动示意图

图 2-35　球窝接头实物及其相对运动关系

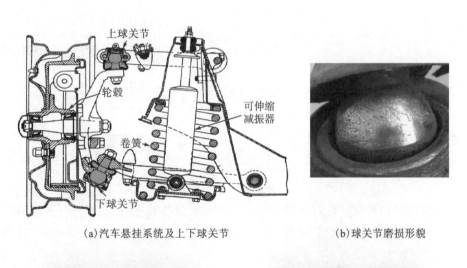

(a)汽车悬挂系统及上下球关节　　　　　　　　(b)球关节磨损形貌

(c)球关节磨损及破裂形貌

图 2-36　汽车悬挂系统的球关节及其磨损

微动磨损可能导致球窝接头出现过度磨损，甚至是螺栓的疲劳断裂。在国际上，出现了多起针对球窝接头过度磨损的汽车召回事件(表 2-1)，球窝配合面的磨损问题对于汽车行驶十分重要，但至今很少看到相关研究或报道。

表 2-1   2005～2007 年几起因球窝接头过度磨损引起的汽车召回事件[68]

序号	召回时间	公司	召回车型及生产时间	数量/辆	召回原因(来自公司报告)
1	2005.5.30	丰田公司	PRADO(2001.5.21～2003.12.23)	21 万	联接前悬挂的一个球窝接头可能在制造时存在缺陷，长期使用可能导致其过度磨损。该接头出现任何过度磨损或过于松动的情况，都有可能使驾驶员转向时更加用力，导致转向打滑以及噪声加大
2	2006.8.1	克莱斯勒公司	Jeep Liberty(2002～2006)	83.3 万	被召回汽车存在的主要问题是前悬架球窝接头处有可能过度磨损并松开。盖茨说，克莱斯勒公司目前已收到 111 份消费者有关上述缺陷的投诉，并有 3 起受伤报告
3	2006.8.22	VOLVO公司	XC90(2002.8.26～2005.6.15)	23 万	球头受较大外力冲击时，内部发生变形，使得卡紧力降低而出现联接间隙，极端情况下导致球头螺栓出现疲劳断裂，使车辆操控困难
4	2007.1.23	丰田公司	Sequoia SUV(2004～2007)、Tundra(2004～2006)	53.3 万	前悬架处的球头可能正被非正常地磨损，并会发生松动现象，进而产生一些不必要的噪声且让车辆变得难以掌控，并很可能会出现翻车现象

2.5.4 球阀

球阀是启闭件(球体)由阀杆带动，并绕球阀轴线做旋转运动的阀门，在管道输送工程中有大量应用(图 2-37)。阀门在开闭过程中经历大角度的转动，是相对

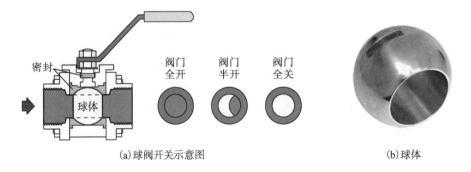

(a)球阀开关示意图   (b)球体

图 2-37   球阀开关示意图及球体照片

滑动，但在开/闭确定的位置上，由于流致振动，球体与阀体配合面的相对运动就是一个典型的扭动微动。球阀的微动磨损失效会带来不良的后果，如泄漏和污染。例如，铜水管是高端品质的饮用水管，但目前球阀处的磨损可能造成水中铜离子浓度超标，是目前环保部门关注的问题。

2.5.5 人工关节

由于自然衰老、疾病、外伤等原因，人体内不少硬组织器官如牙齿、关节、骨经常受到损伤，据统计，仅国内有几百万名患者需要人工关节置换。奥氏体不锈钢、钴基合金、钛基合金等大量生物医用金属精密构件应用于人体功能器官的修复、固定和替代。人体中有很多关节在完成行使功能时发生微动的摩擦运动，由于医用金属构件在体液、血液等腐蚀介质中的长期冲刷、浸泡作用，电化学腐蚀和磨损相互竞争、耦合，造成微动腐蚀。微动腐蚀造成构件强度和疲劳寿命大大降低，同时产生的金属离子在体内不可避免地被人体吸收，干扰了体内正常人体组织器官代谢及植入体替代功能的顺利实现。

许多人工关节的相对运动在角度幅值低于 15° 时，属于微动范畴。例如，口腔中的颞下颌关节（图 2-38(a)）是颌面部具有复杂运动的左右联动关节，承担着咀嚼、咬合、吞咽等功能；颞下颌关节的运动非常复杂，但扭动是其基本运动方式之一。肩关节（图 2-38(b)）为全身最灵活的球关节，可沿三个互相垂直的运动轴做屈、伸、内收、外展、旋转以及环转等运动。作为人体承重的髋关节（图 2-38(c)）是一种杵臼关节，由一个很深的关节窝包绕着大部分的关节头，其活动方向虽然与球关节相似，但因"杵"陷入"臼"中过深，因此活动范围也相应受到限制，但它在支撑身体和下肢活动的走、跑、跳跃等方面起着极其重要的作用。上述三种关节均可简化为球/凹面接触的简单模型（图 2-38(d)），可见人工关节的微动磨损可以是扭动、转动和径向微动磨损耦合的复合微动模式。

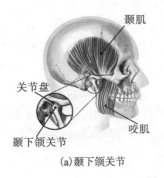

(a)颞下颌关节

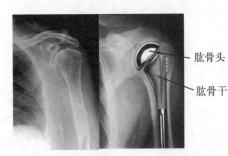

(b)肩关节

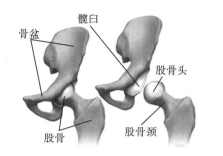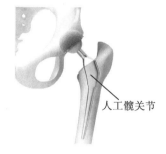

(c)髋关节

(d)简化模型

图 2-38　典型人工关节的运动及其简化模型示意图

2.6　弹性支撑机构

有的工程部件利用材料的弹性性能进行支撑，由于外部振动作用，在支撑基础面的接触区产生微动磨损。核电站反应堆芯中的燃料组件、铁路轨道结构的扣件等属于这一类机构。

2.6.1　燃料组件的弹性支撑

燃料组件的微动损伤主要由流体导致的振动产生，调查显示，燃料组件与微动有关的损伤占到 26.5%，其中一些"不明原因"也潜在成为微动损伤的原因[58]。核燃料制成棒状，包覆在锆合金等材料的包壳中，多根燃料棒聚成一束，置于压力管中(图 2-39)，管中通以重水，起冷却和调节作用，燃料棒由弹性机构支撑。工作时，流致振动使弹性支撑机构承受径向交变载荷[69]，产生的损伤显然是径向微动磨损的结果，如图 2-39 所示。

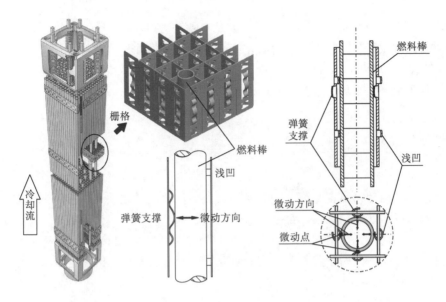

图 2-39　燃料组件的弹性支撑机构示意图

2.6.2　扣件系统

铁路的钢轨通过弹性扣件系统固定在离散支承的枕木上。图 2-40 为高速铁路典型轨道扣件系统的结构示意图,主要由轨枕、钢轨、扣压弹条、轨枕螺栓、轨距挡块、轨下胶垫、基板、板下胶垫、塑料套管等组成。在扣件系统中微动损伤除发生于紧固螺栓系统中外,主要集中在扣压弹条的接触位置。扣压弹条由弹簧钢制成,由紧固螺栓固定,用于吸收振动;当列车通过并向下施加垂向振动载荷

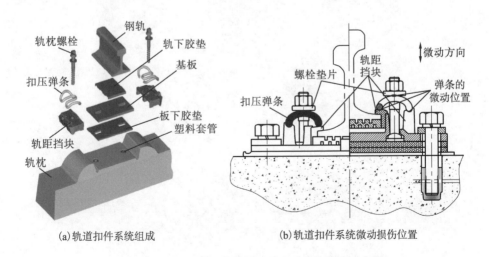

(a)轨道扣件系统组成　　　　　　　　　　(b)轨道扣件系统微动损伤位置

图 2-40　铁路轨道扣件系统及其微动损伤位置示意图

时，扣压弹条承受循环弯曲载荷。因此，径向微动磨损(针对螺栓垫片和轨距挡块)
与弯曲微动疲劳(针对扣件)可以发生在弹性钢杆与螺栓垫片或轨距挡块的接触部
位，如图 2-40 所示。因钢轨扣件松脱，2007 年英国一列从伦敦开往格拉斯哥的高
速列车在格雷里格(Gragrigg)发生脱轨[70]。

2.7 柔性机构

柔性机构指钢缆、电缆、钢索等绳索类部件，电气化铁路的接触网都是柔性
配合或联接的部件和机构，都存在大量的接触部位，在外加振动的作用下均会发
生严重的微动损伤，例如，2002 年巴西横跨拉普拉塔河-巴拉那河的 46 万伏高压
电缆因风振发生微动疲劳断裂，进而引发巴西南部及巴拉圭的供电系统崩溃，造
成影响 6700 万居民的大停电，经济损失严重[71]。

2.7.1 钢缆

钢缆被广泛用作系船缆绳、牵引缆绳、矿山用缆绳、高空缆车缆绳和航空母
舰飞机降落控制缆绳等，随海上石油工业的不断发展，也越来越多地使用钢缆来
固定石油钻井平台；钢缆也广泛应用于大跨度斜拉桥梁。钢缆由多层钢丝缠绕而
成，图 2-41 示出了几种典型钢缆的剖面结构；一般钢丝直径约为 5mm(0.2in)，

图 2-41　典型的封闭式多股绞合钢缆的剖面结构示意图

相邻钢丝层以相反的旋向缠绕在一起，钢丝间的大量接触点构成网格状接触。钢缆承载时，由于其本身的柔性，每根钢丝的受力和变形不可能一致，必然导致各接触点之间发生微动，微动接触斑呈马鞍形[35, 72]。对于由一定截面形状的钢丝组成的、外表面结构几乎为实心的封闭式钢缆来说，所形成的微动磨屑的体积远大于形成微动磨屑的金属的体积，迫使金属丝发生分离，导致润滑剂流失，腐蚀性气体侵入钢缆内部[35]。积累起来的微动磨屑还使钢缆在该点处的柔性降低，对于矿山用钢缆和高空缆车钢缆，当该部分钢缆通过鼓轮时，会引起钢缆颤振，进一步加重微动损伤。

　　一般钢缆的主要失效形式是钢缆表面钢丝锈蚀、磨损或断丝，并导致钢缆的完全断裂。钢缆由于微动疲劳或锈蚀而失效，每年都要消耗大量的钢材。在海洋环境等条件下，腐蚀对钢缆的微动行为影响很大。钢缆的主要危险在于钢丝的微动疲劳失效，并将使其他未失效的钢丝所承受的载荷显著增加。通常，在接触区内可观察到两条主裂纹，呈弯曲状，如图 2-42 所示[9]。

图 2-42　钢丝的微动疲劳损伤形貌

　　斜拉桥梁钢索的失效是风致振动的结果，在其不同位置损伤存在明显差异，失效主要发生在根部，如图 2-43(a)所示。由于长期服役，通常润滑已失效，在损伤严重区伴随显著的腐蚀特征(红褐色氧化磨屑)，见图 2-43。

　　残余应力对微动疲劳的影响较大，钢丝在生产过程中以一定的角度从模具中冷拉拔出来，因此各向异性的残余应力使得钢丝绕成盘状。围绕钢丝周边大部分表面上分布着残余拉应力，只在 1/4 圆周内分布着残余压应力，不同的微动接触点上，残余应力类型(指拉应力或压应力)不同，因此钢丝的微动疲劳强度由微动接触点的位置所决定。

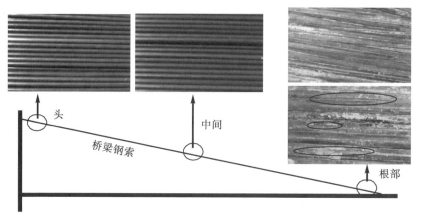

（a）桥梁钢索不同位置损伤差异

（b）桥梁钢索失效形貌

图 2-43　斜拉桥梁钢索微动失效位置及其典型形貌

2.7.2　电缆

　　电缆通常是由几根或几组导线（每组至少两根）绞合而成的类似绳索的输电线，每组导线之间相互绝缘，并常围绕着中心扭成，整个外面包有高度绝缘的覆盖层。铝合金电缆由铝导线和钢丝组成，其中铝导线作为导电体，而钢丝起支撑作用，也有完全由金属铝制成的电缆。由于自重及气流振动等原因，架空电缆承受弯曲或交变拉应力作用，夹具附近的电缆内导线与导线、导线与电缆夹之间产生相对滑动，发生微动损伤，导致导线断裂，最终造成电缆整体失效，使用寿命大大降低[73-76]。与钢缆相似，电缆内存在大量的金属丝间的接触点，图 2-44 示出了电缆中三类微动损伤的接触区[73]。

　　（1）外层导线与电缆夹的接触（图 2-44 中 A 处），在夹子沟槽和夹持器处均可发生金属对金属的接触，图 2-45（a）示出了其微动斑形貌。

　　（2）两根导线间的接触，由图 2-44 可见，共有三种类型的该类接触，即外接触（图 2-44 中 1 号和 2 号导线的 B 处，微动斑形貌见图 2-45（b））、内接触（图 2-44 中

2 号和 3 号导线的 *D* 处, 微动斑形貌见图 2-45(c)) 和侧接触(图 2-44 中 2 号和 4 号导线的 *C* 处, 微动斑形貌见图 2-45(d))。可以观察到铝导线有两种类型的断裂方式: 第一种, 对内层导线, 断裂表面与导线呈 45° 倾角, 微动裂纹形核之后表现为纯剪切断裂(图 2-46(a)); 第二种, 所有导线的裂纹表面为近似垂直于导线轴向的正断(图 2-46(b)), 此种断裂主要由外层导线和侧接触的裂纹扩展所致。

　　(3)铝导线与钢丝的接触, 如图 2-44 中 *E* 处所示。

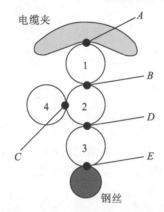

图 2-44　铝导线、钢丝和电缆夹之间的微动接触区示意图

1~4 为铝导线编号, *A*~*E* 为接触位置

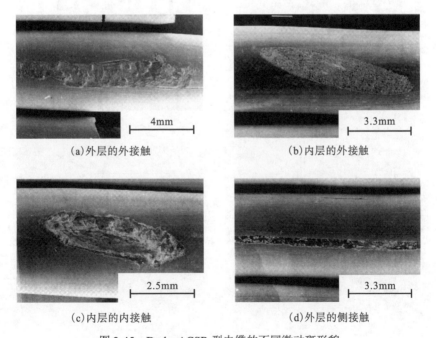

(a)外层的外接触　　　　　　　　　(b)内层的外接触

(c)内层的内接触　　　　　　　　　(d)外层的侧接触

图 2-45　Drake ACSR 型电缆的不同微动斑形貌

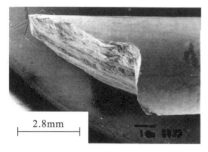

(a)内层导线切断   (b)外层导线正断

图 2-46　铝导线的两种断裂方式

2.7.3　接触网柔性机构

由高速铁路接触网关键零部件失效而引起的弓网故障时有发生，严重影响到高速铁路的运行安全。高速铁路接触网是典型的柔性机构，主要包括(图 2-47)：①接触悬挂，如承力索、接触线、吊弦等；②支撑装置，如腕臂、水平拉杆、棒

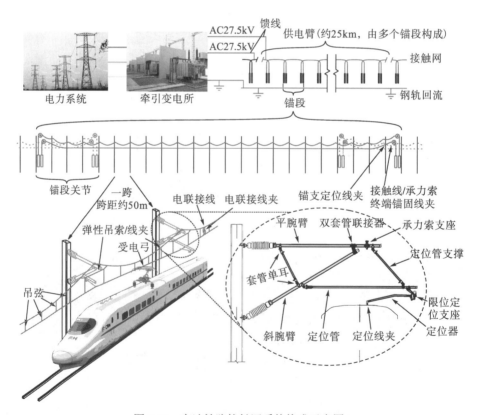

图 2-47　高速铁路接触网系统构成示意图

式绝缘子等；③定位装置，如定位管、定位钩、定位钩环等 100 多种零部件。电力机车受电弓的滑动受流，产生移动、冲击性负荷，导致接触网长期处于随机、频繁振动的复杂载荷工况下，使得接触网零部件的失效问题日益突出。目前接触网零部件中主要存在的问题有[62]铝合金定位钩与定位钩环磨损(见 2.4.3 节)、吊弦线疲劳、螺栓联接松动、终端锚固线夹抽脱，以及零部件的腐蚀等。

吊弦是接触网中的关键零部件，在接触线与承力索之间起到传递振动和力的作用。吊弦一旦发生断裂会导致该位置接触线的垮塌，严重时会发生受电弓打弓或扯垮接触网的情况，直接导致列车线路运行故障。在吊弦使用过程中，发现吊弦线在钳压管压接位置附近存在断丝或断股，如图 2-48 所示。吊弦线与钳压管之间属于紧配合，而吊弦线又是多股绞线缠绕结构[77]，在过弓或微风振动等工况下，吊弦线与钳压管之间既有弯曲载荷也有拉压载荷，该处的失效问题是弯曲微动疲劳与拉压微动疲劳复合的复杂问题，断裂发生在钳压管接触区边缘。

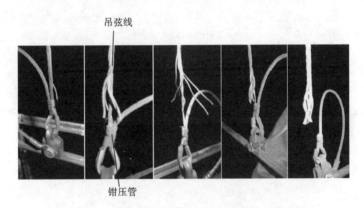

图 2-48　吊弦线在钳压管压接位置附近失效案例

对现场收集的失效吊弦进行失效分析发现，在微动疲劳过程中，吊弦线在钳压管压接位置附近由于微动损伤而产生表面缺陷，从而使应力在缺陷处集中而形成裂纹源；裂纹在高周次的应力循环下不断扩展，当其扩展到临界尺寸时，裂纹会快速扩展从而造成吊弦断裂，如图 2-49 所示。目前，对于多股绞线缠绕结构的

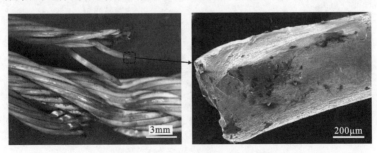

图 2-49　吊弦微动疲劳断口形貌

微动疲劳研究尚不够深入，尤其缺乏从简单微动疲劳模式到复合微动疲劳模式的系统研究，以及针对接触网零部件在载流条件下的研究。深入研究多股绞线缠绕结构的微动疲劳损伤机理，对提高吊弦的微动疲劳寿命具有重要意义。

2.7.4 海底复合管缆

与钢缆和电缆相似，海洋工程中的海底复合管缆(脐带复合缆、直流光纤海底复合缆等)也是柔性的多束复合式结构，在外部流致振动作用下，接触点间也可发生微动损伤，如图 2-50 所示。

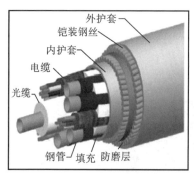

(a)脐带复合缆

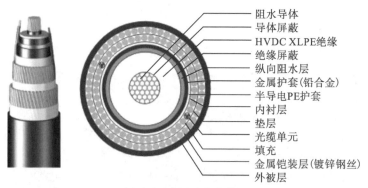

(b)直流光纤海底复合缆

图 2-50　海底复合管缆及其微动损伤

2.8　电接触部件

电子、电气设备，以及微电子系统和计算机系统中的电联接器、电插件、开关、继电器和汇流器等电接触装置，在外部振动的传入、交变的热膨胀或交变电流的作用下可以产生微动，这种带电条件下的微动习惯上称为电接触微动（electrical contact fretting）。电接触按结构形式可分为固定电接触、滑动与滚动电接触、可分合电接触 3 种。固定电接触是用螺钉、铆钉等将母线与母线联接在一起，既无相对运动也无相对分合的接触形式；滑动与滚动电接触的两个导体之间存在相对运动，但是始终保持接触的状态不分合；可分合电接触又叫触头或触点，是可随时分开和闭合的电接触形式，常由动、静触头组成。

尽管早在 1956 年就有使用接触电阻监测钢试样的微动损伤研究[78]，但 8 年后 Fairweather 才阐述了微动是引起电气元件内的不稳定性并导致严重损伤的原因[79]。微动作用受到重视是到 1974 年 Bock 和 Whitley[80] 阐明了其重要性。此后的研究提出了多种微动对接触电阻影响的模型[81, 82]。研究表明电接触接头失效由产生的致密氧化物层所致，并且发现接触表面下的塑性变形在延缓微动表面氧化物形成引起的接触破坏中起着重要作用[83]。

图 2-51 是常见的电接触微动磨损。固定电接触件主要发生的问题是接触电阻上升、触点温升、触点熔焊等；而滑动与滚动电接触还有接触面间的摩擦磨损问题、界面减摩问题等[84]；可分合电接触在工作期间常出现电弧，电弧会带来严重的损伤。电接触的垂直负荷通常在 0.1N 数量级，可在很低的压力条件下产生微动损伤。

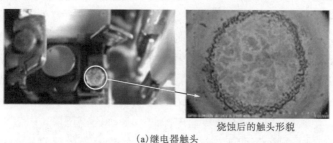

烧蚀后的触头形貌

(a)继电器触头

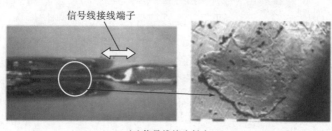

信号线接线端子

(b)信号线接头触点

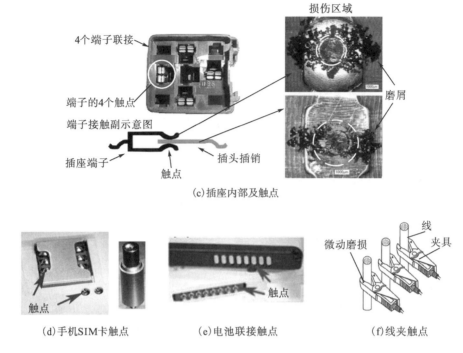

图 2-51　常见发生微动损伤的电气元件和部位

　　在电气领域，电信号之间的相互传输是必不可少的重要环节，在电联接器件中有各种拔插件、高低压开关、断路器、继电器等，需要保持良好的灭弧性能、抗氧化性能和抗磨损性能等。电接触部件由于微动损伤，磨屑和氧化物堆积于接触区，形成一层厚的局部绝缘层，导致接触电阻迅速增加。图 2-52 是微动位移幅值分别在亚微米量级和微米量级的电接触微动损伤形貌，可见随着相对位移的增加，损伤加剧，而接触电阻的变化更显著，当位移幅值在亚微米量级时，接触电阻小于 0.002Ω（图 2-52(a)），位移幅值增大到微米量级时，磨屑使接触电阻急剧增高，甚至达到约 60Ω（图 2-52(b)）[85]。接触电阻的剧烈增高可造成接触可靠性降低和电信号失真，甚至造成电路断路；电接触部件也可能因磨损出现接触间隙而放电烧蚀。电接触部件为了在传递电流时有最小的电压降，并在亲密接触的区域没有氧化物、腐蚀膜和污染物，这就需要接触副有高的接触压力和其中至少有一方产生大的塑性变形[86-88]；同时电接触部件通常要求低的接触电阻，因此软金属涂层(如金、银、钯、铑等)通常用于防护该类接触副。

　　在电接触领域中，微动损伤的起因很多，主要包括：①外界振动以及温度发生变化；②电接触材料的热膨胀系数差异导致接触界面匹配状态发生变化；③工作环境中电磁力的变化导致联接件的周期性松动，界面发生有规律的摩擦磨损等；④预紧力衰减乃至消失。电接触件都存在一个最初的预紧力以保证良好的导电性能。但是随着触头使用次数的增加，服役时间延长，预紧力会随着时间逐渐减弱乃至散失，导致接触界面由最初的紧贴状态到逐渐发生界面微幅滑移等现象，图 2-53 示出了电接触微动磨损导致接触电阻波动的案例。图 2-54 是典型电接触触头的微动磨损形貌和表面轮廓，磨损产物即在两接触件的接触面上积累的磨损碎屑和氧化物。

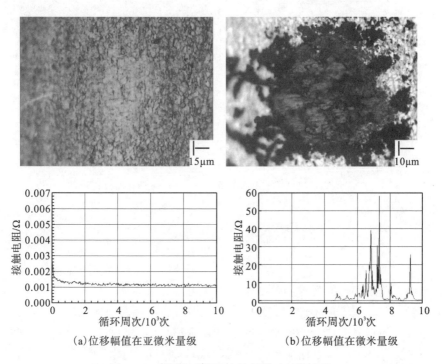

(a)位移幅值在亚微米量级　　　　(b)位移幅值在微米量级

图 2-52　不同位移幅值电接触微动损伤形貌

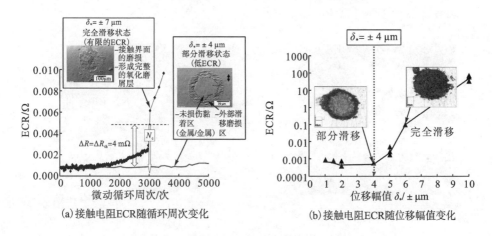

(a)接触电阻ECR随循环周次变化　　　(b)接触电阻ECR随位移幅值变化

图 2-53　因电接触微动损伤而导致接触电阻 ECR 变化

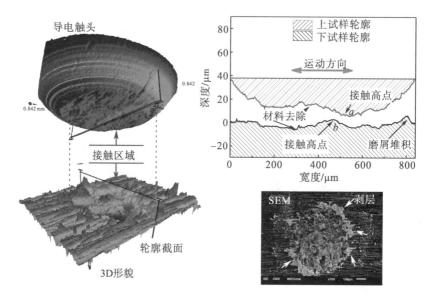

图 2-54　典型电接触触头的微动磨损形貌和表面轮廓

2.9　运输过程中防护不当的零部件

公路、铁路和轮船运输明显产生振动作用，处于这种环境下的零部件，如果没有防护，可产生表面损伤，这已成为运输过程中不可忽视的问题。例如，在运输大量表面经抛光的、光洁度很高的铝合金板和铝棒时，由于没有有效的防护措施，高纯度铝棒在运输过程中产生微动斑（图 2-55(a)），图 2-55(b) 则是在挤压过程中铝棒表面产生的严重撕裂的微观形貌[35]。人们也发现运送弹药用的铝箱产生的微动磨屑甚至具有自燃性，非常危险。

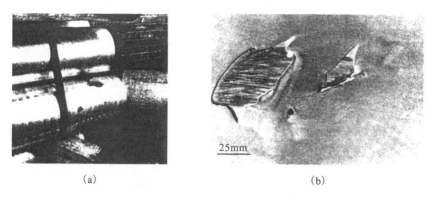

(a)　　　　　　　　　　(b)

图 2-55　铝棒在运输过程中产生的微动斑及表面撕裂形貌

　　另外，在美国发生过如下典型案例：用火车将汽车轴承由底特律运往西海岸时，由于振动使滚珠和滚道间发生了径向微动磨损，汽车轴承形成了伪布氏压痕损伤，其损伤程度比汽车自身行驶同样距离要严重得多[35]。在我国铁路行业也遇到过同样的问题：采用汽车长途将某地铁列车车辆从制造地运往目的地，由于没有采取防范措施，到目的地后发现电机轴承产生异响，拆检后发现，轴承内外圈滚道上出现了深浅不一的两组压痕，经分析可知压痕为径向微动磨损产生的典型伪布氏压痕(图 2-56)，而出现两组则说明运输过程中电机轴承曾发生了小角度的转动。要避免类似情况的发生，应该在运输过程中悬空轴承，即轴承不参与承载，这样在运输过程中振动载荷就不会施加于轴承上。

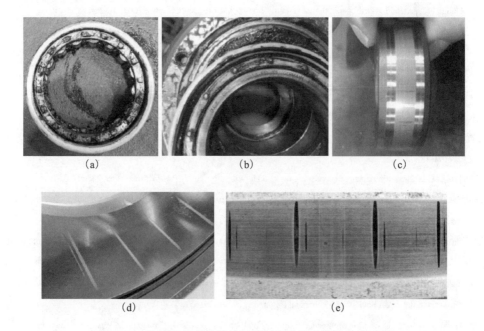

图 2-56　地铁列车电机轴承运输过程中形成的伪布氏压痕

参 考 文 献

[1] Kubota M, Hirakawa K. The effect of rubber contact on the fretting fatigue strength of railway wheel tire. Tribology International, 2009, 42: 1389-1398.

[2] 庚晋, 周洁. 提防金属疲劳之祸　华航空难的教训. 国际航空, 2002, 9: 29-30.

[3] Anonymous. Rail-safety body proposal follows £3m fine over Potters Bar crash. The Safety & Health Practitioner, 2011, 29(6): 1-7.

[4] Basshuysen R V, Schäfer F. Internal Combustion Engine Handbook: Basics, Components, Systems, and Perspectives. Warrendale: SAE International, 2004.

［5］卜炎. 螺纹联接设计与计算. 北京: 高等教育出版社, 1995.

［6］宝马发动机隐患在华召回超 23 万辆汽车涉及全系车型. 人民网-汽车频道［2014-04-02］. http: //auto. people. com. cn/n/2014/0402/c1005-24808608. html.

［7］陆译. 离奇爆炸. 劳动保护, 2017, (6): 74-76.

［8］杨超. 盘点各国高铁脱轨事件. 凤凰网-历史频道［2019-5-27］. http: //news. ifeng. com/history/shijieshi/special/ga otie/detail_2011_07/25/7917208_0. Shtml.

［9］Waterhouse R B. Fretting fatigue. International Materials Review, 1992, 37: 77-97.

［10］李东紫. 微动损伤与防护技术. 西安: 陕西科学技术出版社, 1992.

［11］唐辉. 核电设备中螺纹联接结构的松动、损伤机理. 核动力工程, 1999, 20(2): 111-116.

［12］Hallab N J, Jacobs J J. Orthopedic implant fretting corrosion. Corrosion Reviews, 2003, 21(2-3): 183-213.

［13］Mu Y, Kobayashi T, Tsuji K, et al. Causes of Titanium release from plate and screws implanted in rabbits. Journal of Materials Science Materials in Medicine, 2002, 13(6): 583-588.

［14］山本晃. 螺纹联接的理论与计算. 郭可谦, 等, 译. 上海: 科学技术文献出版社, 1984.

［15］李晓滨. 螺纹及其联结. 北京: 中国计划出版社, 2004.

［16］沈英明, 杜彦良, 李惠军. 螺纹联接防松方法研究综述. 石家庄铁道学院学报, 2002, 15(4): 84-87.

［17］Goodier J N, Sweeney R J. Loosening by vibration of threaded fastenings. Mechanical Engineering, 1945, 67: 794-800.

［18］Junker G H. New criteria for self-loosening faster under vibration. SAE, Transactions, 1969, 78: 314-335.

［19］Sakai T. Investigations of bolt loosening mechanisms: 1st report, on the bolts of transversely loaded joints. Bulletin of the Japan Society of Mechanical Engineers, 1978, 21(159): 1385-1390.

［20］Sakai T. Investigations of bolt loosening mechanisms: 2nd report, on the center bolts of twisted joints. Bulletin of the Japan Society of Mechanical Engineers, 1978, 21(159): 1391-1394.

［21］Sakai T. Investigations of bolt loosening mechanisms: 3rd report, on the bolts tightened over their yield point. Bulletin of the Japan Society of Mechanical Engineers, 1979, 22(165): 412-419.

［22］Harnchoowong S. Loosening of threaded fastenings by vibration. Madison: University of Wisconsin-Madison, 1985.

［23］Ibrahim R A, Pettit C L. Uncertainties and dynamic problems of bolted joints and other fasteners. Journal of Sound and Vibration, 2005, 279(3-5): 857-936.

［24］酒井智次. 螺纹紧固件联接工程. 柴之龙, 译. 北京: 机械工业出版社, 2016.

［25］Toth L. The investigation of the steady state of steel fretting. Wear, 1972, 20(3): 277-283.

［26］Liu J H, Ouyang H J, Peng J F, et al. Experimental and numerical studies of bolted joints subjected to axial excitation. Wear, 2016, 346-347: 66-77.

［27］Yang X X, Nassar S A, Wu Z J, et al. Clamp load loss in a bolted joint model with plastic bolt elongation and eccentric service load. ASME 2010 Pressure Vessels and Piping Conference, Washington, 2010, 3: 139-149.

［28］Nassar S A, Yang X X, Gandham S V T, et al. Nonlinear deformation behavior of clamped bolted joints under a separating service load. Journal of Pressure Vessel Technology, 2011, 133(2): 021001.

［29］Yang X X, Nassar S A, Wu Z J, et al. Nonlinear behavior of preloaded bolted joints under a cyclic separating load.

Journal of Pressure Vessel Technology, 2012, 134(1): 011206.

[30] Jiang Y, Zhang M, Park T W, et al. An experimental investigation on self-loosening of bolted joints. ASME 2003 Pressure Vessels and Piping Conference, Cleveland, 2003.

[31] Zhang M, Jiang Y Y, Lee C H. Finite element modeling of self-loosening of bolted joints. Journal of Mechanical Design, 2007, 129(2): 218-226.

[32] Liu J H, Ouyang H J, Ma L J, et al. Numerical and theoretical studies of bolted joints under harmonic shear displacement. Latin American Journal of Solids and Structures, 2015, 12(1): 115-132.

[33] 于泽通, 刘建华, 张朝前, 等. 轴向交变载荷作用下螺栓联接结构的松动试验研究. 摩擦学学报, 2015, 35(6): 732-736.

[34] 李东紫, 支福相, 刘文宾, 等. LY12CZ 铝合金铆接件微动损伤防护技术研究. 航空学报, 1989, 10(12): 576-580.

[35] Waterhouse R B. Fretting wear//ASME Handbook, vol. 18, Friction, Lubrication and Wear Technology. Cleveland: ASM International, 1992: 242-256.

[36] 李诗卓, 董祥林. 材料的冲蚀磨损与微动磨损. 北京: 机械工业出版社, 1987.

[37] 毛庆祥. 货车断轴机理与失效分析. 铁道车辆, 1997, 35(8): 11-15.

[38] 张舒, 王永刚. 浅析轴承内圈对轴颈脆性断裂的影响. 铁道车辆, 1996, 34(7): 46-47.

[39] 王树青, 周振国, 詹新伟. 车轴感应淬火技术研究. 金属热处理, 2001, 26(8): 31-34.

[40] 赵锁宗, 王大智. 车辆的微动磨蚀与对策. 铁道车辆, 1995, 33(7): 10-13.

[41] Smith R A, Hillmansen S. A brief historical overview of the fatigue of railway axles. Proceedings of Institution of Mechanical Engineers, Part F: Journal of Rail and Rapid Transport, 2004, 218: 267-274.

[42] Zerbst U, Beretta S. Failure and damage tolerance aspects of railway components. Engineering Failure Analysis, 2011, 18: 534-542.

[43] 赵永祥, 高庆, 张斌, 等. 轨道车辆轮对的关键力学问题及研究进展. 固体力学学报, 2010, 31(6): 716-730.

[44] 朴明伟, 杨晶, 刘德柱, 等. 德国ICE3系列转向架设计缺陷及其解决方案. 计算机集成制造系统, 2016, 22(7): 1654-1669.

[45] 王军. 发动机主轴瓦过盈装配的探讨. 内燃机, 2000, 5: 33-35.

[46] 宋川. 轴类部件旋转弯曲微动疲劳损伤分析及试验模拟. 成都: 西南交通大学, 2013.

[47] Waterhouse R B. 微动磨损和微动疲劳. 周仲荣, 等, 译. 成都: 西南交通大学出版社, 1999.

[48] 赵元刚. 压气机叶片榫头处的微动磨损与"银脆"问题分析. 燃气涡轮试验与研究, 2001, 14(2): 34-37.

[49] Ruiz C, Chen K C. Life assessment of dovetail joints between blades and discs in aero-engines//Fatigue of Engineering Materials and Structures. London: MEP Ltd, 1986: 187-194.

[50] Arakere N K, Swanson G. Fretting stresses in single crystal superalloy turbine blade attachments. Journal of Tribology, 2001, 123(2): 413-423.

[51] Park M, Hwang Y H, Choi Y S, et al. Analysis of a J69-T-25 engine turbine blade fracture. Engineering Failure Analysis, 2002, 9: 593-601.

[52] Ciavarella M, Demelio G. A review of analytical aspects of fretting fatigue, with extension to damage parameters,

and application to dovetail joints. International Journal of Solids and Structures, 2001, 38: 1791-1811.

［53］徐进. 固体润滑涂层抗微动磨损研究. 成都: 西南交通大学, 2003.

［54］徐进, 阎兵, 周仲荣, 等. 一种典型齿形紧配合面微动损伤机理研究. 中国机械工程, 2002, 13(17): 1452-1454.

［55］徐进, 朱旻昊, 江晓禹, 等. 柴油机连杆齿形配合面裂纹成因研究. 机械工程材料, 2003, 27(4): 51-54.

［56］张晖. 柴油机活塞销座附近裂纹形成机理及微动性能研究. 成都: 西南交通大学, 2002.

［57］Cardou A, Dalpe C, Hardy C. Fretting fatigue of the Drake ACSR electrical conductor under cyclic bending at a suspension clamp//Zhou Z R. International Symposium on Fretting. Chengdu: Southwest Jiaotong University Press, 1997.

［58］唐辉. 世界核电设备与结构将长期面临的一个问题——微动损伤. 核动力工程, 2000, 21(3): 222-231.

［59］Gee A W J D, Commissaris C P L, Zaat J H. The wear of sintered Aluminium powder(SAP)under directions of vibrational contact. Wear, 1964, 7: 535-550.

［60］Ko P L. Experimental studies of tube fretting in steam generators and heat exchangers. Journal of Pressure Vessel Technology, 1979, 110: 125-133.

［61］Connors H J. Flow-induced vibration and wear of steam generator tubes. Nuclear Technology, 1981, 55: 311-331.

［62］谭德强, 莫继良, 彭金方, 等. 高速接触网零部件失效问题研究现状及展望. 西南交通大学学报, 2018, 53(3): 610-619.

［63］王帅, 赵宪忠, 陈以一. 销轴受力性能分析与设计. 建筑结构, 2009, (6): 82-86.

［64］王丽娟, 王纪高, 侯淑娥. 某机尾桨叉耳耳环断裂分析. 材料工程, 2001, 10: 39-41.

［65］苗伟明. 13 号车钩故障分析与对策研究. 大连: 大连交通大学, 2008.

［66］华彩虹, 莫继良, 彭金方, 等. 铁路货车车钩缓冲装置的磨损分析. 失效分析与预防, 2015, 10(4): 231-237.

［67］韩建民, 崔世海, 李卫京, 等. 铁路货车心盘材料的耐磨性研究. 摩擦学学报, 2004, 24(1): 79-82.

［68］蔡振兵. 扭动微动磨损机理研究. 成都: 西南交通大学, 2009.

［69］Kim H K. Mechanical analysis of fuel fretting problem. Nuclear Engineering and Design, 1999, 192: 81-93.

［70］陈燕申, 陈思凯. 英国城市轨道交通的安全统计和报告解析. 城市轨道交通研究, 2014, 17(1): 7-12.

［71］Azevedo C R F, Cescon T. Failure analysis of Aluminum cable steel reinforced(ACSR)conductor of the transmission line crossing the Parana'River. Engineering Failure Analysis, 2002, 9: 645-664.

［72］张德坤, 葛世荣, 熊党生. 矿井提升机用提升钢丝绳的微动磨损行为研究. 摩擦学学报, 2001, 21(5): 362-365.

［73］周仲荣, Vincent L. 微动磨损. 北京: 科学出版社, 2002.

［74］Zhou Z R, Goudreau S, Fiset M, et al. Single wire fretting fatigue tests for electrical conductor bending fatigue evaluation. Wear, 1995, 181-183: 537-543.

［75］Zhou Z R, Fiset M, Cardou A, et al. Effect of lubricant in electrical conductor fretting fatigue. Wear, 1995, 189: 51-57.

［76］Zhou Z R, Cardou A, Goudreau S, et al. Fundamental investigations of fretting fatigue of electrical conductor. Tribology International, 1996, 29(3): 221-232.

［77］刘志刚, 宋洋, 刘煜铖. 电气化高速铁路接触网微风振动特性. 西南交通大学学报, 2015, 50(1): 1-6.

［78］Fenner A J. Fretting, corrosion and its influence on fatigue failure. International Conference on Fatigue of Metals, London: Institution of Mechanical Engineers, 1956: 11-17.

［79］Fairweather A. Development of resistance and microphone noise at a disturbed contact. Proceedings of the 2nd International Symposium on Electrical Contact Phenomena, Graz: Technische Hochschule, 1964: 316-319.

［80］Bock E M, Whitley J H. Fretting corrosion in electric contacts. The Twentieth Annual Holm Seminar on Electrical Contacts, Chicago, 1974: 128.

［81］Bryant M D. Assessment of fretting failure models of electrical connectors. Proceedings of the Fortieth IEEE Holm Conference on Electrical Contacts, Chicago: IEEE, 1994: 167-175.

［82］Boyer L, Tristani L. A model for the contact resistance evolution during a fretting test. Proceeding of International Conference on Electrical Contacts, Stockholm: IEEE, 2000: 457-463.

［83］Noh H J, Kim J W, Lee S M, et al. Effect of grain size on the electrical failure of copper contacts in fretting motion. Tribology International, 2017, 111: 39-45.

［84］郭凤仪, 任志玲, 马同立, 等. 滑动电接触磨损过程变化的实验研究. 电工技术学报, 2010, 25(10): 24-29.

［85］Vincent L, Fridrici V, Fouvry S, et al. Contact damage in assemblies. Presentation of 3rd International Conference on Surface Engineering, Chengdu: Southwest Jiaotong University, 2002: 46-53.

［86］Rudolphi A K, Jacobson S. Surface damage, adhesion and contact resistance of silver plated copper contacts subjected to fretting motion. Wear, 1993, 165: 227-230.

［87］Rudolphi A K, Jacobson S. Gross plastic fretting mechanical deterioration of silver coated electrical contacts. Wear, 1996, 201: 244-254.

［88］Rudolphi A K, Jacobson S. Gross plastic fretting-examination of the gross weld regime. Wear, 1996, 201: 255-264.

第 3 章　切向微动磨损及微动图理论

在微动磨损、微动疲劳和微动腐蚀的研究中，微动磨损和微动疲劳方面的研究论文分别占论文总数的 48% 和 47%，而微动腐蚀的研究论文只占 5%[1]，说明微动磨损的研究具有重要位置。实际的微动现象十分复杂，但目前的微动磨损理论都是在切向微动模式下建立的，本章将总结切向微动磨损领域取得的微动图理论。

3.1　切向微动磨损试验方法

3.1.1　接触模式

两物体的接触方式不外乎有三种，即点接触、线接触和面接触。其中，面接触试验的重复性不好，在磨损机理研究中很少采用；点接触通常为球/凹面、球/平面、球/球和轴线垂直的圆柱/圆柱接触，如图 3-1 所示；线接触通常为圆柱/凹面、轴线平行的圆柱/圆柱和圆柱/平面接触，如图 3-2 所示。接触模式的不同，必

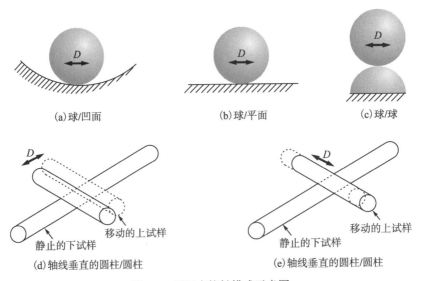

(a)球/凹面　　　　　　(b)球/平面　　　　　　(c)球/球

(d)轴线垂直的圆柱/圆柱　　　　　(e)轴线垂直的圆柱/圆柱

图 3-1　不同点接触模式示意图

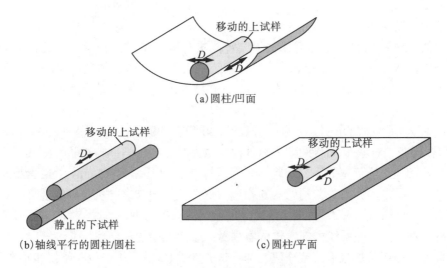

（a）圆柱/凹面

（b）轴线平行的圆柱/圆柱　　　　　　　（c）圆柱/平面

图 3-2　不同线接触模式示意图

然导致接触面积、接触应力分布等参数的差异，因此对微动磨损特性产生影响；此外，磨屑（第三体）的作用机理与接触模式也有密切关系，例如，第三体在球/球接触中更容易溢出，从而由于缺少第三体保护而导致磨损加剧，而球/凹面接触时第三体溢出困难。

　　为便于机理研究，许多研究习惯采用球/平面接触模式，作者的研究结果均是在球/平面接触方式下获得的。

3.1.2　切向微动磨损试验装置

　　在国内外的切向微动磨损研究中，采用的试验设备可谓各式各样，但主要有机械式、电磁式和电液伺服式三类。图 3-3 示出了一种典型的凸轮机构机械式微

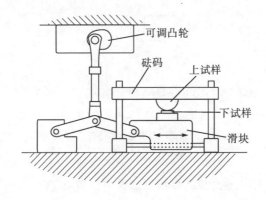

图 3-3　凸轮机构机械式微动磨损试验装置示意图

动磨损试验装置，该类设备频率较低，难以实现振幅极小的运动，精度差，但成本低。电液伺服式微动磨损试验装置能实时控制位移，精度高，其结构主要可分为液压系统、主机和计算机控制系统三大部分。作者的切向微动磨损研究结果均是在卧式(图 3-3)和立式(图 3-4)高精度电液伺服式微动磨损试验装置上获得的。

图 3-4 是立式 DELTA-LAB NENE DS20 型微动磨损试验装置的示意图，试样 1 和 2 构成一对球/平面接触副，球试样 1 由夹具 3 夹持，并与试验机的液压系统活塞 4 相连，随活塞做垂向运动；平面试样 2(尺寸通常为 10mm×10mm×20mm) 由夹具 5 固定，并与载荷传感器 6 相连；保证接触面与试验机中轴线重合，载荷传感器测量的量即摩擦力；微动的位移幅值小于 60μm 时，通过外加位移传感器 7 测量，否则由活塞系统内部的传感器测量；摩擦试验的法向载荷通过法向载荷施加系统 8 由螺纹加载系统或砝码施加；试验参数(法向压力、位移幅值和频率)的控制和数据的采集与处理完全由计算机控制。

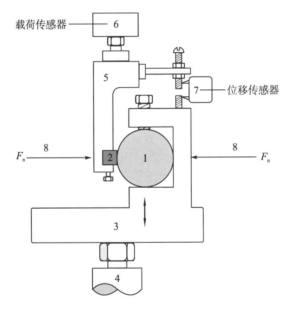

图 3-4   DELTA-LAB NENE DS20 型微动磨损试验装置结构示意图

1-球试样；2-平面试样；3-球试样夹具；4-液压系统活塞；5-平面试样夹具；

6-载荷传感器(摩擦力测量)；7-外加位移传感器；8-法向载荷施加系统

如图 1-20 所示的卧式微动磨损试验装置，除可进行常规微动磨损试验外，还可进行高温、润滑、液体介质或可控气氛等不同环境条件下的试验研究。与立式试验机相似，试样 1 和 2 构成球/平面接触副，球试样在夹具 3 的夹持下随液压系统活塞 4 做往复运动，平面试样则由平面试样夹具 5 固定在试样室 12 内；载荷传感器 6 布置在两试样接触面轴线上，以测量摩擦产生的摩擦力；相对位移大于 60μm 时由活塞系统内部的传感器测量，否则用外加位移传感器 7 测量；法向载荷通过钢绳 8 由螺纹系统施加，为消除夹具系统和球试样的重量对法向载荷的影响，通过杠杆系统用配重 9 平衡；高温环境由电阻加热器 10 实现，温度控制通过热电偶 11 进行；润滑和液体介质条件下，在试样室 12 内实现。

3.2　运行工况微动图

3.2.1　摩擦力-位移幅值曲线

每次循环的摩擦力(F_t)-位移幅值(D)曲线是微动磨损试验最基本、最重要的信息。大量不同工况下的试验表明，微动试验可以得到三种基本类型的 F_t-D 曲线（图 3-5）：直线型、平行四边形型和椭圆型。

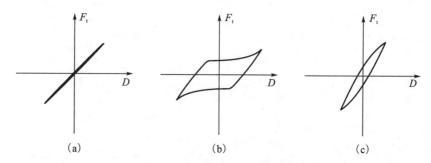

图 3-5　F_t-D 曲线的三种基本类型

（1）直线型 F_t-D 曲线：主要发生在极小位移幅值或较大法向压力的条件下，两接触表面不发生相对滑动，运动状态处于部分滑移，其接触工况符合 Mindlin 理论[2]，即接触边缘发生微滑和中心处于黏着状态。

（2）平行四边形型 F_t-D 曲线：与直线型 F_t-D 曲线相反，该类 F_t-D 曲线表明两接触体在往复过程中发生相对滑移。

（3）椭圆型 F_t-D 曲线：该类 F_t-D 曲线一般在微动初期很少发生，通常在一定的微动循环次数后形成，摩擦表面通常伴随着较强烈的塑性变形。

除典型的三种不同形状的 F_t-D 曲线外，还可能观察到以下四种形状较特殊的 F_t-D 曲线，如图 3-6 所示。

（1）不规则平行四边形状（图 3-6(a)）：在滑移部分明显具有不连续性，这与材料性质密切相关，脆性材料在两接触体相对运动中发生微观断裂，形成微裂纹，导致变形过程的连续性破坏。

(2)不封闭的平行四边形状(图 3-6(b))：主要出现在微动试验的初期。通常在第 1 次循环后 F_t-D 曲线并不封闭，主要是因为位移从最大幅值返回的过程中，接触体的表面已发生永久变形、擦损等变化；但随着循环次数的增加，曲线开始封闭(图 3-7)，表明每次循环的损伤行为趋于一致。

(3)非对称椭圆形状(图 3-6(c))：这与弹塑性变形的不均匀或裂纹的形成有关。

(4)非直线状(图 3-6(d))：曲线由直线状转变为弯曲状，表明微动导致的疲劳裂纹形成并扩展，破坏了材料的连续性，导致变形行为变化。

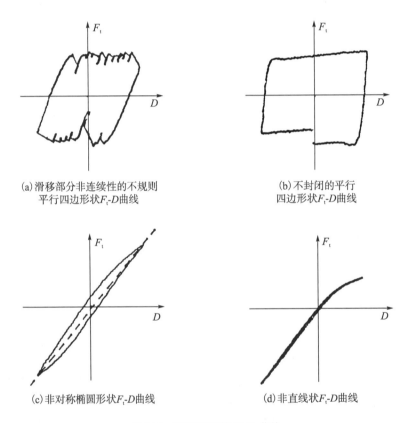

(a)滑移部分非连续性的不规则
平行四边形状 F_t-D 曲线

(b)不封闭的平行
四边形状 F_t-D 曲线

(c)非对称椭圆形状 F_t-D 曲线

(d)非直线状 F_t-D 曲线

图 3-6 特殊形状的 F_t-D 曲线

微动磨损过程中 F_t-D 曲线随循环周次的变化十分复杂，可以利用 F_t-D 曲线随循环周次(N)变化的三维图(通常也将 F_t-D-N 图称为微动摩擦特性图)进行直观显示。通过微动过程中摩擦力可能的三种变化(保持不变、增加和减小)，可以归纳出 F_t-D 曲线的演变规律，如图 3-8～图 3-10 所示。

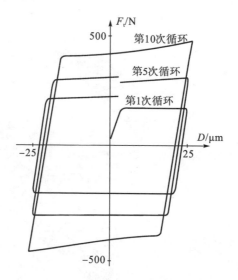

图 3-7 前 10 次循环 F_t-D 曲线的演变过程

(2091Al-Li 合金，F_n=500N，D=25μm，f=1Hz)

(1) **摩擦力保持不变**(图 3-8)：F_t-D 曲线形状不变。

(2) **摩擦力增加**(图 3-9)：有三种可能，即从平行四边形状到平行四边形状、从平行四边形状到直线状、从平行四边形状到椭圆形状。

(3) **摩擦力减小**(图 3-10)：存在从平行四边形状到扁平行四边形状、从直线状到椭圆形状、从直线状到平行四边形状、从椭圆形状到扁椭圆形状、从直线状到非直线状五种情况。

一般来说，当微动过程总体处于相对稳定状态时，摩擦力基本保持不变；摩擦力增加或减小意味着接触表面黏着、变形、擦伤、磨损和裂纹扩展等现象加剧，例如，较多磨屑(第三体)形成或者较长裂纹持续扩展时，摩擦力呈现降低的趋势。

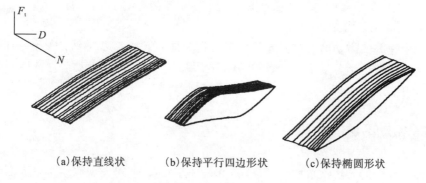

(a)保持直线状   (b)保持平行四边形状   (c)保持椭圆形状

图 3-8 摩擦力保持不变时 F_t-D 曲线的演变

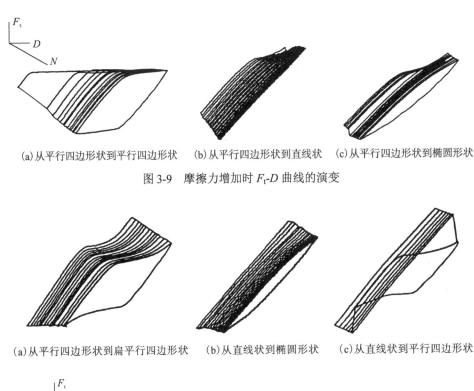

(a)从平行四边形状到平行四边形状　　(b)从平行四边形状到直线状　　(c)从平行四边形状到椭圆形状

图 3-9　摩擦力增加时 F_t-D 曲线的演变

(a)从平行四边形状到扁平行四边形状　　(b)从直线状到椭圆形状　　(c)从直线状到平行四边形状

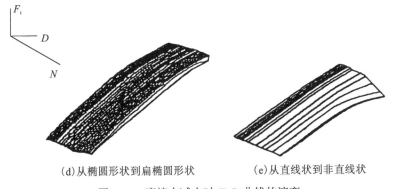

(d)从椭圆形状到扁椭圆形状　　　　　(e)从直线状到非直线状

图 3-10　摩擦力减小时 F_t-D 曲线的演变

　　一个完整的微动磨损过程通常可观察到多种形状的 F_t-D 曲线，摩擦力时增时减，其动力特性十分复杂。大量的试验分析和研究显示，将微动运行特性划分为 3.2.2 节中的三个区域，可以很好地了解微动运行的动力特性。

3.2.2　微动区域的定义

　　经过较少的循环次数后（一般 10^4 次循环左右），就可发现微动接触界面的运行过程存在三种具有不同动态特性的微动区域（fretting regime）：滑移区（slip regime)、部分滑移区(partial slip regime)和混合区(mix regime)。

1.滑移区

在整个微动过程中，所有的摩擦力-位移幅值(F_t-D)曲线呈现平行四边形状，即在任一微动循环内，两接触体均发生相对滑移。摩擦力的变化也有保持不变、增加和减小三种情况，其摩擦特性图(F_t-D-N)分别如图 3-8(b)、图 3-9(a)和图 3-10(a)所示。图 3-11 示出了典型的滑移区摩擦特性图及其摩擦系数(切向力在位移最大点的平均值与正压力之比)随循环周次的变化过程。

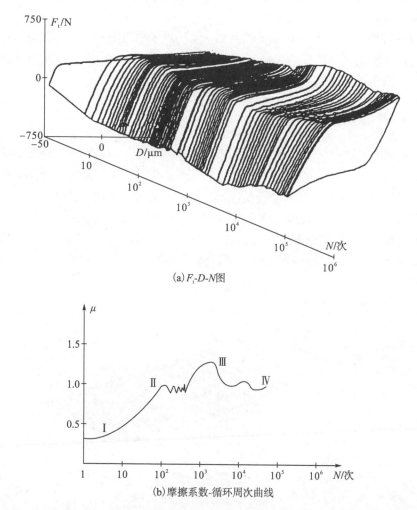

(a) F_t-D-N图

(b)摩擦系数-循环周次曲线

图 3-11　2091Al-Li 合金滑移区的摩擦特性图和摩擦系数随循环周次的变化规律

Ⅰ-表面膜的保护作用；Ⅱ-二体作用；Ⅲ-二体作用向三体作用转变；Ⅳ-稳定阶段

结合接触表面的微观分析，滑移区的破坏过程可以用以下几个阶段来描述。

(1)表面膜的保护作用：微动初期由于接触表面的污染膜(如氧化膜、吸附膜等)的保护作用，摩擦系数较低，该阶段通常在几次至几十次循环内。

(2)二体作用：表面膜破裂，材料发生直接接触，实际接触面积增大；表面膜的破裂和去除与膜的性质和微动初期工况(如法向压力、位移幅值、表面粗糙度等)密切相关。两接触体直接接触，由于表面黏着和塑性变形，摩擦系数迅速增加。

(3)二体作用向三体作用转变：持续的表面加工硬化和材料表层组织发生转变(白层形成[3])，材料表面脆性增加，导致颗粒剥落，大量颗粒的积累在表面形成第三体层，导致二体接触向三体接触转变。由于第三体层参与承载，摩擦系数逐渐有所回落。

(4)稳定阶段：经过一定循环次数后，微动处于相对稳定阶段。磨屑(第三体)在微动挤压作用下逐渐发生碎化和氧化，但由于第三体的产生和从接触界面的溢出保持动态平衡，因此摩擦系数的变化较小。

2.部分滑移区

部分滑移区的绝大部分 F_t-D 曲线为直线型，如图 3-12 所示，两接触体不发生相对滑移，处于部分滑移的运动状态。位移完全通过接触表面的弹性变形来调节，对于球/平面接触，基本符合 Mindlin 弹性接触理论[2]，接触区域可明显分为两个部分：发生在接触边缘的圆环状微滑区和接触中心的黏着区。摩擦力或摩擦系数(更确切地说在部分滑移区由于没有相对滑移不能称为摩擦系数,应称为切向力与正压力之比，下同)较低，接触表面损伤轻微。

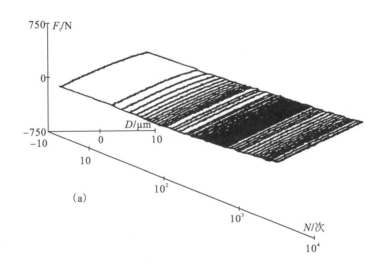

(a)

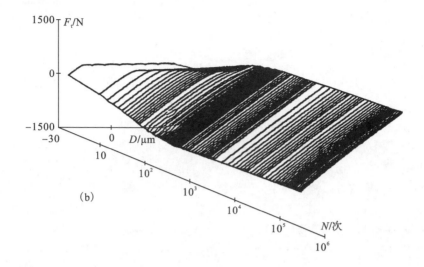

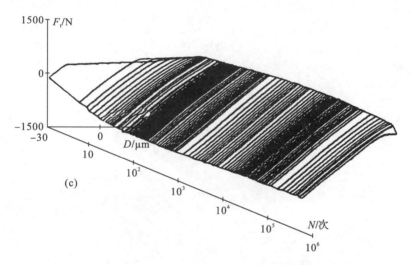

图 3-12　2091Al-Li 合金部分滑移区三种典型的三维摩擦特性图

(N=5×10^5 次)

如图 3-12 所示，F_t-D 曲线除始终保持直线型(图 3-12(a))外，可能在微动初期存在少数平行四边形型的微动循环(图 3-12(b))，这与表面膜特性有关，但最终的磨痕形貌仍存在微滑区和黏着区；另外，在微动经历较高循环次数后，直线型的 F_t-D 曲线演变为弯曲状(图 3-12(c))，摩擦力随之降低，表明材料损伤较大，已形成较大裂纹。对于 2091Al-Li 合金这样的低强度材料，有可能在部分滑移区观测到疲劳裂纹的萌生和扩展。

对于部分滑移区的微动，以表面弹性变形调节为主，产生的磨屑也很少，因此，即使在稳定状态，仍以二体接触为主，总体损伤仍属轻微。

3.混合区

混合区从位移幅值来看，介于滑移区和部分滑移区之间；从 F_t-D 曲线的演变来看，它随时间的变化关系十分复杂，图 3-6、图 3-9 和图 3-10 中各种 F_t-D 曲线及其相互之间的转换可在该区域观察到。

混合区相对稳定阶段的 F_t-D 曲线多数情况下呈椭圆型，图 3-13(a)是典型的摩擦特性图。图 3-13(b)给出了摩擦系数随循环周次的变化规律，可见：在微动初期(约前 1000 次)接触状态以滑移为主，但随材料加工硬化和表层组织结构转变，摩擦力逐渐增大，F_t-D 曲线越来越封闭以致呈直线型，接触中心处于黏着状态；这种状态延续一定的循环次数后，接触状态突然发生变化，从黏着状态又变为滑移状态，摩擦力急剧下降；又经过一段不平稳期，获得相对稳定的椭圆型 F_t-D 关系。

通常在混合区可以观察到 F_t-D 曲线由滑移型(平行四边形型)到黏着型(直线型)在整个过程中反复转变多次。至少在第一轮直线型 F_t-D 曲线变化关系建立前，可认为以二体相互作用为主。以后，摩擦力的每次突然降低(由黏着型到滑移型)标志着接触表面局部地区的突然破坏(如材料以剥层方式形成磨屑颗粒等)。

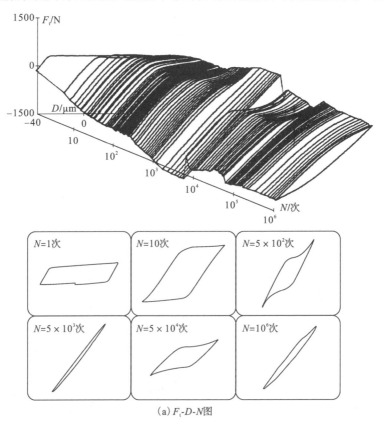

(a) F_t-D-N 图

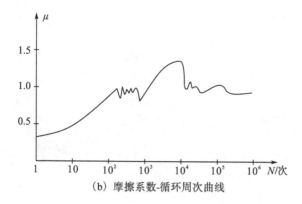

（b）摩擦系数-循环周次曲线

图 3-13　2091Al-Li 合金混合区的典型摩擦特性图和摩擦系数随循环周次的变化规律

椭圆型 F_t-D 曲线关系的建立意味着局部地区已是三体接触，但二体之间的直接作用（如弹性、塑性变形以及可能的裂纹调节）仍起较大作用。

3.2.3　微动区域的影响因素

影响微动区域的因素很多，主要为机械参数（包括位移幅值、法向载荷、频率、系统刚度等）和材料性质两大类，下面分别介绍主要的影响因素。

1.位移幅值

位移是发生微动的基本条件。图 3-14 示出了其他条件不变，2091Al-Li 合金位移幅值从 15μm 增加到 50μm 时的 F_t-D-N 图。明显可见，当位移幅值小于 20μm 时，微动运行于部分滑移区；当位移幅值大于 25μm 时，微动运行于滑移区；当位移幅值处于二者之间时，微动运行于混合区。从图 3-14 可以看出，随着位移幅值的增加，微动区域从部分滑移区、混合区向滑移区发展。另外，在相对稳定阶段，部分滑移区内的摩擦系数随着位移的增大而增加，在混合区达到最大，然后在滑移区内随着位移的增大而缓慢减小。

图 3-15 示出了 LZ50 钢在不同位移幅值下的微动区域演变工程，与 2091Al-Li 合金的规律一致。例如，当位移幅值增大为 10μm（图 3-15（d））时，在约 400 次循环之前，F_t-D 曲线呈椭圆型，在 400 次循环之后 F_t-D 曲线转变为平行四边形型。可见，位移幅值为 5μm（图 3-15（c））与 10μm（图 3-15（d））时，微动的运行状态在部分滑移与完全滑移之间转变，表明此时微动运行于混合区。当位移幅值超过 12μm 时（图 3-15（e）），F_t-D 曲线全部呈现平行四边形型，微动已运行于滑移区。

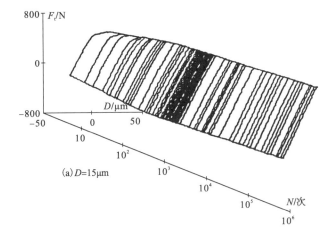

(a) $D=15\mu m$

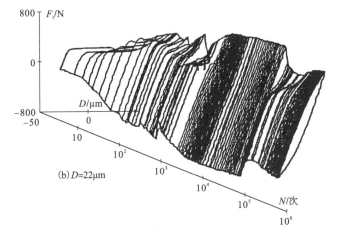

(b) $D=22\mu m$

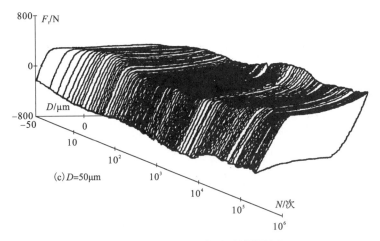

(c) $D=50\mu m$

图 3-14 位移幅值对微动区域的影响

(2091Al-Li 合金，$F_n=500N$，$f=1Hz$，$N=5\times10^4$ 次)

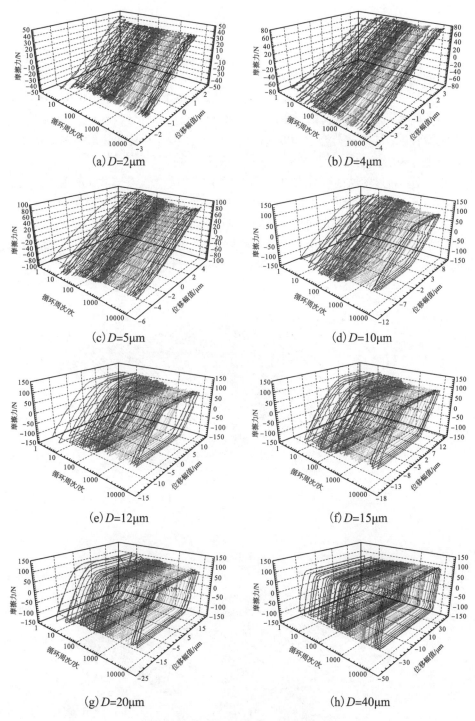

(a) D=2μm

(b) D=4μm

(c) D=5μm

(d) D=10μm

(e) D=12μm

(f) D=15μm

(g) D=20μm

(h) D=40μm

图 3-15　位移幅值对微动区域的影响

(LZ50 钢，F_n=150N，f=1Hz，N=10^4 次)

2.法向载荷

法向载荷是微动的一个重要参数，它决定了微动起始接触区尺寸、应力场、切向刚度等的大小。在其他条件给定的情况下，其摩擦特性的变化如图 3-16 所示，可见当法向载荷大于 750N 时，微动处于部分滑移区；法向载荷小于 300N 时微动运行于滑移区；法向载荷介于 400～500N 时，直线型与平行四边形型的 F_t-D 曲线交替出现，表明微动处在混合区，通常在该区内摩擦系数最大。

通常切向刚度随法向载荷的增加而增加，但摩擦系数随法向载荷的增加而减小，如图 3-17 所示。应当指出，增加法向载荷将提高切向刚度，不利于发生滑动；同时，法向载荷的增加也将引起切向力的增加，从而导致较大的弹性变形，使得两接触界面间的相对滑移困难。对于给定位移，试验表明，所产生的综合效应是随着法向载荷的增加，相对滑移减少，弹性变形量增加，微动区域向部分滑移区方向发展。

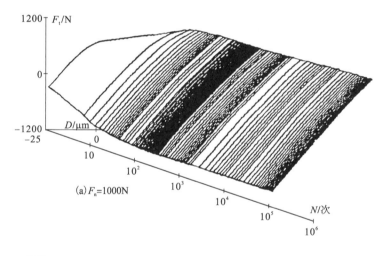

(a) F_n=1000N

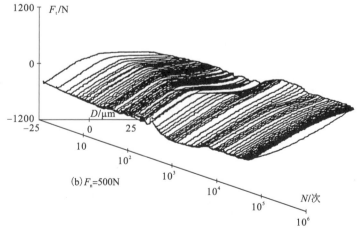

(b) F_n=500N

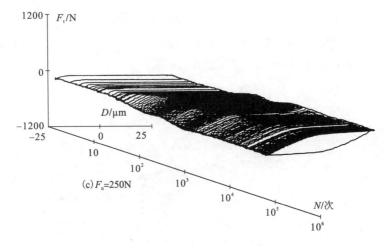

图 3-16　法向载荷对微动区域的影响

(2091Al-Li 合金，D=25μm，f=1Hz，N=5×10^4 次)

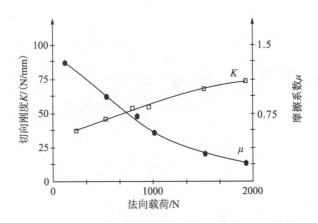

图 3-17　法向载荷对切向刚度和摩擦系数的影响

(2091Al-Li 合金，D=25μm，f=1Hz，N=5×10^4 次)

3. 频率

当频率提高时，磨屑运动速度加快，极容易溢出接触表面，从而导致接触区域的第三体(磨屑)减少，对基体的保护效果也随之降低，从而导致接触表面更大的变形，可能产生因颗粒脱落形成的较大深度(上百微米)的磨损坑。图 3-18 是中碳合金钢在不同频率(其他试验条件相同)下的摩擦特性图，可见在微动中期(10～500 次循环)摩擦力变化存在较大差异，频率越高，摩擦力变化越剧烈，试样剖面检测也显示出不同的破坏特性。

频率对于不同材料的影响也不完全一样。对频率产生的影响，高强度不锈钢比中碳合金钢更明显；对于铝合金，微动初期影响较大，但随后通常在接触边缘形成一些堆积的磨屑突起，阻止了颗粒的溢出，频率的影响减小；而钛合金在高频时，比钢铁材料具有更好的抗微动磨损性能。

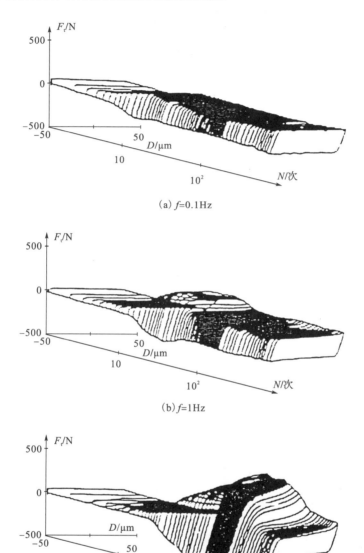

(a) f=0.1Hz

(b) f=1Hz

(c) f=5Hz

图 3-18　频率对中碳合金钢摩擦特性(F_t-D-N)图的影响

(N=10^2 次)

4.系统刚度

微动的位移幅值通常为微米量级，此量级与接触表面所发生的弹性变形相当，因此，试验系统刚度对微动的摩擦力变化特性影响较大。微动运行的刚度是接触刚度 $K_{contact}$ 和系统刚度 K_{system} 的综合结果，即

$$\frac{1}{K} = \frac{1}{K_{contact}} + \frac{1}{K_{system}} \tag{3-1}$$

式中，接触刚度取决于试样的材料性能和接触载荷，可表示为

$$K_{contact} = \frac{4Ga}{2-\upsilon} \tag{3-2}$$

式中，G 为材料的剪切模量；a 是接触区的半径（见式(1-3)）；υ 是材料的泊松比。

系统刚度是试验系统各部分(包括夹紧机构、试样几何尺寸和安装条件)刚度的综合效果。因此，安装状态、夹紧机构的刚度等，直接影响微动的动力特性与微动区域，这也是不同试验系统之间缺乏可比性的原因。对于循环次数小于 10^5 次的低周微动，接触切向刚度一般不因位移幅值的改变而改变。

在其他参数相同的情况下，随着法向载荷的增加(图 3-17)，接触面积、刚度增加，弹性变形增加，微动区域向部分滑移区靠近；材料的弹性模量增高，刚度增加，这就是钢铁材料比铝合金、聚合物等具有更高的切向刚度的原因，弹性变形量减小，即在给定的位移下，更容易产生相对滑移。

试样的大小对刚度同样具有较大的影响，如对 2091Al-Li 合金，当试样尺寸减小(尺寸从 10mm×10mm 减小到 6mm×5mm)时，刚度急剧减少，即使位移幅值为 50μm 时，F_t-D-N 曲线也可以从原来的滑移区转变到部分滑移区。

5.材料性质

微动的摩擦力动态变化过程显然与接触副材料的特性密切相关。一方面，由于材料的弹性模量、硬度、强度和塑性等力学性能的差异较大，因此接触的切向刚度差别较大，从而从微动初期就表现出不同的摩擦力变化特性，继而影响微动区域；另一方面，微动过程中，接触表面在发生擦伤、磨损等破坏之前，必然发生表层的弹性和塑性变形，以及加工硬化。因此确切地说，微动行为与材料的力学性能关系密切。

例如，2091Al-Li 合金和 Al-Si 合金的弹性模量、硬度、强度相近，因此微动初次循环的 F_t-D 曲线(图 3-19)非常接近。但是，随着循环周次的增加，由于 Al-Si 合金脆性高，接触表面较难承受塑性变形，颗粒容易剥离，摩擦力和摩擦系数增加缓慢，而 Al-Li 合金相反，结果二者的差距越来越大(图 3-19)。随着循环次数的增加，在一定工况下甚至影响到整个微动过程的行为，即微动区域特性，如图 3-20 所示。

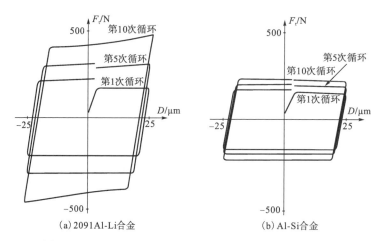

（a）2091Al-Li合金　　　　　　（b）Al-Si合金

图 3-19　2091Al-Li 合金和 Al-Si 合金微动初期的 F_t-D 曲线

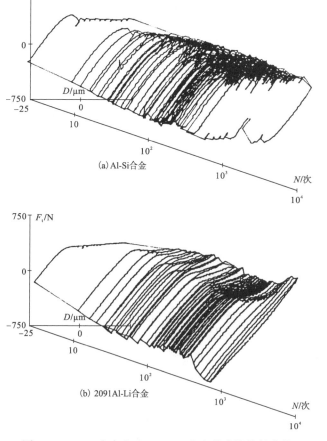

（a）Al-Si合金

（b）2091Al-Li合金

图 3-20　Al-Si 合金和 2091Al-Li 合金的摩擦特性曲线

（F_n=500N，D=25μm，f=1Hz，N=10³ 次）

3.2.4 运行工况微动图分析

综上所述，微动区域与许多参数相关，位移幅值与法向载荷是微动的两个最基本的因素。以法向载荷为纵坐标、位移幅值为横坐标，可以建立更为直观明了的微动区域分布图，即运行工况微动图（RCFM），如图 3-21 所示。对 2091 Al-Li 合金（图 3-21(a)），当法向载荷固定时，随着给定位移幅值的增大，微动由部分滑移区向混合区、滑移区转变；反之，当给定位移幅值固定时，随着法向载荷的增大，微动由滑移区向混合区、部分滑移区转变。混合区较窄，处于部分滑移区和滑移区之间。对于很脆的 Al-Si 合金，如图 3-21(b) 所示，混合区基本消失，运行工况微动图主要由部分滑移区和滑移区组成。例如，对材料表面涂覆涂层，可以改变微动区域的位置，甚至可以消除微动混合区。

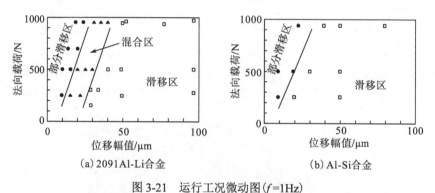

(a) 2091Al-Li合金　　　　　(b) Al-Si合金

图 3-21　运行工况微动图（f=1Hz）

图 3-22 是 LZ50 钢的运行工况微动图，也呈现出部分滑移区、混合区和滑移区三个不同区域特征，随着法向载荷的增加，混合区的宽度增加。

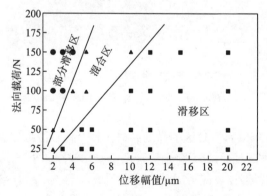

图 3-22　LZ50 钢的运行工况微动图

在位移幅值、法向载荷、材料性质不变的条件下，微动区域在运行工况微动图中的分布还取决于其他因素。例如，刚度较大的试验系统部分滑移区减小，微动区域分界线向左移动；试样接触区球面或柱面的半径增加可导致部分滑移区增加，微动区域分界线向右移动。

3.3 材料响应微动图

微动损伤主要包括表面磨损和微动裂纹形成与扩展两种损伤机制，在不同的微动区域，这两种损伤机制具有不同的表现。

3.3.1 表面磨损

对于处于部分滑移区的微动试样，在光学显微镜下，接触斑呈环状，明显可分为由接触边缘微滑引起的轻微(相对其他微动区域)磨损区和接触中心几乎无损伤的黏着区，如图 3-23 所示。对微动磨斑进行剖面分析(在微动磨斑的中心，沿微动方向剖开)，表面轮廓基本没有改变，磨损较轻微，如图 3-24(a)和(b)所示。

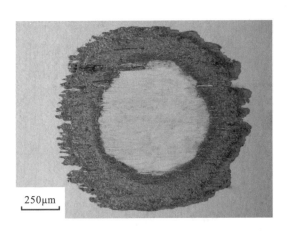

图 3-23　典型部分滑移区微动磨斑形貌

(GCr15 钢，F_n=400N，D=8μm，f=1Hz，$N=10^5$ 次)

通常在 10^4 次循环后，滑移区的微动磨斑在整个接触区域覆盖了厚厚的氧化层，对钢铁材料磨屑呈棕红色，对铝合金等有色金属材料磨屑氧化后呈黑色。由于大量颗粒撕裂脱落，材料磨损可能形成一个较大凹坑，例如，2091Al-Li 合金在位移幅值为60μm 时，微动运行于滑移区，表面磨损可形成一个深坑，如图 3-24(f)所示。

另外，滑移区的磨损也可能形成接触区域局部凹坑与局部第三体层并存的形式。

混合区的磨痕存在强烈的塑性变形，接触区域如同滑移区一样，基本上被棕红色或黑色的氧化磨屑覆盖，但偶尔也可见接触中心呈亮色，表明此处为金属对金属的直接接触。从剖面上看，接触区域两端出现裂纹，裂纹的连通可能导致大块材料的剥落(图 3-24(c)和(d))。

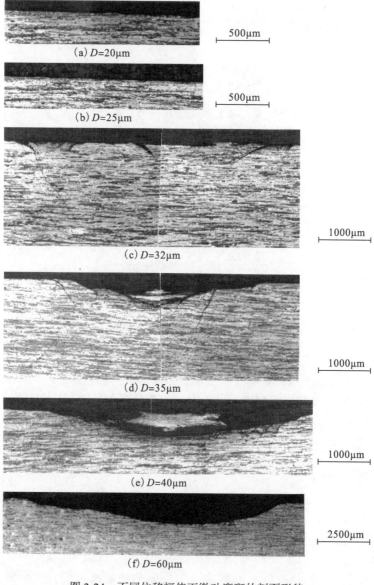

图 3-24　不同位移幅值下微动磨斑的剖面形貌

(2091Al-Li 合金，F_n=1000N，f=1Hz，N=10^6 次)

3.3.2 微动裂纹

微动磨损中，裂纹的形成与扩展通常是导致零部件使用寿命大大降低的主要原因之一，从某种角度上说，其危险性远远超过表面磨损。在微动磨损条件下，即使没有外界的疲劳应力，局部接触载荷同样可以引起裂纹的起源和扩展，裂纹长度甚至可达毫米量级，如图 3-25 所示。

$400\mu m$

图 3-25 微动磨损形成的长裂纹

微动裂纹的萌生和扩展过程似乎杂乱无章，毫无规律；实际上，微动裂纹可以分为主裂纹（最长的一条）和次裂纹（其他较短的裂纹）。目前大量的试验表明，除了次裂纹的形成有待于继续深入研究，主裂纹的萌生和扩展方式根据不同的微动区域，其规律（以铝合金为例）可归纳如下。

1.部分滑移区

在部分滑移区，裂纹的萌生与扩展规律存在两种可能性。

(1)当接触疲劳载荷太小时，接触表面在给定循环次数($N=10^6$次)内没有观测到萌生的裂纹。

(2)裂纹在接触边缘萌生并随循环次数的增加继续扩展，其扩展方向几乎垂直于接触表面(图 3-26(a))。在该区内，表面磨损轻微，变形基本处于弹性协调状态。

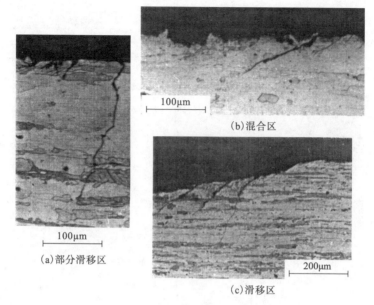

(a)部分滑移区　　(b)混合区　　(c)滑移区

图 3-26　不同微动区域微动裂纹形态

2.混合区

裂纹在混合区的扩展特性非常复杂。微裂纹通常在靠近接触边缘萌生，其方向与表面呈小于 30°的角，如图 3-26(b)所示，并有以下三种扩展可能。

(1)裂纹扩展到一定深度后停止，这种模式的裂纹与接触区另一端类似模式的裂纹相贯通，通常能导致较大颗粒的脱落(图 3-24(d))。

(2)裂纹继续扩展到一定深度后突然改变方向，并以近乎垂直于表面的方向继续扩展(图 3-25)。

(3)裂纹扩展到一定深度后发生分裂，其中一条裂纹以第一种方式扩展，另一条裂纹以第二种方式扩展。

在试验分析中发现，裂纹的扩展模式与接触面积相关。当接触面积较小时(较小的球面半径或较小的法向载荷)，裂纹通常以第一种方式扩展；而后两种情况恰好相反，往往在较大的法向载荷下发生，这是因为其与较大切向摩擦力一起，改变了裂纹的扩展方向。

图 3-27 示出了不同试验参数条件下微动裂纹的长度，可见微动主裂纹长度(裂纹扩展)与微动的试验参数(如位移幅值、法向载荷和循环周次)等直接相关。例如，在混合区有深达 200μm 的裂纹，而在其他区域内在该循环周次下尚未发现裂纹(图 3-27(a)和(b))，可以说混合区是最危险的微动区域。在法向载荷和位移幅值一定时，只有达到一定循环次数后，剖面分析才能检测到明显裂纹，例如，2091Al-Li 合金在频率为 1Hz、法向载荷为 500N 和位移幅值为 25μm 时，到 5×10^4

次循环后裂纹才快速扩展(图 3-27(c))。

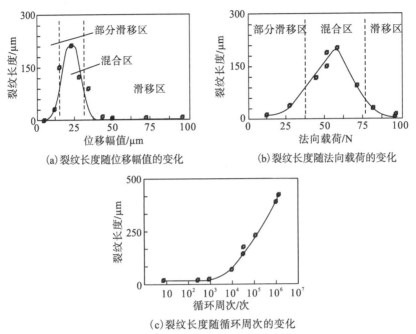

(a)裂纹长度随位移幅值的变化   (b)裂纹长度随法向载荷的变化

(c)裂纹长度随循环周次的变化

图 3-27   不同试验参数条件下微动裂纹的长度

3.滑移区

图 3-24 是不同位移幅值微动磨斑的剖面形貌,从中可以看出磨损与裂纹这两种损伤机制存在竞争关系,材料表面的损伤是彼此竞争的结果,通常表现为三种方式。

(1)由于表面颗粒剥离的速度即沿深度方向磨损速度高于裂纹萌生速度,试样表面呈凹坑状,无裂纹形成,如图 3-24(f)所示。

(2)裂纹扩展速度高于沿深度方向磨损速度,裂纹在表面磨损处(凹坑)扩展,如图 3-26(c)所示。

(3)虽然在接触中心处有严重的磨损,形成凹坑,但靠近凹坑边缘仍有裂纹的萌生和扩展。

3.3.3   材料响应微动图分析

通过对微动斑的表面和剖面显微分析,总体上来看,部分滑移区内损伤轻微;滑移区主要发生颗粒脱落,引起表面磨损;混合区不仅有程度较轻的表面磨损,而且通常观测到裂纹的存在。对应于运行工况微动图,可以建立一定循环次数后相应微动区域内的损伤情况示意图,即材料响应微动图(MRFM),如图 3-28 所示。

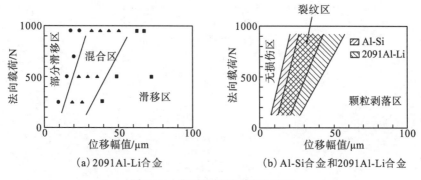

图 3-28 典型的材料响应微动图

(f=1Hz, N=10^6 次)

对比相同材料的运行工况微动图和材料响应微动图(对比图 3-21 和图 3-28)可以发现，两类微动图形状相似，但具体位置存在细微差异。需要指出的是，材料响应微动图与运行工况微动图所不同的是，微动区域一般在低循环次数时(通常小于 10^4 次)就可确定，即运行工况图中的区域分布不再随时间而改变；但是，对于材料响应微动图，材料损伤模式强烈依赖于微动的循环周次，尤其是裂纹区。

图 3-29 给出了不同循环次数下，材料微动损伤的发展演变过程。可见，在微动初期，在位移幅值和法向载荷给定的条件下，所有的微动试样损伤轻微(图 3-29(a))；到 10^3 次循环才发现有一个较小的裂纹区(图 3-29(b))；裂纹区随循环次数的增加而不断扩大，不仅在滑移区，而且在部分滑移区均可观测到裂纹的扩展，且裂纹区宽度不断扩展(图 3-29(c)～(e))。

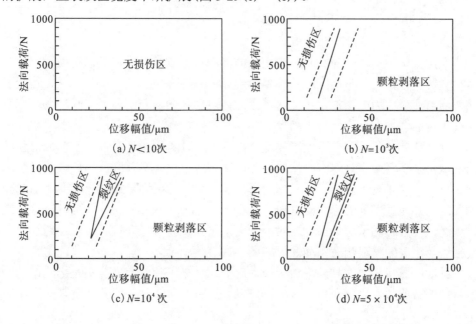

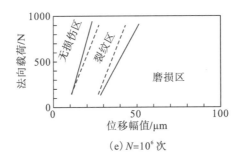

（e）$N=10^6$ 次

图 3-29 循环周次对材料响应微动图的影响

（2091Al-Li 合金，f=1Hz）

3.4 微动磨损与微动疲劳

微动磨损与微动疲劳是微动的两种重要模式，一般微动疲劳较为复杂，在工程实践中，微动疲劳的案例远远多于微动磨损，引起的后果的严重性也往往超过微动磨损。

通常被接受的微动磨损和微动疲劳的概念已在第 1 章中介绍，但一些学者还将微动磨损认为是接触表面磨损或材料的损失，微动疲劳是疲劳裂纹的萌生或疲劳寿命的降低。概念上的模糊不清不仅反映了微动现象的复杂性及目前的研究水平，也反映了微动磨损与微动疲劳之间可能存在的共性。

3.4.1 微动疲劳条件下的微动图

通过大量不同法向应力和疲劳应力的微动疲劳试验发现，类似于微动磨损，微动疲劳也存在三个微动区域，图 3-30 是微动疲劳条件下建立的微动图。该图表明，随着疲劳应力的增加，微动区域由部分滑移区向混合区和滑移区转变；随着法向应力的增加，变化趋势则相反。

微动疲劳试验后的显微检测发现，小于等于 10^7 次循环时，处于部分滑移区内的试样损伤轻微，只伴有少量的红色氧化磨屑；位于滑移区内的试样的接触区呈凹坑状，并伴有大量的红色氧化磨屑。以上两种情况均未发现长度大于 100μm 的裂纹。然而，处于混合区的试样，在小于 10^7 次循环(如 $10^5 \sim 10^6$ 次循环)时就发现有试样断裂的情况。因此，对应于微动磨损试验，微动疲劳也有由裂纹区、磨损区等组成的材料响应微动图，如图 3-30 所示。

微动区域特性虽然与外界疲劳应力有关，但是，疲劳应力并不是影响微动区域特性的必要条件。对于微动疲劳，可以通过直接改变外界疲劳载荷来改变接触界面的变形量。也可以在保持外界疲劳载荷应力幅值不变的条件下，通过改变试件的几何尺寸(如长度、截面积等)在接触界面处获得不同的变形量，从而影响微动疲劳的微动区域特性。

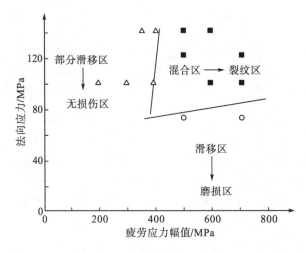

图 3-30　微动疲劳条件下的微动图

(35Cr3MoV 合金钢/GCr15 钢接触)

3.4.2　微动磨损与微动疲劳的关系

微动磨损的相对运动是外界强加的，而对于微动疲劳，是由试件本身承受交变疲劳应力导致试件变形引起的。但它们都存在表面磨损和裂纹萌生与扩展的损伤机制，也都有相似的微动图(运行工况微动图和材料响应微动图)。要揭示微动磨损与微动疲劳的本质联系，必须区分和了解接触磨损与局部接触疲劳、局部接触疲劳(接触交变应力引起)与整体疲劳(外界交变应力引起)之间的竞争机制。

1.接触磨损与局部接触疲劳

微动磨损和微动疲劳的接触磨损以微动斑的形貌(如接触面积、磨坑深度等)与第三体的产生和溢出等动态变化为特征，局部接触疲劳主要是指裂纹的萌生及早期扩展。在微动过程中，接触磨损与局部接触疲劳始终存在着竞争关系。

微动对接触表面疲劳裂纹的影响可以通过萌生一条特定长度的裂纹(对铝合金可定义裂纹长度为 $100\mu m$)所需的最少循环周次 N_i 来衡量。以铝合金的微动磨损为例，如图 3-31(a)所示，当 F_n 保持 100N 不变时，N_i 在位移幅值约 $35\mu m$ 处最小；同样，如图 3-31(b)所示，当位移幅值保持 $25\mu m$ 时，N_i 在 $F_n=500N$ 处最小。对照微动区域的分布，表现出两个共同特征。

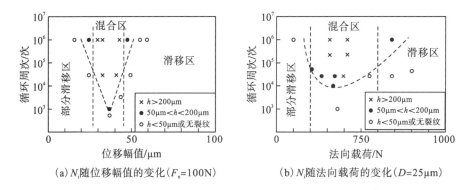

(a) N_i随位移幅值的变化(F_n=100N)   (b) N_i随法向载荷的变化(D=25μm)

图 3-31   微动磨损工况下裂纹萌生所需的最少循环周次 N_i 变化曲线

(1)裂纹在混合区萌生最快,也就是说,N_i 最小($10^3 \sim 10^4$ 次循环),而对于部分滑移区和滑移区,微动对裂纹萌生的影响较小。

(2)在微动磨损中,裂纹的萌生有一个孕育期,其长短与微动区域密切相关。所不同的是,N_i 的变化在图 3-31(a)中较为剧烈,而在图 3-31(b)中相对缓慢,这与混合区的大小有关。

其实,裂纹的产生与接触表面的摩擦力大小有关,更确切地说与交变接触应力大小密切相关,而直接影响交变接触应力大小的是表面磨损。在滑移区内,接触磨损较严重,表面颗粒快速剥落,磨损不仅可以消除接触表面可能形成的微裂纹,甚至极大地降低了裂纹核形成的可能性。另外,磨损使得实际接触面积加大,平均法向应力和剪应力降低,加上大量被氧化的第三体起到了润滑和调节作用,使得剪应力进一步减小,在接触表面上应力的分布也更加平缓,局部接触疲劳效应明显降低。在混合区内,发现实际接触面积随微动循环周次的增加几乎不变,磨损较轻微,同一接触表面受到较大的切向力反复作用(即局部疲劳),表层塑性变形强烈,裂纹能迅速扩展。在部分滑移区,微动主要靠接触表面的弹性变形来实现,切向力较小,局部接触疲劳轻微,裂纹只可能在高周微动条件下萌生。

2.局部接触疲劳与整体疲劳

目前的大量文献表明,不同工况下,微动导致的疲劳寿命降低程度存在很大差异,实际上,这与局部接触疲劳的强烈程度有着重要关系。

Vingsbo[4]和 Nakazawa[5]等的研究都发现一个普遍的变化规律,即随着法向载荷、位移幅值的增加,微动疲劳寿命的变化曲线出现一个凹区,如图 3-32 所示。这不同程度上反映了局部疲劳对整体疲劳寿命的影响。实际上,凹区与混合区直接相关(图 3-30),是局部接触疲劳最为强烈的区域。

对于常见的简单拉压疲劳,裂纹通常垂直于表面萌生和扩展。在局部接触疲劳条件下，裂纹的起源及早期扩展行为十分复杂。对于微动磨损，最常见的情况是裂纹在两接触边缘与微动方向呈一倾斜角度萌生和扩展；而对于微动疲劳，局部接触疲劳与整体疲劳同时存在，裂纹通常先倾斜于接触表面萌生和扩展，到一定深度后，突然改变扩展方向，并垂直于表面继续扩展。

微动磨损和微动疲劳的不同裂纹扩展方式表明，裂纹的早期扩展阶段主要受微动接触表面的局部疲劳控制，这也就是微动疲劳寿命降低的主要原因。但是，当裂纹扩展超过一定深度后，局部接触疲劳效应基本消失，继而整体疲劳起主要作用。

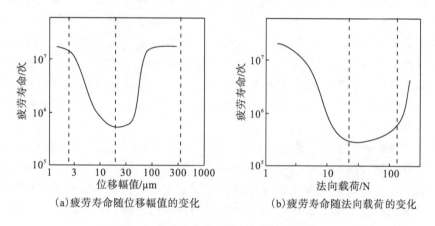

(a)疲劳寿命随位移幅值的变化　　　　(b)疲劳寿命随法向载荷的变化

图 3-32　微动疲劳工况下疲劳寿命特性

参 考 文 献

［1］周仲荣, 罗唯力, 刘家浚. 微动摩擦学的发展现状与趋势. 摩擦学学报, 1997, 17(3): 272-280.

［2］Mindlin R D. Compliance of elastic bodies in contact. ASME Journal of Applied Mechanics, 1949, 16: 259-268.

［3］朱旻昊, 周仲荣, 刘家浚. 摩擦学白层的研究现状. 摩擦学学报, 1999, 19(3): 281-287.

［4］Vingsbo O. On fretting maps. Wear, 1988, 126: 131-147.

［5］Nakazawa K, Sumita M, Maruyama N. Effect of contact pressure on fretting fatigue of high strength steel and Titanium alloy. ASTM International, 1992: 115-125.

第4章 径向微动磨损

微动磨损按相对运动方向可分为切向微动磨损、径向微动磨损、转动微动磨损和扭动微动磨损四种基本类型。径向微动磨损通常由法向载荷的周期性变化产生，接触圆的半径随着法向载荷的波动在最大值和最小值之间变化，微滑发生在最大和最小接触半径之间的圆环内。径向与切向微动磨损的本质区别在于摩擦副间的相对运动方向不同，如图1-3(a)和(b)所示。由于切向和径向微动磨损通常分别在控制位移和控制载荷下试验，也有学者将它们分别称为位移导致微动磨损和载荷导致微动磨损[1, 2]。径向微动磨损的损伤现象早期曾称为"伪布氏压痕"[3, 4]。

径向微动磨损实际上是工业领域普遍存在的现象，如2.9节所述，滚珠轴承内外滚道上的"伪布氏压痕"、汽车和火车的板簧、核反应堆中的弹性支持机构、蒸汽发生器与热交换器管道之间或与管道支撑之间或与导流板之间、柴油机的钢顶铝裙、电接触部件等都产生典型的径向微动磨损现象。虽然径向微动磨损现象十分普遍，但至今研究报道较少。Levy等[5-7]对蒸汽涡轮发动机和热交换器中支撑机构的径向微动磨损进行了研究，但他们的试验装置加载的电磁振动器的振幅在毫米量级，使两接触副脱离，实际上构成了冲击微动磨损，未能真实地模拟径向微动磨损。Burton等[8]研究的轴承接触疲劳的试验装置可以实现载荷周期性变化的径向微动运动，并观察到了微动磨损现象，但他们的研究主要集中在接触疲劳上，忽视了界面微滑的作用。

近年来，比利时学者Huq等[2, 9]建立了一套以电磁发生器为动力的径向微动磨损装置，并进行了高速钢、(Ti, Al)N涂层、Pb涂层、TiN涂层和氧化铝陶瓷[9]等材料的径向微动磨损导致的损伤机理的研究，他们的试验装置的一个重要缺陷是：不能获得载荷-位移幅值曲线，这就意味着不能系统研究和揭示材料的径向微动磨损运行行为。

认识径向微动磨损行为和损伤机理，不仅有利于深化微动摩擦学的基本理论，而且对指导工业实践中抵抗该类微动损伤都有重要意义。本章将围绕径向微动磨损，系统介绍其运行和损伤机理。

4.1　力 学 分 析

4.1.1　径向微动磨损的弹性力学分析

本章的研究对象均采用球/平面接触模型，因为该接触方式能精确地确定接触位置并有良好的接触状况。球/平面接触的基本假设是：各向同性、理想弹性体、表面光滑。对球/平面接触，若接触副材料仅发生弹性变形，且忽略界面的摩擦，则径向微动磨损过程的接触区尺寸、法向压力分布、切应力分布等结果可用 Hertz 理论进行近似解释。

1.径向微动磨损的接触区尺寸

若施加在球上的法向载荷为 F_n，根据 Hertz 理论，接触区半径由式(1-3)给出[10, 11]，法向载荷与接触区半径的关系如图 4-1 所示。

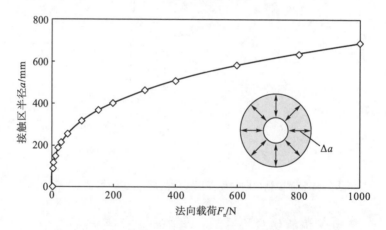

图 4-1　法向载荷与接触区半径的关系

（钢/钢接触，$E_1=E_2=E$=210GPa，　$\upsilon_1=\upsilon_2=\upsilon=0.3$，$R$=50mm）

若控制径向微动磨损的法向载荷在 F_{max} 和 F_{min} 之间周期性交替变化，则接触区域在所对应的接触区半径 a_{max} 和 a_{min} 之间变化，即

$$\Delta a = a_{max} - a_{min} = \left(\frac{3R}{4E^*}\right)^{1/3}(F_{max}^{1/3} - F_{min}^{1/3}) \tag{4-1}$$

2.径向微动磨损的法向压力分布

Hertz 接触区的平均压力 p_m 用 F_n 可表示为[10, 11]：

$$p_m = \frac{F_n}{\pi a^2} \tag{4-2}$$

接触压力并不是常数，是用接触圆半径表示的椭圆方程(图 4-2)，即

$$p(r) = \frac{3}{2} p_m \sqrt{1 - \left(\frac{r}{a}\right)^2} \tag{4-3}$$

在接触区的中心 $(r=0)$ 处，压力有最大值

$$p_0 = \frac{3}{2} p_m = \frac{3F_n}{2\pi a^2} \tag{4-4}$$

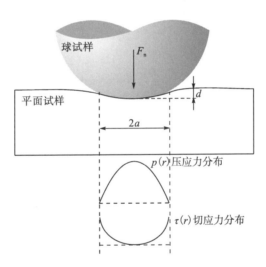

图 4-2 球/平面接触径向微动磨损接触区压应力和切应力分布示意图

3.径向微动磨损的切应力分布

根据 Hertz 理论，若在两接触体的接触区上施加一个切向力 T_x，则径向微动磨损圆形接触区的切应力分布可表示为[10]

$$\tau(r) = \frac{\tau_0}{\sqrt{1 - \left(\frac{r}{a}\right)^2}} \tag{4-5}$$

式中：

$$\tau_0 = \frac{T_x}{2\pi a^2} \tag{4-6}$$

可见在接触区域的边界出现奇点，而中心的切应力最小，如图 4-2 所示。这与早期 Burton 等[8]所得出的应力分析结果一致。

4.径向微动磨损的径向位移

球和平面试样在法向载荷作用下都将产生变形，根据 Hertz 理论，径向变形的总位移 δ 为[10]

$$\delta = \frac{a^2}{R} = \left(\frac{9F_n^2}{16RE^{*2}} \right)^{1/3} \tag{4-7}$$

4.1.2　Hertz 弹性接触理论的局限性

Hertz 理论将受法向力作用的弹性固体的接触问题看作一个可逆过程来讨论。因此接触压力引起的应力和变形是与加载历史无关的。然而有两个因素可引起可逆性的改变，即接触面的滑移和摩擦，或是在循环应力作用时材料内的滞后效应[10]。在实际的径向微动磨损试验中，这两个因素又是不可忽略的，因此经典 Hertz 理论所得到的结果会产生误差。

两接触副承受法向载荷，相互的接触压力不但引起法向压缩，而且引起界面的切向位移，如果两物体的材料不同，那么切向位移也将不同，因此产生相对滑动[10]。这种滑动将会受到摩擦的反抗，也可能在一定程度上被阻止。为此可以想象，会有两表面黏着在一起的中心区和接触边缘的微滑区，如果极限摩擦系数足够高，滑动甚至可能被完全阻止。因此，对径向微动磨损，至少有两点十分重要。第一，只有当两个接触副的材料不相同时，径向微动磨损接触区边缘才发生微滑。第二，径向微动磨损的实际微滑区要比用 Hertz 理论计算(见式(4-1))的值小，所产生的误差是 Hertz 理论基本假设所致[10]。

若两个接触副的材料不相同，微滑发生。在卸载时微滑方向反转，而且表面切向力也和加载时不同。给定接触面积的接触力加载时比卸载时稍大。因此，在一个完整的载荷循环中，通过界面微滑耗散了少量能量[7]。这也会导致 Hertz 理论结果的偏差，虽然没有精确的计算，但这种能量耗散显然是很小的。

对真实金属材料，甚至在屈服点以下也不是完全弹性的，在一个应力循环中会表现出一定程度的滞后。这是材料弹性滞后和内部阻尼的结果。一个载荷循环中的能量耗散是可以估算的。通常表示材料内滞后所用的方法是每个循环的能量耗散 ΔW 与一个周期的最大弹性应变能 E_e 之比。该比值

$$\alpha = \frac{\Delta W}{E_e} \tag{4-8}$$

称为滞后损失因子或比阻尼容量，多数材料的 α 值取决于循环应变幅值[10]。

当初始加载使得材料很快进入塑性范围时，上述方法不再适合。因为加载、卸载之间的偏差不再是很小的。Hertz 理论所得到的结果也因此会产生较大的偏差。

加载初次超过屈服点时，塑性区很小，并被仍保持弹性的材料完全包围，所以塑性应变与周围弹性应变的量级相同。在这种情况下，平面试样被球试样挤出的材料受到周围固体的弹性膨胀的调节，挤出的材料受塑性流动作用自由流向球试样的旁边。这是一种非限制的变形模式，因此可以给出压力的表达式[8, 9]：

$$p_m = cY \qquad\qquad (4\text{-}9)$$

式中，Y 为材料的屈服极限；c 值取决于压入体的几何形状和界面摩擦力。接触压力的变动范围为 Y～3Y。要计算由应变很小的弹塑性压入所引起的接触应力实际上是很困难的，因为弹塑性边界的形状和大小事先是未知的，要求解只能借助于数值计算。

综上所述，处理径向微动磨损问题时，在弹性和弹塑性状态下，Hertz 理论也有局限性。但在弹性范围，Hertz 理论所给出的接触区形状和压力分布形式及其变化规律仍有一定的指导意义。

4.2   径向微动磨损的实现

4.2.1   径向微动磨损模式分析

径向微动磨损的载荷和接触表面相对位移在相同方向变化，在实际工况中，可能载荷变化幅值固定，或者位移变化幅值固定，有时甚至两者都是变化的。因此，为研究其内在运行规律，同时将问题简化，需要将载荷和位移两个参数分别独立控制，即模拟径向微动磨损的试验装置必须分别能在控制载荷和控制位移的模式下进行。

由于不同材料有不同的应变率敏感指数[12]，应变率敏感指数标志着变形行为随加载速率的变化，因此，接触副间的相对运动速度对它们的变形过程有重要影响。径向微动磨损试验装置也必须考虑接触副相对运动速度的控制。

4.2.2   径向微动磨损试验装置

在 DELTA-LAB NENE DS20 型高精度液压式微动磨损试验装置(图 3-4)上，通过改造夹具系统和控制程序，研制了一台新型径向微动磨损试验装置。径向微动磨损试验装置的结构如图 4-3 所示。两接触副(1 和 2)采用球/平面接触方式，其中球试样由夹具 3 固定在活塞 4 上并随高精度液压伺服系统做垂向运动，平面试样通过夹具 5 固定在载荷传感器 6 下方，试样间的相对变形量(位移)由高精度外加位移传感器 7 测量(所测量的位移应为试验装置的系统位移，而不仅仅是试验材料的变形位移)。载荷和位移信号经控制单元 8 由计算机实现实时控制。

该微动磨损试验装置的试验参数范围如下。

(1) 载荷范围为 0～1000N。

(2) 位移测量精度为 0.2μm，外加位移传感器最大量程为±60μm。

(3) 液压伺服系统控制位移变化范围为 1～12000μm。

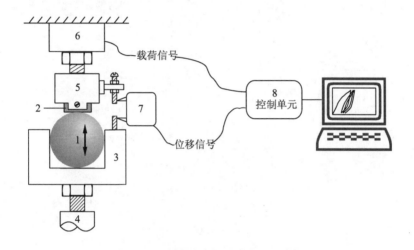

图 4-3　径向微动磨损试验装置示意图

1-球试样；2-平面试样；3-球试样夹具；4-液压系统活塞；5-平面试样夹具；6-载荷传感器；

7-外加位移传感器；8-控制单元

4.2.3　两种径向微动磨损试验的模拟

1.控制载荷模式

图 4-4(a)示出了控制载荷模式下径向微动磨损试验的载荷-位移幅值(F_n-D)曲线。首先，给接触副加一个预载(如加 10N 的力)，再对数据清零，以消除接触副之间的不良接触；然后，以一定的加载速度加载到最大值 F_{max}，再以相同的加载速度反向加载至最小载荷 F_{min}，加载-卸载的时间变化关系如图 4-5 所示。径向微动磨损的两个接触表面应始终保持接触状态，这样才能保证接触副不彼此脱离，否则将构成冲击微动磨损，所以 F_{min} 应选择＞0 的值。第 1 次循环以后，以设定的加载速度控制球试样在最大和最小载荷间循环运动，每次正向和反向加载完成 1 次径向微动磨损循环。计算机可以记录并输出所需的任一径向微动磨损循环的

F_n-D 曲线；记录并输出最大、最小位移，以及位移幅值随循环次数的变化曲线。该试验模式的接触副间相对运动速度用加载速度控制，加载速度范围为-6000～6000mm/min。

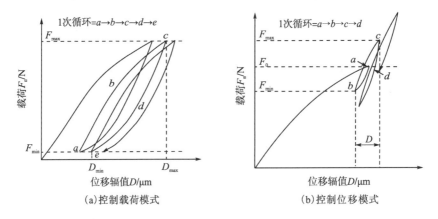

图 4-4　两种模式的径向微动磨损试验示意图

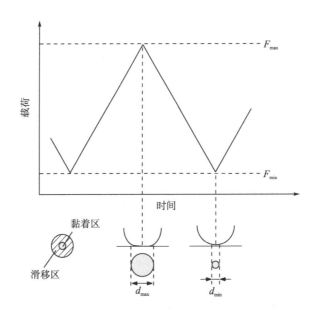

图 4-5　控制载荷模式下径向微动磨损的载荷随时间变化关系示意图

2.控制位移模式

控制位移模式的径向微动磨损试验(图 4-4(b))由控制试验系统的相对位移来实现。首先，仍然加一个预载，消除偶件间的不良接触；然后，为保证接触副间始终不脱离，需以一定的加载速度施加一个初始载荷 F_0；最后，以设定的变形位移幅值 ΔD 控制活塞的运动，使接触副间保持恒定的变形位移，每次循环完成 1 次加载和卸载。计算机可以记录并输出任一循环的载荷-位移幅值-循环周次三维图；记录并输出最大和最小载荷，以及载荷幅值随循环次数的变化曲线。接触副间的相对运动速度通过控制活塞的运动频率（f）来实现，频率的范围为 0.1～800.0Hz。图 4-6 示出了 TiN 涂层及其基体材料 45#钢在控制位移幅值为 3μm 时载荷幅值随循环周次的变化规律，可见随循环周次的增加，涂层表现出比基体材料更好的动态承载能力。

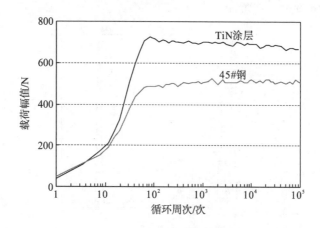

图 4-6　控制位移模式下 TiN 涂层和 45#钢载荷幅值随循环周次的变化关系
（F_0=400N，f=20Hz，ΔD=3μm）

可以根据需要，将两种模式的整个试验过程控制在弹性变形或弹塑性变形范围，关键取决于第 1 次循环载荷所加的值，对于如图 4-4 所示的加载情形，试验已处于弹塑性范围（加载-卸载曲线不能重合）。在径向微动磨损试验研究中，可根据所研究偶件的受力情况选择运行模式。如果外载恒幅，则必须进行控制载荷模式的试验；如果接触副的运动位移幅值恒定，则宜进行控制位移模式的试验；如果外载和相对位移均是变化的，则可以分别在两种模式下进行试验。本章中径向微动磨损的运行和损伤机理均在控制载荷模式下建立，选择的试验参数为：球试样主要为直径为 100mm 的 GCr15 滚珠轴承钢球（若不特殊指明，后面的研究中均为此种钢球）；加载速度为 12mm/min，最大载荷为 200N、400N 和 800N，最小载荷为 50N，循环周次为 1～3×10^6 次。

4.2.4　微滑产生的条件

由 4.1 节的力学分析知道，球/平面接触的一对接触副在承受交变径向载荷时，如果组成接触副的材料相同，则两接触体所产生的切向位移是相同的，相对滑动也就不可能发生。设计不同材料和相同材料组成的接触副，进行径向微动磨损试验，可以从试验角度验证微滑产生的条件。

通常认为微动损伤的重要标志是在钢试件上出现棕红色的氧化磨屑[13]，因此可以采用观察磨损表面并确定磨屑成分的方法来判断径向微动磨损是否发生。在光学显微镜下可以看到，虽然径向微动造成的损伤比切向微动要轻得多，但在 45#钢试样的损伤区均可观察到棕红色磨屑粉末(α-Fe_2O_3)，图 4-7 是磨屑的能量色散X 射线(energy dispersive X-ray，EDX)能谱图；但在 GCr15 钢/GCr15 钢试样接触表面却没有观察到这种现象。

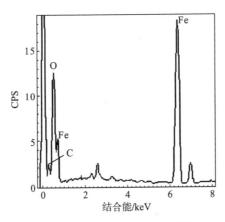

图 4-7　45#钢/GCr15 钢径向微动磨损磨屑的 EDX 能谱图

CPS 表示能谱计数率，越大表示数据结果可靠性越高

图 4-8 和图 4-9 分别显示了 45#钢和 GCr15 钢平面试样在径向微动磨损试验后的轮廓形貌。对 45#钢(图 4-8)，在 F_{max}=200N 时，变形处于弹性范围，在 10^5

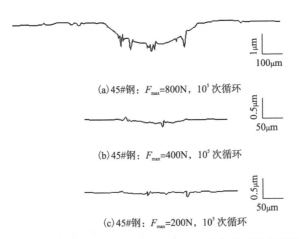

(a)45#钢：F_{max}=800N，10^5 次循环

(b)45#钢：F_{max}=400N，10^5 次循环

(c)45#钢：F_{max}=200N，10^5 次循环

图 4-8　45#钢不同载荷水平径向微动磨痕的表面轮廓形貌

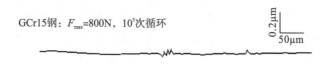

图 4-9　GCr15 钢径向微动磨痕的表面轮廓形貌

次循环后，可以看到轻微的损伤；载荷增加，损伤程度明显增加；在 $F_{max}=800N$ 时，表面轮廓呈现一个深坑(实际上，一次载荷循环后塑性变形就形成了一个永久变形坑)，并有明显的材料损失的特征。而对 GCr15 钢，由于其硬度很高，即使在 $F_{max}=800N$ 的高载荷水平下，试样表面仍没有观察到塑性变形形成的压坑，仅在接触中心有轻微的材料黏着(图 4-9)。

在扫描电子显微镜(SEM)下，45#钢试件表面可观察到微滑造成的变形痕迹和颗粒剥落，如图 4-10 所示。而在 GCr15 钢表面，除了观察到接触中心轻微的黏着，没有发现任何微滑的痕迹以及材料的损失。在切削陶瓷(Vita Mark Ⅱ型)/GCr15 钢接触副表面可观察到环状的微滑区，如图 4-11 所示，微滑区大小随径向载荷的增加而增加。

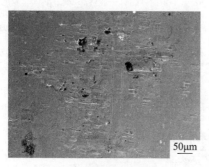
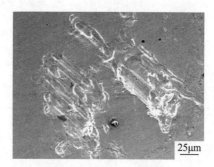

(a) $F_{max}=800N$，$N=10^5$ 次　　　　　　　　(b) $F_{max}=400N$，$N=10^5$ 次

图 4-10　45#钢径向微动磨痕的 SEM 形貌

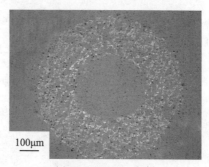

(a) $F_{max}=400N$，$N=10^4$ 次　　　　　　　　(b) $F_{max}=800N$，$N=10^4$ 次

图 4-11　切削陶瓷径向微动磨痕的光学显微镜形貌

综合上述分析可以确认：同种材料组成的 GCr15 钢/GCr15 钢接触，没有微滑发生，即不会产生径向微动损伤。所以，发生径向微动磨损的一个必要条件是：组成接触副的材料必须不同。

4.3 径向微动磨损的运行机理

为系统揭示径向微动磨损的运行行为，我们针对三种 Fe-C 合金(GCr15 钢、工业纯铁和 45#钢)和 2091Al-Li 合金进行了研究。四种材料的化学成分、处理工艺和主要力学性能分别如表 4-1～表 4-3 所示。因为相同材料的接触副不产生径向微动损伤，在此研究 GCr15 钢/GCr15 钢的径向微动磨损行为，主要是为了可以从不同材料硬度的角度，深化认识其他 Fe-C 合金的径向微动磨损行为。

表 4-1 GCr15 钢、工业纯铁、45#钢和 2091Al-Li 合金的化学成分(质量分数：%)

元素	Fe	C	Si	Mn	Ni	Cr	Mo	V	P	S
GCr15 钢	其余	0.95	0.25	0.30	0.20	1.50	0.05	0.15	≤0.02	≤0.02
工业纯铁	99.98	0.01	—	—	—	—	—	—	≤0.005	≤0.005
45#钢	其余	0.45	0.27	0.65	0.25	0.25	0.45	—	≤0.04	≤0.04

元素	Al	Li	Cu	Mg	Fe	Si	Ti
2091Al-Li 合金	其余	1.9	2.1	1.6	0.05	0.03	0.03

表 4-2 GCr15 钢、工业纯铁、45#钢和 2091Al-Li 合金的处理工艺

材料	处理工艺
GCr15 钢	淬火+低温回火：正火，球化退火，780℃加热，保温，油淬，200℃低温回火(GCr15 钢平面试样由线切割取自滚珠轴承钢球，这是标准的 GCr15 钢热处理工艺)
工业纯铁	扩散退火：1100℃加热，保温 12h，随炉缓冷
45#钢	调质处理(淬火+高温回火)：860℃加热，保温 0.5h，水淬，600℃加热，保温 1h，空冷
2091Al-Li 合金	T8x51：固溶、淬火、时效处理、冷变形加工

表 4-3 GCr15 钢、工业纯铁、45#钢和 2091Al-Li 合金的主要力学性能

材料	$\sigma_{0.2}$/MPa	σ_b/MPa	HV_{100g}	E/GPa	δ/%
GCr15 钢	1700	2000	870～890	210	很小
工业纯铁	60	80	80～90	210	35
45#钢	650	850	300～320	210	12
2091Al-Li 合金	430	520	160～180	71	14

4.3.1　载荷-位移幅值曲线

载荷-位移幅值曲线($F_n\text{-}D$ 曲线)是径向微动磨损试验获得的最基本的试验信息。图 4-12 分别示出了三种 Fe-C 合金在最大载荷为 200N、400N 和 800N 时第 1 次循环的 $F_n\text{-}D$ 曲线；图 4-13～图 4-15 则分别示出了径向微动磨损后续循环的 $F_n\text{-}D$ 曲线随循环周次的演变过程。

1.径向微动磨损 $F_n\text{-}D$ 曲线的描述

如图 4-12～图 4-15 所示，$F_n\text{-}D$ 曲线形状与外加载荷、加载历史和材料性质有关。但 $F_n\text{-}D$ 曲线明显呈现两种基本形式：第一种，加载与卸载曲线不重合，可以将其定义为径向微动磨损张开型 $F_n\text{-}D$ 曲线；第二种，加载与卸载曲线重合，可将其称作径向微动磨损闭合型 $F_n\text{-}D$ 曲线。其中对张开型 $F_n\text{-}D$ 曲线，又有两种情况：其一，卸载后，曲线并未回到开始点，有残余位移存在，说明有塑性变形发生；其二，卸载后，曲线回到开始点，但 $F_n\text{-}D$ 曲线明显呈现变形滞后特征，这可能是材料内滞后(弹性滞后或内耗)和弹塑性变形的结果。

对于这两类 $F_n\text{-}D$ 曲线，可以用能量方法来描述。若体系输入的总能量为 E_t，即外力 F_n 做的功 W_{Load}(可用图 4-16 的方框表示)，则有

$$E_t = W_{\text{Load}} = F_n \cdot \Delta D = F_n \cdot (D_{\max} - D_{\min}) \tag{4-10}$$

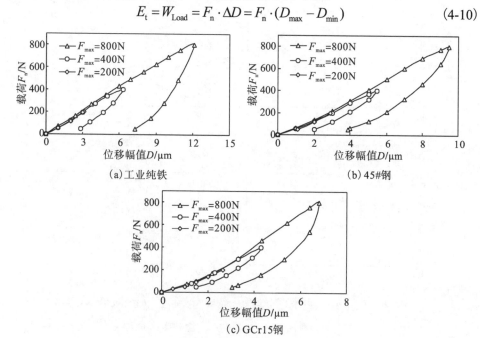

图 4-12　径向微动磨损第 1 次循环的 $F_n\text{-}D$ 曲线

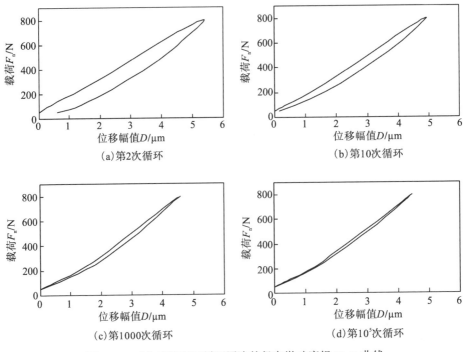

图 4-13 工业纯铁不同循环周次的径向微动磨损 F_n-D 曲线

(F_{max}=800N)

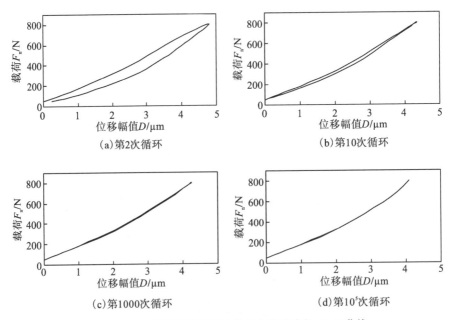

图 4-14 45#钢不同循环周次的径向微动磨损 F_n-D 曲线

(F_{max}=800N)

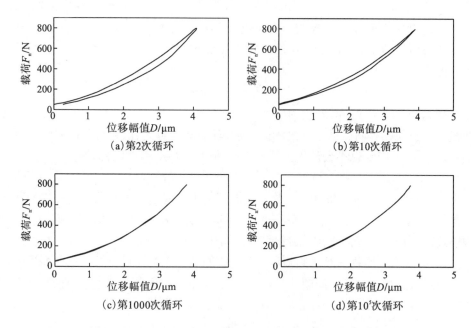

图 4-15 GCr15 钢不同循环周次的径向微动磨损 F_n-D 曲线

(F_{max}=800N)

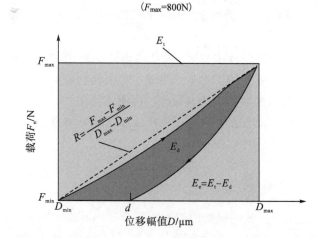

图 4-16 径向微动磨损的载荷-位移幅值曲线的能量关系示意图

弹性能 E_e 储藏在体系的接触协调状态中, 而在变形过程中耗散掉的能量可用耗散能 E_d 表示, 其值为 F_n-D 曲线下面的面积(图 4-16 中阴影部分), 因此弹性能 E_e 可表示为

$$E_e = E_t - E_d \tag{4-11}$$

显然, 在张开型 F_n-D 曲线下有明显的能量耗散发生, 而闭合型 F_n-D 曲线下 E_d 为 0, 其变形过程是纯弹性行为。

接触副的变形过程耗散能至少应包括系统塑性变形做的功 W_P、界面摩擦力(切向力)所做的功 W_f、微动产生的摩擦热 Q 和组织转变以及氧化等摩擦化学作用消耗的能量 E_c，即

$$E_d = W_P + W_f + Q + E_c \tag{4-12}$$

因为切向力较小，其产生的摩擦热非常微小，所以 Q 可忽略；而张开型 F_n-D 曲线主要出现在径向微动磨损过程的前期，而氧化等行为在磨屑形成后才观察到，因此忽略 E_c 的影响也不会产生大的偏差。所以，式(4-12)可简化为

$$E_d = W_P + W_f \tag{4-13}$$

从理论上分析，E_d 不可能为 0，就是说实际上不可能出现加载曲线与卸载曲线完全重合，但当无塑性变形存在($W_P=0$)，W_f 这项又很小时，从实际测量的 F_n-D 曲线中反映不出来，因此 F_n-D 曲线就表现为闭合型。

F_n-D 曲线中加载曲线的倾斜程度，反映的是平面试样材料抵抗压入变形的能力，即抵抗变形的刚度，如图 4-12～图 4-15 所示，加载曲线并不一定是直线，但可定义曲线的平均斜率为试样的平均变形刚度 R，即(图 4-16)

$$R = \frac{dF_n}{dD} = \frac{\Delta F_n}{\Delta D} = \frac{F_{max} - F_{min}}{D_{max} - D_{min}} \tag{4-14}$$

F_n-D 曲线中当存在非零的残余位移 δ (即 $\delta > 0$)时，其中：

$$\delta = d - D_{min} \tag{4-15}$$

说明塑性变形在载荷循环过程中发生，因此可定义 δ 为 F_n-D 曲线的张开位移。相同试验条件下，δ 越大发生的塑性变形量越大，表明材料的塑性越好。另外，对同种材料，变形进入塑性区后，增大载荷，可使 δ 值增大。

综上所述，对径向微动磨损的 F_n-D 曲线的特征，可以引入 E_d、R 和 δ 这三个参数进行描述。

2.第 1 次径向微动磨损循环

在试验中发现，径向微动磨损的第 1 次载荷循环反映出了重要的信息，另外，与后续循环不同的是：第 1 次加载载荷从 0 加至最大值，而后续循环载荷控制在最大与最小载荷之间。

1)载荷水平的影响

图 4-12 显示，对第 1 次循环，不论哪种材料，在低载荷水平($F_{max}=200N$)下 F_n-D 曲线的加载曲线都是重合的，显然此时变形处于弹性范围，只有当载荷增大到一定值后，材料才出现塑性变形，重合关系遭到破坏。图 4-17 示出了三种 Fe-C 合金分别在不同载荷水平下第 1 次循环的 F_n-D 曲线。由图 4-17(a)可见，在较低载荷($F_{max}=200N$)时，三种材料的 F_n-D 曲线基本重合，且均为闭合型曲线，说明

变形处于弹性范围。因为 Fe-C 合金的弹性模量取决于铁原子晶胞的晶格常数，三种合金的弹性模量基本相同，所以它们表现出基本一致的 $F_n\text{-}D$ 曲线。图 4-17(b) 和 (c) 的 $F_n\text{-}D$ 曲线显示在 $F_{max}=400N$ 和 $800N$ 下，$F_n\text{-}D$ 曲线均为张开型，显然材料的变形已进入弹塑性状态。对同种材料，载荷增加，张开型 $F_n\text{-}D$ 曲线的张开位移 δ 值增大，说明塑性变形量随之增大。此外，随载荷水平的提高，径向微动磨损循环的耗散能 E_d 也明显增加。

2) 不同材料的影响

如图 4-17(b) 和 (c) 所示，材料的塑性越好，δ 值越大。从图 4-12 还可发现，同种材料随外加载荷增加，其平均变形刚度 R 并没有明显变化，说明材料变形具有一致性。但对不同材料，R 值存在很大的差异(图 4-18)，并强烈地依赖于材料的硬度，例如，GCr15 钢的 R 值($F_{max}=800N$ 时)竟比工业纯铁高了约 60.3%。从图 4-17(b) 和 (c) 还可看出，径向微动磨损的 E_d 强烈依赖于材料性质，硬度越高则 E_d 越小。

与 45#钢相比(图 4-19)，2091Al-Li 合金有更好的塑性，表现出更大的 δ 和 E_d 值；而其平均变形刚度 R 值较小，并对应较大的位移，这是 2091Al-Li 合金的弹性模量只有 45#钢的 1/3 的反映。

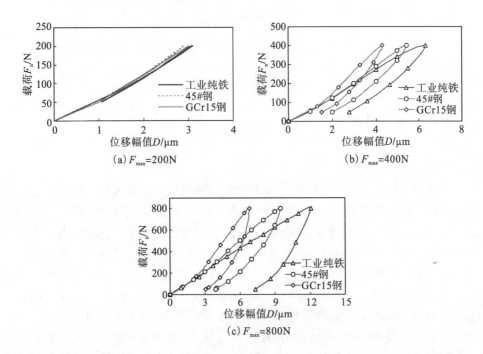

图 4-17 工业纯铁、45#钢和 GCr15 钢在不同载荷水平下第 1 次循环的 $F_n\text{-}D$ 曲线

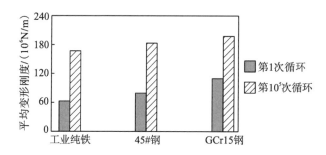

图 4-18 工业纯铁、45#钢和 GCr15 钢第 1 次和第 10^5 次循环的平均变形刚度对比

(F_{max}=800N)

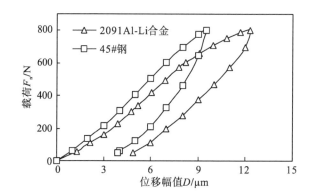

图 4-19 2091Al-Li 合金和 45#钢第 1 次径向微动磨损循环的 F_n-D 曲线

(F_{max}=800N)

3.后续径向微动磨损循环

1)F_n-D 曲线的变化过程

图 4-13 显示了工业纯铁的 F_n-D 曲线随循环周次的变化过程。由于工业纯铁塑性极好,其 F_n-D 曲线在 30 次循环后 δ 值变为 0,但到 10^5 次循环时仍为张开型。对于 45#钢,F_{max}=400N 和 800N 时的 F_n-D 曲线变化过程是十分相似的,均在几次循环后 δ 就变为 0(图 4-14),不同的是载荷越高,张开型曲线持续的时间越长,如 F_{max}=400N 时在 100 次循环后,加载和卸载曲线就已闭合;而 F_{max}=800N 时在 10^3 次循环时才基本闭合(图 4-14)。GCr15 钢硬度比 45#钢更高,对比图 4-14 和图 4-15 可见,同样载荷条件下较硬材料的张开型曲线持续的时间较短。

图 4-13~图 4-15 均显示随循环周次的增加,位移值不断减小,平均变形刚度 R 值提高。这说明在径向微动磨损过程中,由于反复的变形作用,材料内部组织和性能发生变化,加工硬化效应不断地累积。如图 4-18 和图 4-20 所示,在 10^5

次循环后 R 值比第 1 次循环有显著增加，其中工业纯铁和 45#钢分别提高了 142.2%、131.7%，而 GCr15 钢提高幅度相对较低，也提高了 78.9%。显然，材料硬度越低，塑性越好，R 值增加幅度也越大，这种平均变形刚度变化程度的差别是材料不同加工硬化能力(形变硬化指数)的反映。

2) 材料性质的影响

与 Fe-C 合金相比，2091Al-Li 合金的 F_n-D 曲线的变化规律也是一致的。对 2091Al-Li 合金，低载荷(F_{max}=200N)时 F_n-D 曲线始终处于闭合状态，位移变化很小，从第 2 次循环到第 3×10^5 次循环 R 值仅增加了约 7.8%；在 F_{max}=400N 的中载荷水平下，仅 10 次循环 F_n-D 曲线已转变为闭合型，比 45#钢的时间明显提前(45#钢约 100 次循环)，从第 2 次循环到第 3×10^5 次循环，R 值只增加了 4.1%；在高载荷水平(F_{max}=800N)下，如图 4-21 所示，塑性变形量明显增加，F_n-D 曲线由张开型转变为闭合型大约发生在第 100 次循环时，也比 Fe-C 合金闭合的时间早很多，第 2 次循环到第 3×10^5 次循环 R 值变化也不大，约增加了 5.9%(图 4-20)。

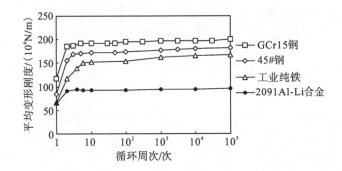

图 4-20　2091Al-Li 合金与 Fe-C 合金的径向微动磨损平均变形刚度的对比

(F_{max}=800N)

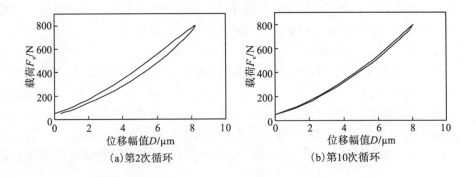

(a)第2次循环　　　　(b)第10次循环

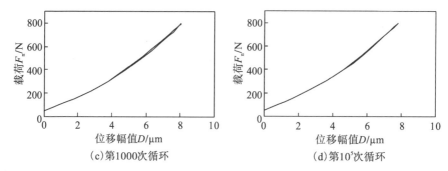

图 4-21 2091Al-Li 合金不同循环周次的径向微动磨损 F_n-D 曲线

(F_{max}=800N)

2091Al-Li 合金在 F_{max}=400N 时，第 3×10^5 次循环的 R 值比第 1 次循环增加了 14.6%，其中第 1 次循环的贡献约占了 86.7%；而 F_{max}=800N 时，R 值增加量为 36.7%，而第 1 次循环的贡献占了约 89.7%（图 4-20）。可见，2091Al-Li 合金塑性变形主要发生在径向微动磨损的前几次循环内（F_{max}=200N 时未发生塑性变形），后续循环内塑性变形并不显著。对比 Fe-C 合金（图 4-20），2091Al-Li 合金不仅因为弹性模量低，造成径向微动磨损的平均变形刚度小，而且明显平均变形刚度的增加率低，这反映了径向微动磨损的变形行为强烈地依赖于材料性质。

4.3.2 位移随循环周次的变化

三种 Fe-C 合金和 2091Al-Li 合金径向微动磨损的位移随循环周次的变化关系如图 4-22 所示。它们位移变化规律是基本相同的，如下所述。

(1) 随循环周次增加，位移逐渐降低。

(2) 位移迅速降低发生在试验的开始阶段，并主要发生在张开型 F_n-D 曲线 δ 值非零的阶段，而在后续阶段，位移的变化幅度较小。

(3) 位移降低总是趋于一个极限值，即安定极限（金属材料在压缩变形时，变形量会不断地增加，但增加速度逐渐减缓，并趋向一个极限值，通常称为安定极限；安定极限的存在表明材料塑性变形量不会无休止地增加）。

(4) 位移值所处的数值水平与外加载荷的高低成正比。

(5) 在 F_{max}=200N 时，四种材料径向微动磨损均在弹性范围内运行，第 1 次循环的位移值较高是因为控制的载荷为 0～200N，而后续循环控制的载荷为 50～200N。

(6) 位移幅值-循环周次曲线表现出的不同之处在于：在 F_{max}=400N 和 F_{max}=800N 时，由于不同材料塑性变形进行的程度不同，位移变化存在差异。

在径向微动磨损过程中，随循环周次的增加，材料组织和性能发生变化，且微动磨损行为可能在材料内部产生微裂纹，或产生材料的微观断裂和剥落等行为，但 F_n-D 曲线和位移随循环周次的变化曲线都没有表观反映。

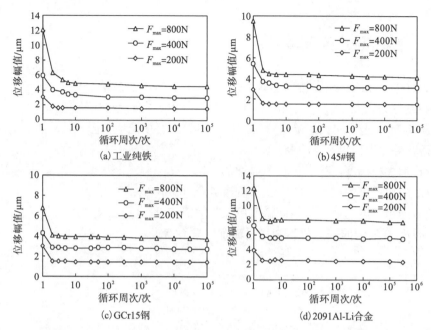

图 4-22　工业纯铁、45#钢、GCr15 钢和 2091Al-Li 合金径向微动磨损位移随循环周次的变化曲线

4.3.3　加载速度的影响

上述试验结果都是在加载速度为 12mm/min(V_1) 的条件下进行的，为考察加载速度的影响，对 45#钢和 GCr15 钢在 V_2=1.2mm/min 的加载速度下进行了对比试验。

图 4-23 示出了 45#钢和 GCr15 钢在两种不同加载速度下第 1 次循环的 F_n-D 曲线。加载速度减缓，位移明显增加，相应地 F_n-D 曲线的 E_d、R 和 δ 值均增大。对低加载速度，随循环周次的增加，位移降低，但其安定极限值略高于高加载速度时的数值。这种十分明显的材料响应行为是材料塑性变形受应变速率影响的结果。另外，由于本书所用的试验装置所测量的位移值是一个系统参数，反映的不仅仅是接触材料的变形位移，因此图 4-23 的结果也可能受系统行为的影响。

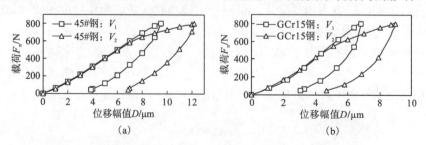

图 4-23　加载速度对径向微动磨损第 1 次循环 F_n-D 曲线的影响

(V_1=12mm/min，V_2=1.2mm/min，F_{max}=800N)

4.3.4   表面粗糙度的影响

对 2091Al-Li 合金机械抛光表面(Ra_1=0.04μm)、挤压型材原始表面(Ra_2=0.56μm)和粗砂纸打磨表面(Ra_3=3.65μm)进行了径向微动磨损试验对比研究。

图 4-24 示出了增大粗糙度对第 1 次径向微动磨损循环的影响，显然，变化十分显著，并表现出以下 4 个特征：

(1)增大粗糙度，径向位移明显增加；

(2)随粗糙度的增大，平均变形刚度 R 值明显降低；

(3)随粗糙度的增大，径向微动磨损耗散能 E_d 没有明显变化；

(4)F_n-D 曲线的张开位移 δ 随粗糙度增大而增大。

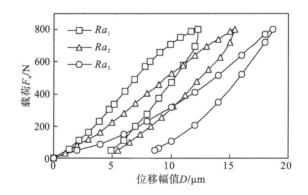

图 4-24   表面粗糙度对 2091Al-Li 合金径向微动磨损第 1 次循环 F_n-D 曲线的影响

(F_{max}=800N，Ra_1=0.04μm；Ra_2=0.56μm；Ra_3=3.65μm)

这些结果说明：粗糙度增加，微凸体增大，实际接触面积减少，结果单一微凸体承受了更大的载荷，不可恢复的永久变形量增大，微凸体塑性变形直接影响总的径向位移。E_d 没有明显变化，说明径向微动磨损随表面粗糙度的增加可以吸收更多的弹性能(见式(4-11))。

在径向微动磨损后续循环，不同粗糙度的试样有相同的变化趋势，即随循环周次的增加，径向位移减小，R 值增大，不同之处在于 F_n-D 曲线闭合的时间略有提前。从径向位移的数值变化来看(图 4-25)，三种粗糙度的位移变化趋势基本是平行的。

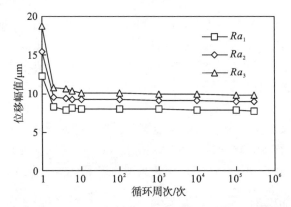

图 4-25 表面粗糙度对 2091Al-Li 合金径向微动磨损位移幅值-循环周次曲线的影响

$(F_{max}=800N)$

4.4 径向微动磨损的损伤机理

4.4.1 Fe-C 合金

对于 45#钢和工业纯铁,它们由于含碳量和热处理工艺的差别,在强度、硬度和塑性上都有很大差别,这将对径向微动损伤过程产生影响。

工业纯铁硬度低、塑性极好,但在 $F_{max}=200N$ 时,变形仍处于弹性范围,与45#钢一样损伤很轻微。在较高载荷($F_{max}=800N$)下,其径向微动损伤的微观形貌显示出明显的塑性变形和黏着的特征(图 4-26(a)),并有少量材料脱落(图 4-26(b)),电子能谱(EDX)分析表明,这些脱落的部分都是第二相所在的地方。颗粒的剥落,可能是因为铁素体中的第二相在塑性变形过程中充当了位错运动的障碍,并有可能在第二相周围出现位错堆积,形成应力集中,在反复的交变载荷作用下(即接触疲劳),在第二相周围形成微裂纹,然后由于界面切向力的作用而最终剥离基体。

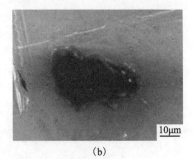

| (a) | (b) |

图 4-26 工业纯铁径向微动磨痕的 SEM 形貌

$(F_{max}=800N,\ N=3\times10^5\ 次)$

45#钢调质后综合力学性能较好，从图 4-27(a)可以看出，径向微动损伤中塑性变形和黏着的特征比工业纯铁弱，而颗粒剥落的倾向明显增加。比较不同载荷的损伤形貌可知，增大载荷水平，损伤随之显著增加；当循环周次从 10^5 次增加到 3×10^5 次时，损伤程度更严重。径向微动的损伤主要处于最大、最小接触半径之间的微滑区，与图 4-11 中陶瓷材料的损伤不同，金属材料的径向微动损伤区没有呈现典型的环状形貌，因为 Fe-C 合金等金属材料相对于陶瓷材料塑性较好，损伤形貌明显呈现出有选择性的颗粒剥落(图 4-27(a))；而且颗粒的剥落与第二相密切相关，如图 4-27(b)~(d)所示。图 4-28 是图 4-27(d)中 45#钢第二相颗粒的 EDX

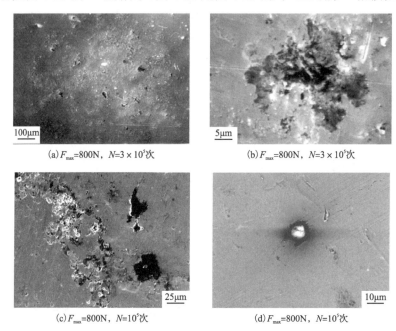

(a)F_{max}=800N，N=3×10^5次   (b)F_{max}=800N，N=3×10^5次

(c)F_{max}=800N，N=10^5次   (d)F_{max}=800N，N=10^5次

图 4-27 45#钢径向微动磨痕的 SEM 形貌

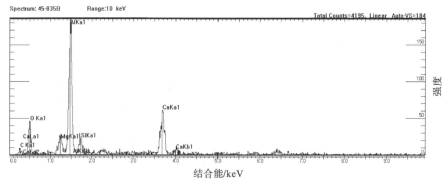

图 4-28 45#钢径向微动磨痕中第二相颗粒的 EDX 能谱

(F_{max}=800N，N=10^5 次)

能谱，结果表明颗粒的剥落发生在含 Ca、Al、Mg、Si 等元素的杂质相处。

对比工业纯铁和 45#钢的损伤形貌，可以看出以下几点。

(1) 当径向微动磨损一开始运行在塑性变形状态下 (较高的载荷水平) 时，在它们的微滑区均可观察到塑性变形和黏着的特征。

(2) 但从材料损失的角度，磨屑颗粒的剥落均反映出因接触疲劳造成的材料剥离，即颗粒剥落以剥层机制 (delamination mechanism)[14]进行。

(3) 径向微动损伤的低倍形貌显示，损伤区并不十分均匀，如图 4-27(a) 所示，而颗粒的剥落往往伴随着第二相的存在，这说明径向微动损伤主要发生在第二相和材料缺陷的区域。

4.4.2　2091Al-Li 合金

从微观观察来看，2091Al-Li 合金的径向微动损伤 (图 4-29) 与 Fe-C 合金有相同的特征。

(1) 在径向微动损伤区，可观察到微滑的痕迹。

(2) 随着载荷水平的增加，损伤程度增加。

(3) 在高载荷水平下，可观察到损伤区域有塑性变形和材料因黏着而撕裂的现象，如图 4-29(c) 所示。

(4) 基体中存在第二相和某些缺陷，在接触疲劳作用下，易产生应力集中，因此磨屑颗粒的形成均与此有关 (图 4-30 的 EDX 能谱分析表明，图 4-29(b) 中第二相为杂质颗粒)。所以 2091Al-Li 合金的径向微动损伤形貌也表现出"点状"分布的选择性剥落的特征。

(5) 颗粒剥落均以剥层机制进行。

图 4-29(d) 示出了材料脱落处的裂纹，其形态也说明，在反复的接触疲劳作用下，材料不断地加工硬化，强度、硬度增加，塑性、韧性降低，残余应力随之增加，当最终局部应力超过材料强度时，裂纹形成。对存在微裂纹的试样进行剖面分析，但未观察到宏观裂纹，可能裂纹尺寸还很小，但不排除在 10^6 次、10^7 次或更高的循环周次下，微动疲劳裂纹扩展的可能。Burton 等[8]曾报道，对 M10 钢经 7.5×10^8 次循环后进行试样剖面分析，在接触区边缘，即在切向力最大的位置上，观察到了裂纹，且与接触区表面呈近似 30°。

与 Fe-C 合金的径向微动损伤程度相比，2091Al-Li 合金的损伤更严重。说明钢/铝接触时，2091Al-Li 合金的材料损伤响应更明显，工程应用中应尽可能避免钢和 2091Al-Li 合金的直接接触。

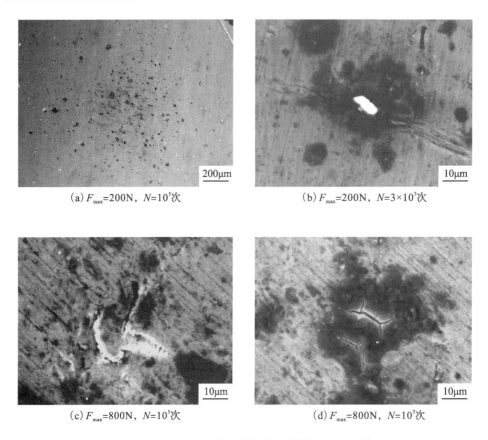

(a) F_{max}=200N，N=10⁵次　　　　　　　(b) F_{max}=200N，N=3×10⁵次

(c) F_{max}=800N，N=10⁵次　　　　　　　(d) F_{max}=800N，N=10⁵次

图 4-29　2091Al-Li 合金径向微动磨痕的 SEM 形貌

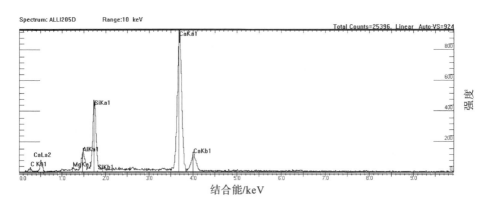

图 4-30　2091Al-Li 合金径向微动磨痕中第二相颗粒的 EDX 能谱

(F_{max}=200N，N=3×10⁵ 次)

参 考 文 献

［1］ Mohrbacher H, Celis J P, Roos J R. Laboratory testing of displacement and load induced fretting. Tribology International, 1995, 28(5): 269-278.

［2］ Huq M Z, Butaye C, Celis J P. An innovative system for fretting wear testing under oscillating normal force. Journal of Materials Research, 2000, 15(7): 1591-1599.

［3］ Waterhouse R B. Fretting wear//ASME Handbook, vol. 18, Friction, Lubrication and Wear Technology. Cleveland: ASM International, 1992: 242-256.

［4］ Waterhouse R B. 微动磨损和微动疲劳. 周仲荣, 等, 译. 成都: 西南交通大学出版社, 1999.

［5］ Levy G, Morri J. Impact fretting wear in CO_2-based environments. Wear, 1985, 106(1-3): 97-138.

［6］ Jones D H, Nehru A Y, Skinner J. The impact fretting wear of a nuclear reactor component. Wear, 1985, 106(1-3): 139-162.

［7］ Cha J H, Wambsganss M W, Jendrzejczyk J A. Experimental study on impact/fretting wear in heat exchanger tubes. Journal of Pressure Vessel Technology, 1987, 109(3): 265.

［8］ Burton R A, Tyler J C, Ku P M. Thermal effects in contact fatigue under oscillatory normal load. Journal of Basic Engineering, 1965, 6(4): 255-269.

［9］ Huq M Z, Celis J P. Fretting fatigue in alumina tested under oscillating normal load. Journal of the American Ceramic Society, 2002, 85(4): 986-988.

［10］ Johnson K L. Contact Mechanics. Cambridge: Cambridge University Press, 1985.

［11］ 黄炎. 工程弹性力学. 北京: 清华大学出版社, 1982.

［12］ 周惠久, 黄明志. 金属材料强度学. 北京: 科学出版社, 1989.

［13］ 李诗卓, 董祥林. 材料的冲蚀磨损与微动磨损. 北京: 机械工业出版社, 1987.

［14］ Suh N P. An overview of the delamination theory of wear. Wear, 1977, 44(1): 1-16.

第 5 章　扭动微动磨损

物体的基本受力方式按其变形特点可归纳为 5 种，即拉伸、压缩、弯曲、剪切和扭转(图 5-1)。作为一种基本的相对运动和受力方式，扭动摩擦现象大量存在于各种机械装备和器械中，如 4000 余年前苏美尔文明时期门斗、机车车辆转向架与车体联接的心盘的磨损，以及人体植入器械中的人工心脏瓣膜、髋关节和膝关节杵臼状接触区内发生的失效[1-3]。

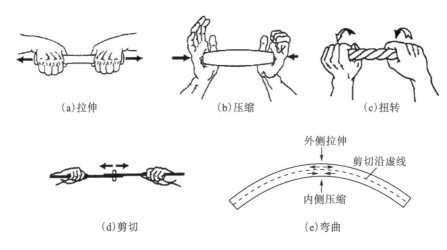

(a)拉伸　　　　　　　(b)压缩　　　　　　　(c)扭转

(d)剪切　　　　　　　(e)弯曲

外侧拉伸

剪切沿虚线

内侧压缩

图 5-1　物体的几种基本受力方式示意图

相关较早的研究主要在力学分析上，例如，在 1951 年，Lubkin 对材料相同的两个弹性球体在法向载荷作用下的扭转接触进行了解析分析[4]；1985 年，Johnson 提出了扭转加载条件下圆形、椭圆域应力分布[5]；随后 Jaeger 对较小扭力偶作用下，两种相互接触材料的接触状态处于黏着、完全滑移、部分滑移条件下的力学状态进行了进一步研究，完善了 Lubkin 方程；并应用增量接触法解释了倾斜和扭动接触的问题[6, 7]。值得注意的是，对于材料在扭动微动作用下的损伤研究不多。Briscoe 等主要针对聚甲基丙烯酸甲酯(PMMA)材料的扭转微动磨损行为进行了试验研究[8-11]。十余年来，作者所在课题组研制了新型扭动微动磨损试验设备，对不同材料的扭动微动磨损行为进行了系统研究[12-26]。近年来，王世博等开展了玻璃纤维增强铸型尼龙(MC 尼龙)复合材料在扭动和滑动摩擦条件下的研究，发现扭动状态下的摩擦系数高于滑动状态[27-29]；毛勇等研制了一种铁路心盘端面扭动摩擦磨损试验装置[30]；王时龙等模拟了多股弹簧工作过程中钢丝间发生的柱-柱接触扭动微动磨损行为[31, 32]。但总体而言，这些工作系统性还不够。

　　本章将从扭动微动磨损的试验模拟、运行行为和损伤机理等方面介绍相关研究进展，并重点探讨材料的差异对扭动微动磨损行为（运行行为和损伤机理）的影响。

5.1　扭动微动磨损的实现

5.1.1　扭动微动模式分析

　　如图 1-3 所示，对于球/平面接触模型，扭动微动磨损的实现关键在于：①球试样的回转中心线必须垂直于平面试样；②球试样的中心线与试验台的转动中心线必须重合。一旦回转中心线与平面试样之间的夹角（θ）偏离直角，相对运动关系将发生改变。如图 5-2 所示，在 θ 为 0° 和 90° 时，分别对应扭动和转动微动模式，而在 $\theta = 0° \sim 90°$ 的其他任意角度下，相对运动转变为两种基本微动模式的复合运动，成为扭转复合微动磨损[33]。

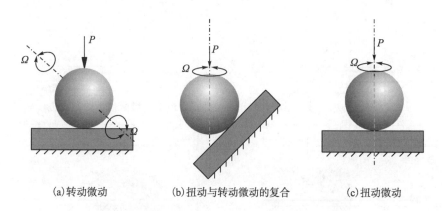

(a)转动微动　　　　　　(b)扭动与转动微动的复合　　　　　(c)扭动微动

图 5-2　扭动和转动微动模式的相互关系示意图

　　如图 5-3 所示，试验台在做往复相对转动时，球试样的中心线与试验台转动中心线的重合度（或称对中度）决定了摩擦的运动方式，即两回转轴之间的距离 Δl 决定了不同的摩擦磨损形式，其对应关系如下。

　　(1)当 $\Delta l = 0$ 时，即球试样的中心线 I 与试验台转动中心线 II 重合，理论上磨痕为一个圆形，此时达到了理想的扭动磨损接触状态(图 5-4)；当球试样的中心线

Ⅰ经过 θ 角位移旋转后，接触边缘的 R 点移动到 R' 点，相应地，接触半径方向上的点 P、Q 随之转移到 P'、Q'，且 P' 点和 Q' 点均在线 OR' 上。当 θ 较小，接触压力足够高时，接触中心的表面切应力低于摩擦应力，结果接触区呈现两部分特征，即接触中心发生黏着和接触边缘的相对微滑。这就是扭动微动磨损条件下的部分滑移状态，类似于切向微动磨损条件下 Mindlin 模型的部分滑移状态[34]。在一定法向载荷下，当 θ 足够大时，黏着区消失，接触界面发生整体滑移(除接触中心点外)，且随接触半径的增大，相对滑移量增大，扭动微动磨损进入完全滑移状态。

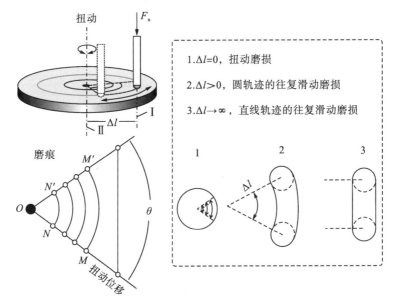

图 5-3　球试样中心线与试验台转动中心线重合度对摩擦磨损运动方式的影响

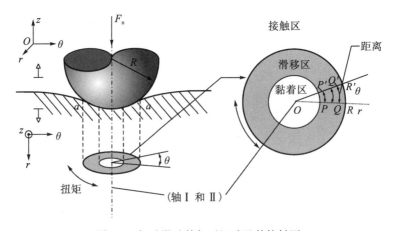

图 5-4　扭动微动的相对运动及其接触区

(2)当 $\Delta l > 0$ 时，球试样的中心线 I 与试验台转动中心线 II 不重合，磨痕演变为弧形磨损带。通常的销盘(pin-on-disk)试验，实际上就是 $\Delta l > 0$ 条件下的单向滑动。对于往复滑动，当角位移为 θ 时(图 5-3 中的第 2 种情况)，在运行一个循环周次后，产生弧长 $\overline{MM'} = \Delta lM \cdot \theta$ 的磨痕，这是不同于销盘滑动和扭动磨损试验的弧形往复滑动；Δl 越大，则发生的实际滑动行程越大。

(3)当 $\Delta l = \infty$ 时，实际上是 $\Delta l > 0$ 的特殊情况，圆弧形磨痕转变为直线状(即线段 NN')，此时对应的就是通常所说的往复滑动试验，如图 5-3 所示。

综上所述，使球试样的中心线与试验台的回转中心线重合，并保证平面试样的法向与试验台的回转中心线平行是实现扭动微动磨损的关键。

5.1.2　扭动微动磨损的试验装置

扭动微动磨损试验装置必须由球与平面试样的夹持系统、产生相对运动的回转装置和相关的测量与控制单元组成。基于超低速高精度回转台和六维传感器(测量 x、y、z 方向的力与力矩共 6 个参量)，通过对夹具的设计和编制控制程序，研制了一种新型扭动摩擦磨损试验装置，在较小的相对转角下可实现球/平面接触的扭动微动磨损。

该试验装置的结构如图 5-5 所示，可分为定位与法向载荷施加机构、回转运动机构、试样夹持系统、载荷测量系统和控制单元 5 个部分。各部分功能如下。

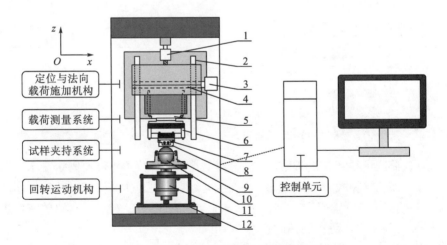

图 5-5　扭动微动磨损试验装置示意图

1-垂向电机；2-垂向导轨；3-水平电机；4-水平导轨；5-六维力/扭矩传感器；6-缓冲块；7-上试样夹具；8-上试样；9-下试样夹具；10-下试样(球)；11-高精度低速电机；12-固定装置

（1）定位与法向载荷施加机构：由垂向电机 1、水平电机 3 及导轨 2 和 4 组成，实现试验装置上试样系统在水平、垂直方向（x-y-z 方向）的三个自由度的运动。该系统可实现 z 向的法向载荷施加，提供恒力模式和线性模式加载，法向载荷由闭环伺服机械系统精确控制（加载范围为 0.5mN～580N）；在 x-y 方向上水平移动，可方便地确定试验点位置。

（2）回转运动机构：该部分由高精度低速电机 11 及其固定装置 12 组成。

（3）试样夹持系统：通过上试样夹具 7 和下试样夹具 9 使上试样 8 和下试样 10 呈球/平面接触。该系统的难度在于保持平面试样的法向与回转运动机构的轴线平行。马达旋转中心线与球试样中心线的对中通过夹具系统来实现，有两种对中方法来实现对中（图 5-6）。第一种平面试样在上，球试样在下，该方式由于球试样底座弧面和中心定位孔能较好地定位加工，所得到的对中精度较高（$\Delta l \leqslant 10\mu m$，因为通常的接触区在几百微米，这个对中精度是可以接受的）；第二种平面试样在下，球试样在上，试验中需通过 x-y 方向的水平移动电机的驱动来实现球试样中心线 I 的移动，但由于电机的步进间隙较大，对中精度低（通常在 $\Delta l \geqslant 30\mu m$ 的水平），使得对中效果不佳。因此，本书采用第一种方式进行对中。

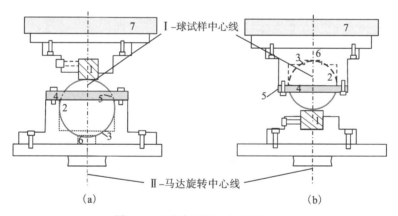

图 5-6　两种夹具的对中方式对比

1-平面试样；2-球试样；3-底座弧面；4-压盖；5-压盖弧面；6-中心定位孔；7-运动装置

（4）载荷测量系统：将高精度 ATI 六维力/扭矩（F/T）传感器 5 固定在水平运动机构上，并通过缓冲块 6 与平面试样相连。六维力/扭矩传感器能对接触界面产生的载荷和扭矩的 6 个分量（F_x，F_y，F_z，T_x，T_y，T_z）随时间（循环次数）的变化进行实时记录，数据采样频率为 20kHz。

（5）控制单元：通过计算机进行闭环控制，控制单元对试验中所产生的数据进行实时记录，由 ATI-DAQ 软件对试验结果进行分析。

扭动微动磨损试验装置的试验参数范围如下。

（1）法向载荷（F_n）：0.5mN～580N。

(2)横向及纵向两个方向的切向力(f)测量：1～180N，测量精度为 0.1N。

(3)角位移幅值(θ)：0.01°～360°，角位移测量精度为 0.01°/s。

(4)角速度(ω)：0.01°/s～5°/s。

(5)摩擦扭矩(T)：1～10^4N·mm，测量精度为 1N·mm。

5.1.3　扭动微动的实现及相关参数

扭动微动磨损的试验步骤见图 5-7。试样安装好之后，设置试验程序并设定相关参数(ω-角速度，θ-角位移幅值，F_n-法向载荷，t-试验时间)，开始试验。上试样以一定的加载速度加载，六维力/扭矩传感器将加载信息反馈至控制系统，直到加载至设定载荷使得两接触副接触；电机按设定转速沿顺(逆)时针以角速度ω旋转，下试样随之以相同转速旋转，电机内置传感器将角位移信息反馈至控制系统，运动至设定扭转角位移幅值θ后电机开始转向，下试样开始沿逆(顺)时针旋转θ角度，此为一个循环周次；在完成第一次循环后，接触副在 0～θ 间循环运动，完成后续循环，直至设置的时间(循环周次)。试验结束后，数据处理系统能输出任意循环次数下的扭矩-角位移幅值(T-θ)曲线并得到扭矩-角位移幅值-循环次数(T-θ-N)曲线。

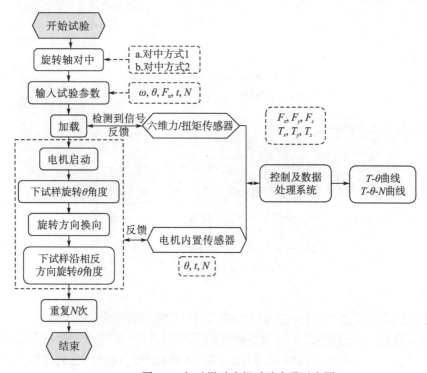

图 5-7　扭动微动磨损试验步骤示意图

大量不同工况下的微动磨损试验结果表明，切向微动接触表面间的摩擦力与位移幅值(F_t-D)的变化曲线是微动试验中最基本和最重要的信息（见第 3 章），位移幅值和法向载荷是决定微动磨损行为的重要参量。角位移幅值和法向载荷则是影响扭动微动磨损的重要参量。扭动微动的摩擦磨损行为与旋转角度即角位移幅值的变化关系密切相关。与切向微动磨损不同，扭动微动磨损的特点是接触面上会产生摩擦扭矩(T)。以发生完全滑移时的扭动微动磨损为例，经过相同旋转角后，接触区同一半径不同位置上的摩擦系数，以及产生的相对位移并不相同。对于整个接触区域来说，摩擦扭矩是整个接触面上摩擦过程中的各点的摩擦系数在接触半径上积分的结果。

扭动微动磨损试验后，试验机输出的部分数据见图 5-8。根据试验系统记录的T_x、T_z数据，可提取摩擦扭矩和角位移幅值随时间（循环周次）变化的对应关系，如图 5-9 所示。可见，随着扭动微动磨损试验的进行，球试样与平面试样间发生

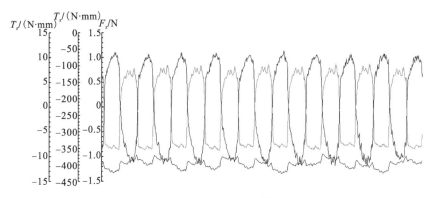

图 5-8   试验机输出的数据

z 方向为竖直方向

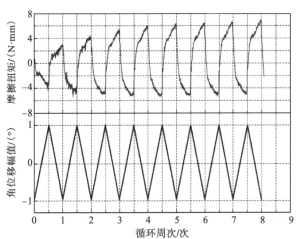

图 5-9   摩擦扭矩与角位移幅值随循环周次的变化曲线

（LZ50/Φ10mm-GCr15，F_n=50N，θ=1°）

往复扭动微动摩擦，摩擦扭矩 T 和扭转角位移幅值 θ 均呈现出对应良好的周期性变化。这是扭动微动磨损试验获得的最基本信息。

图 5-10 示出了 LZ50 钢在不同扭动角位移幅值下垂直方向扭矩 T_z 随循环周次的变化曲线，可见：随着扭动微动的进行，扭矩曲线呈现出周期性变化特征；当扭动角位移幅值从 3° 增加到 10° 和 15° 时，第 1 次循环的摩擦扭矩值分别为 23.8N·mm、24.1N·mm 和 37.6N·mm，表现出不同试验条件下的不同界面摩擦行为；随着循环次数的增加，摩擦扭矩逐渐增加，且扭矩的变化规律随试验条件的不同而不同，进一步反映了不同试验参数下的不同摩擦行为。因此，所研制的试验装置能够表征扭动微动界面的摩擦学特性。

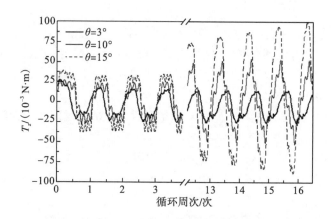

图 5-10　LZ50 钢在不同扭动角位移幅值下摩擦扭矩随循环周次的变化关系规律

(LZ50/Φ10mm-GCr15，F_n=10N)

5.2　扭动微动磨损的运行行为

5.2.1　摩擦扭矩-角位移幅值曲线

摩擦扭矩-角位移幅值(T-θ)曲线记录了扭动微动磨损每循环周次的摩擦扭矩(T)随角位移幅值(θ)变化的情形(图 5-11(a))，与切向微动磨损相似，该动力学曲线能够较准确和直观地表征扭动微动磨损的摩擦特性。如图 5-11(a)所示，当 θ=0.25° 时，对于第 1 次循环，T-θ 曲线在 100N 时为直线型，在 50N 和 10N 时为椭圆型；当 θ=5° 时，T-θ 曲线在 100N、50N 和 10N 时都呈现出平行四边形型。经分析和归纳，扭动微动条件下，T-θ 曲线仅有三种基本类型，即直线型、椭圆型和平行四边形型(这与切向微动磨损一致)。

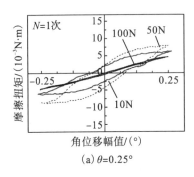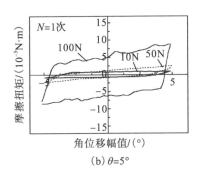

(a) $\theta=0.25°$　　　　　　　(b) $\theta=5°$

图 5-11　扭动微动条件不同载荷下的摩擦扭矩-角位移幅值(T-θ)曲线

(LZ50/Φ40mm-GCr15)

(1)直线型：主要发生在极小角位移幅值或较大的法向压力条件下，两接触表面间的相对微滑由材料的弹性变形协调，其接触工况与切向微动磨损条件下 Mindlin 模型的描述一致，此时接触中心处于黏着状态，微滑发生在接触边缘，微动运行于部分滑移状态。

(2)椭圆型：通常发生在一定循环次数条件下，摩擦表面通常伴随着强烈的塑性变形，但微动仍处于部分滑移状态。

(3)平行四边形型：主要发生在接触表面发生完全滑移的情况下，黏着区消失。

这些 T-θ 曲线的变化规律与切向微动磨损中的 F_t-D 曲线一致，这说明可以借鉴切向微动磨损的微动图理论来研究扭动微动磨损。由上述分析可见，T-θ 曲线可以反映扭动微动磨损过程中接触界面的变形行为和运行规律，这对揭示扭动微动磨损的运行行为和损伤机理有重要意义。

5.2.2　摩擦扭矩时变曲线

根据图 5-4 所示的扭动微动接触模型，半径方向上的各点在扭动微动磨损过程中均会产生切向的摩擦力，但各点的摩擦力大小不同，从扭动微动磨损试验机上获得的基本信息就是接触界面的摩擦扭矩。类似于其他微动模式摩擦过程所产生的摩擦力，在扭动微动磨损过程中，摩擦扭矩是反映接触界面间摩擦行为的一个十分重要的参量。

图 5-12 示出了 LZ50 钢在 F_n=50N 时不同角位移幅值下的摩擦扭矩随循环周次的变化曲线。可见，当角位移幅值较低(θ=0.1°)时，自始至终，扭矩值一直保持在较低水平，这可能是因为在低角位移幅值时，接触区一直处于黏着状态，界面发生的相对运动较小，导致摩擦扭矩也较小。

当角位移幅值增加到 0.25°时，扭动微动磨损运行于混合区，摩擦扭矩值呈现不断上升的特征(图 5-12)，并在 1000 次循环后未见达到稳定。在混合区，增大角位移幅值（θ =0.5° 和 1°），可见摩擦扭矩时变曲线呈现一种 4 阶段特征。图 5-13 和图 5-14(c)示出了在 θ =1.5° 和 F_n=50N 时的摩擦扭矩时变曲线，它类似于往复滑动的摩擦磨损试验的摩擦系数演变的规律，四个阶段可依次归纳如下。

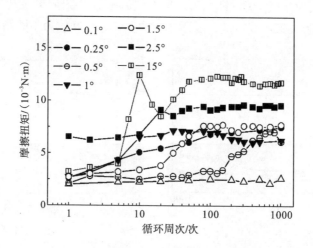

图 5-12　不同角位移幅值下摩擦扭矩随循环周次的变化曲线

（LZ50/GCr15，F_n=50N）

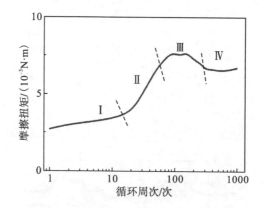

图 5-13　摩擦扭矩随循环周次的变化曲线

（LZ50/GCr15，F_n=50N，θ =1.5°）

（1）初始阶段，即跑合阶段。在试验初期由于接触表面的污染膜和吸附膜的保护作用，摩擦扭矩较低，该阶段通常在几次至几十次循环内。微动过程中之所以存在跑合阶段是由于任何金属部件表面都由一层薄的氧化膜、污染膜和吸附膜覆盖，其厚度为几埃或几十埃，当两金属发生接触时，金属表面被表面膜所分隔，实际上金属之间没有发生直接接触，两表面之间黏着力极弱，界面摩擦系数(扭矩)较低。

(2)摩擦扭矩上升阶段，即二体作用阶段。表面膜破裂，材料发生直接接触，实际接触面积增大，两接触体直接接触，由于表面黏着、犁削和塑性变形等的共同作用，摩擦扭矩迅速增加。

(3)摩擦扭矩峰值阶段，即二体作用向三体作用转变阶段。随着接触副发生运动，金属表面膜被破坏或挤破，表面之间的黏着导致摩擦力不断增加，微动过程

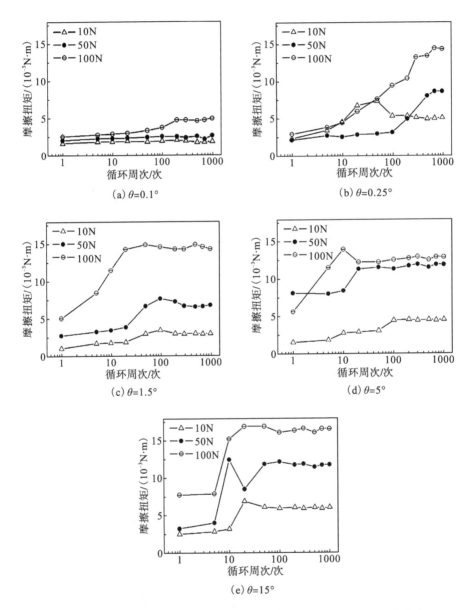

图 5-14　不同法向载荷和角位移幅值下的扭动微动磨损摩擦扭矩时变曲线

(LZ50/GCr15)

中的初始阶段结束；接下来，持续的表面加工硬化和材料表层组织发生转变(微动白层形成)，材料表面脆性增加，导致颗粒的剥落，形成磨屑(即第三体)，由于第三体层参与承载，同时具有类似滚珠轴承或固体润滑剂的作用，因此摩擦扭矩在达到峰值后逐渐回落。

(4)摩擦扭矩稳定阶段。经过一定次数的循环后，扭矩值处于相对稳定阶段，磨屑(第三体)的产生和从接触界面的溢出保持动态平衡，因此摩擦扭矩趋于稳定。

随角位移幅值的增加($\theta > 3°$)，扭动微动磨损进入滑移区(图 5-14)，4 阶段的摩擦扭矩时变曲线特征在减弱，阶段Ⅲ和Ⅳ的分界已不明显，可能与接触界面的快速磨损有关，第三体的减摩作用降低。在 $\theta = 15°$ 的曲线上约 20 次循环处出现一个低谷，这可能与材料早期大块剥落有关。随角位移幅值的增加，摩擦扭矩初始阶段所需循环次数明显减少，阶段Ⅲ和Ⅳ提前出现，这是由于大角位移幅值条件下，接触界面产生的相对位移增大，表面膜容易被快速去除，摩擦扭矩迅速上升。另外，也可能在如此大的相对角位移幅值条件下，微动磨损正向滑动磨损过渡，即摩擦界面处于磨损机制的转变过渡区。

图 5-14 示出了不同角位移幅值下法向载荷对摩擦扭矩时变曲线的影响。可见，随着法向载荷的增加，稳定阶段的摩擦扭矩值增加，即 $T_{稳,100N} > T_{稳,50N} > T_{稳,10N}$。例如，当 $\theta = 0.25°$ 时(图 5-14(b))，法向载荷为 10N、50N 和 100N 的稳定阶段摩擦扭矩值分别为 5.02N·mm、8.70N·mm 和 14.92N·mm。另外，随角位移幅值增加，相同法向载荷下的稳定阶段摩擦扭矩值也增大。

由于摩擦扭矩是接触表面摩擦力和力臂的乘积，所以摩擦扭矩的大小与接触区尺寸(接触区半径)和摩擦力有关。法向载荷增大，尽管摩擦系数 μ 降低，但是，法向载荷增加，界面间的摩擦力 $f = \mu \cdot F_n$ 仍然可能增加；同时，接触面积也随法向载荷的增加而增大，因此摩擦扭矩随法向载荷增加而增大。为消除法向载荷的影响，可仿照摩擦系数的定义方法，定义一个扭动模式下的当量摩擦系数 C：

$$C = T_x / (F_n \cdot R^*) \tag{5-1}$$

式中，T_x 是 x 方向上测量到的摩擦扭矩；R^* 是摩擦扭矩的当量力臂。因此，扭动摩擦界面 x 方向上的平均摩擦力 F_x 可表示为

$$F_x = T_x / R^* \tag{5-2}$$

所以，当量摩擦系数 C 可以理解为 x 方向上的平均摩擦系数。要获得 C，关键是获得 R^*，从图 5-4 所示的扭动微动接触模型可知，R^* 是接触区半径的函数。如果假设某一时刻在半径方向上的摩擦系数均相等，R^* 就对于接触区半径 R。式(5-1)就可简化为

$$C = T_x / (F_n \cdot R) \tag{5-3}$$

利用所引入的当量摩擦系数 C，可消除图 5-14 中法向载荷和接触区尺寸的影响，结果如图 5-15 所示。可以发现，增加法向载荷，扭动微动界面的当量摩擦系

数呈下降的趋势，这与常规的摩擦学试验获得的结果一致，即增加法向载荷，摩擦系数降低。

　　这说明引入当量摩擦系数的概念，可以解决摩擦界面扭矩数值不在相同量级上无法对比的难题，这实际上是消除了载荷水平不同和不同法向载荷导致接触区尺寸不同所造成的影响。在计算图 5-15 的数据的过程中，R^*的选取简单化了，R取值与R^*之间存在一个系数 A，这个系数若能准确获取，那么当量摩擦系数就有

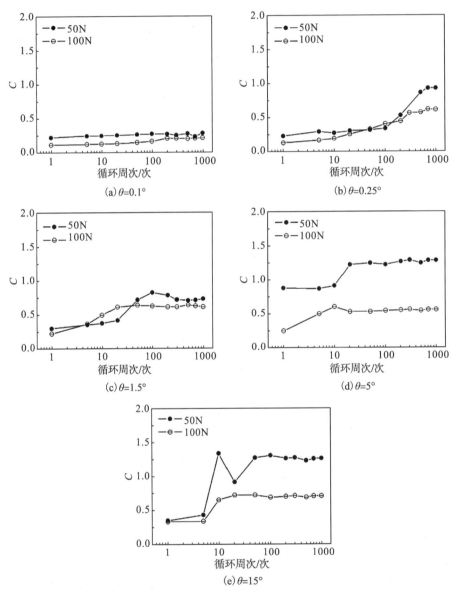

图 5-15　不同法向载荷和角位移幅值下的扭动微动磨损当量摩擦系数曲线

(LZ50/GCr15，R 为 Hertz 接触半径)

实际的物理意义。该系数 A 实际上将图 5-14 的曲线在纵坐标方向放大或缩小了 A 倍，虽然图 5-15 中 C 的数值缺乏实际意义，但不同参数之间进行横向对比是有意义的。图 5-15 的计算中默认了 R 等于弹性接触条件下的 Hertz 接触半径，但实际扭动微动磨损过程中，接触界面必然不可避免地发生塑性变形，因此实际的 R 值大于 Hertz 接触半径，这就导致图 5-15 所得的数值略微偏大，但这种差别不至于导致 C 值曲线的改变。

5.2.3　摩擦耗散能的变化

扭动微动模式下的摩擦耗散能 E 在单次循环内的摩擦功可以定义为[35]

$$E = \int_{-\theta}^{\theta} T \cdot \theta(\theta) \mathrm{d}\theta \tag{5-4}$$

对于弹性协调的直线型 T-θ 曲线，摩擦耗散的能量极低，可以近似认为是零；对于塑性变形参与的椭圆型部分滑移 T-θ 曲线和发生完全滑移的平行四边形型 T-θ 曲线，其扭动微动摩擦耗散等于该循环 T-θ 曲线所围成的面积(图 5-16 中深色阴影面积)。

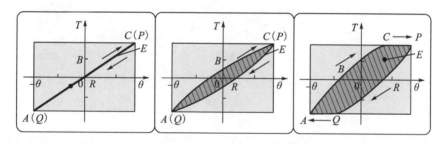

图 5-16　扭动微动模式下的摩擦耗散能示意图

整个扭动微动磨损过程产生的摩擦功为所有单次循环所生成摩擦耗散能的和，可以表示为

$$E_{\mathrm{T}} = \sum_{i=1}^{n} E_i = \sum_{i=1}^{n} \int_{-\theta}^{\theta} T \cdot \theta \mathrm{d}\theta \tag{5-5}$$

对 T-θ 曲线进行积分即可算出单次循环的摩擦耗散能。LZ50 钢在不同角位移幅值条件下的摩擦耗散能随循环周次的变化曲线见图 5-17。

可见，在部分滑移区，摩擦耗散能处于较低水平，与摩擦扭矩的变化趋势类似，摩擦耗散能始终变化不大；在混合区和滑移区，摩擦耗散能曲线呈现 3 阶段特征：①初始阶段，摩擦扭矩在起始阶段的摩擦耗散能值较低，该阶段保持十到数十次，与摩擦扭矩曲线的跑合阶段对应很好；②上升阶段，在表面膜破坏后，发生金属/金属的二体接触，摩擦耗散能逐渐上升，与摩擦扭矩同时达到最大值；

③稳定阶段，摩擦耗散能在爬升至峰值后保持在很窄的范围内波动，但未见摩擦扭矩曲线中的下降阶段，说明微动过程中能量耗散不仅仅包括变形响应，还可能包括摩擦振动、热和噪声等。摩擦耗散能强烈依赖于角位移幅值，随着角位移幅值的增加，达到稳定阶段所需的循环周次逐渐减少。这与相同工况摩擦扭矩的演变规律具有一致性。

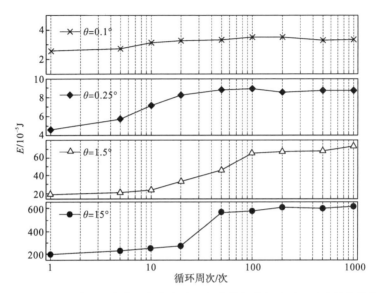

图 5-17　LZ50 钢在不同角位移幅值条件下的摩擦耗散能随循环周次的变化曲线

(F_n=50N)

角位移幅值越大，摩擦耗散能的量级越大。摩擦耗散能的稳定值随角位移幅值的变化关系如图 5-18 所示，采用对数坐标，可发现摩擦耗散能与角位移幅值近似呈直线关系。这就说明式(5-5)中的扭矩 T 是与角度无关的参量，即 $T=T(r)$。

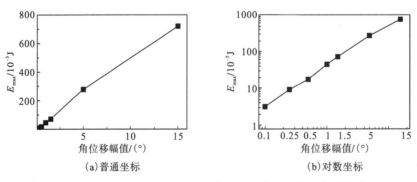

图 5-18　扭动微动磨损的摩擦耗散能随角位移幅值的变化关系

(LZ50/GCr15, F_n=50N)

5.2.4 接触刚度的变化

材料或构件承受外力时抵抗变形的能力称为刚度。常用单位变形所需的力或力矩来表示，刚度的大小取决于零件的几何形状和材料的弹性模量。简单结构或构件在外载作用下变形，可近似地表示为

$$\Delta = Q / B \tag{5-6}$$

式中，Δ 为结构或构件的变形；Q 为载荷效应；B 为结构或构件的刚度。由此可见，刚度越大，变形越小。

在切向和径向微动磨损研究中，$F\text{-}D$ 曲线的倾斜程度反映了平面试样材料抵抗变形的能力，即抵抗变形的接触刚度 R[36]：

$$R = \frac{\mathrm{d}F}{\mathrm{d}D} = \frac{F_{\max} - F_{\min}}{D_{\max} - D_{\min}} \tag{5-7}$$

对于扭动微动，相应地，也可以引入一个参数来表征扭动接触条件下材料抵抗扭动变形的接触刚度。从上述 $T\text{-}\theta$ 曲线的演变可知，$T\text{-}\theta$ 曲线是反映扭动微动的基本动力学曲线，因此其加载与卸载段(图 5-19)的斜率反映了平面试样抵抗扭动的能力，因此扭动微动条件下的平均接触刚度 k 表示为

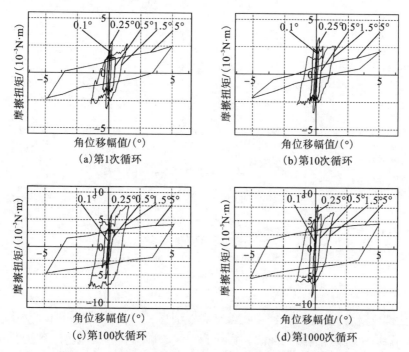

图 5-19 不同角位移幅值下不同循环周次变形刚度的对比

(LZ50/GCr15，F_n=50N)

$$k = \frac{\Delta T}{\Delta \theta} \tag{5-8}$$

图 5-19 反映了不同角位移幅值下的 T-θ 曲线，可以看出，在相同循环时，随着角位移幅值的增大，其接触刚度逐渐减小，即 LZ50 钢的接触刚度随角位移幅值的增加而减小。扭动微动磨损条件下的平均接触刚度 k 随着角位移幅值的增大逐渐减小；随循环周次的增加，接触刚度逐渐增大，这是材料加工硬化的结果。

5.2.5 扭动微动磨损的区域特性

研究发现扭动微动磨损具有明显的时变性，伴随着 T-θ 曲线的变化，还可能发生相对运动状态的变化。在大量不同材料的扭动微动磨损试验基础上，参照切向微动磨损的微动图理论，可以定义扭动微动的三个区域，这三个区域类似于切向微动磨损。如图 5-20 所示，扭动微动磨损的 T-θ 曲线可能存在不同的转变类型，对应三种微动运行区域。

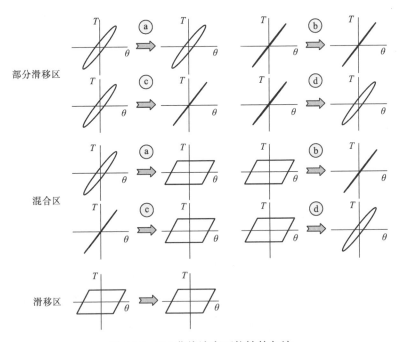

图 5-20 T-θ 曲线演变可能性的归纳

(1) 部分滑移区：T-θ 曲线在直线型和椭圆型之间转变，但相对运动状态始终是部分滑移，可能有椭圆到椭圆、直线到直线、椭圆到直线或直线到椭圆 4 种演变方式。接触界面在低角位移幅值时的相对运动完全由弹性变形承担，而增加角位移幅值，接触界面产生塑性变形，T-θ 曲线表现出不能闭合的椭圆型。

（2）混合区：对于扭动微动磨损，混合区的基本特征是动力学曲线的形状在微动磨损过程中发生改变，尤其关键的是相对运动状态在部分滑移和完全滑移之间转变，如图 5-20 所示，椭圆型或直线型 T-θ 曲线转变为平行四边形型，或平行四边形型 T-θ 曲线转变为直线型或椭圆型。

（3）滑移区：该区的基本条件是 T-θ 曲线始终属于平行四边形型，即接触界面的相对运动始终处于完全滑移状态。

大量试验表明，扭动微动磨损的运行区域特性具有与切向微动磨损不一样的特殊性，图 5-20 所示的判断方法存在局限性。

在如图 5-21 所示的试验条件下，LZ50 钢在 1000 次循环内均保持平行四边形型 T-θ 曲线，按图 5-20 判断，微动应属于滑移区，但图 5-22 所示的磨痕形貌却显示，在扭动微动的大多数循环内，接触中心处于黏着（无相对滑移，对应无磨损）区，磨损发生在边缘的微滑区，只是随着循环周次的增加，黏着区逐渐减小。因此，在扭动微动磨损条件下，光靠图 5-20 所示的 T-θ 曲线形状的改变来进行判断会产生较大误差，必须结合磨痕形貌的演变过程来判断。大量研究发现，如图 5-23 所示，在扭动微动磨损的部分滑移区，磨损区和黏着区的大小不随循环周次改变，接触区始终处于部分滑移状态；在混合区，磨痕显现出黏着区随着循环周次的增加而逐渐减小的现象，甚至黏着区完全消失；而滑移区在试验的初期，损伤就覆盖整个接触区了。

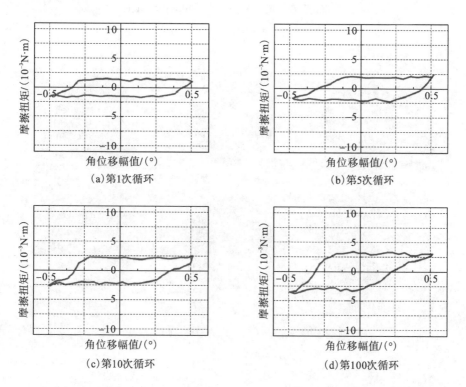

（a）第1次循环　（b）第5次循环　（c）第10次循环　（d）第100次循环

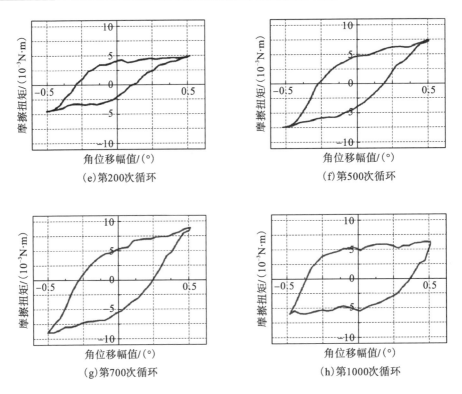

图 5-21　LZ50 钢在不同循环周次下的扭动微动磨损 T-θ 曲线

(F_n=50N，θ=0.5°)

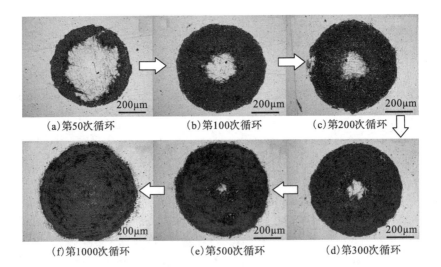

图 5-22　扭动微动磨损的混合区形貌演变

(LZ50/GCr15，F_n=50N，θ=0.5°)

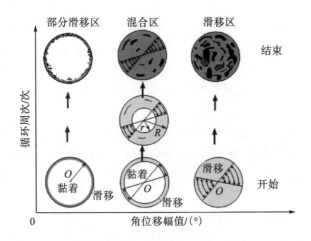

图 5-23　扭动微动磨损的不同微动区形貌演变规律示意图

5.2.6　扭动微动磨损的运行工况微动图

对于微动磨损，研究表明影响因素较多，如法向载荷、角位移幅值、频率、循环周次、表面粗糙度、材料性质、环境（流体介质、电化学介质、气氛、温度、湿度等）等，但对微动磨损影响最大的是法向载荷、角位移幅值和材料性质。

与切向微动磨损相似，进行不同法向载荷和角位移幅值的大量参数的试验，通过 $T\text{-}\theta$ 曲线分析和磨痕形貌观察，可确定扭动微动的运行区域特性，并建立扭动微动磨损运行工况微动图（RCFM）。图 5-24 是 LZ50 钢的运行工况微动图，可

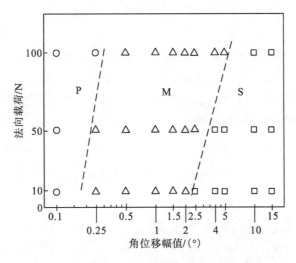

图 5-24　LZ50 钢的扭动微动磨损运行工况微动图

（P-○-部分滑移区；M-△-混合区；S-□-滑移区）

见该图的纵、横坐标分别是其两个主要影响因素：法向载荷和角位移幅值。从图 5-24 可见，角位移幅值从小到大，微动运行区域逐次从部分滑移区向混合区和滑移区转变，表明接触界面越来越容易发生相对滑移；而增大法向载荷，部分滑移区的宽度增加，混合区和滑移区出现的角位移幅值相对推后，相对滑移的难度增加。反之，亦然。

图 5-25 示出了 7075 铝合金的运行工况微动图，可见与 LZ50 钢相比，各微动区出现的位置存在较大差别，这反映出材料性质的变化对扭动微动运行行为的影响。因此，运行工况微动图反映了不同材料的法向载荷和角位移幅值与微动运行区域的关系。

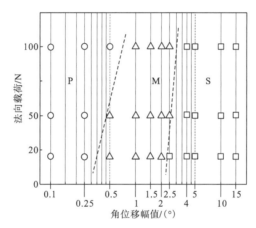

图 5-25　7075 铝合金的扭动微动磨损运行工况微动图

(P-○-部分滑移区；M-△-混合区；S-□-滑移区)

综上所述，扭动微动磨损运行工况微动图的建立表明：扭动微动磨损可借鉴切向微动磨损的微动图理论进行分析；不同的是切向微动磨损发生的相对位移是切向往复滑动，而扭动微动磨损的相对位移是往复角位移，这造成了扭动微动磨损的混合区具有不同于切向微动的特殊性，即混合区的判断必须在动力学曲线分析的基础上结合磨痕形貌观察确定。

5.3　扭动微动磨损的损伤机理

5.3.1　磨痕形貌及损伤的影响因素

1. 角位移幅值的影响

图 5-26 示出了 LZ50 钢在不同微动运行区域下的微观形貌(F_n=50N，N=20 次)。

可见，随扭动角位移幅值 θ 增大，材料的损伤逐渐加重。当 θ 为较小角度时，扭动微动磨损运行于部分滑移区，表面损伤轻微，仅有碾压和黏着痕迹(图 5-26(a))；θ 为 0.25° 时，扭动微动磨损已运行于混合区，磨损表面局部已有垂直于扭动方向的微裂纹产生(图 5-26(b))；在混合区，增大角位移幅值，磨痕表面塑性变形加剧，已有局部的剥落，并按疲劳磨损的剥层机制发生(图 5-26(c))；当扭动角位移幅值增大到 5° 时，在磨痕半径方向的中心位置附近有剥落坑出现，呈环状分布并相互孤立(图 5-26(d))；随着扭动角位移幅值的进一步增加，表面的剥落区向周边扩展，相邻剥落点扩大并贯通，由图 5-26(e) 清晰可见单个剥落坑已联接成片，形成面积较大的剥落坑群，磨损表面存在呈环状的塑性流动带，磨损明显加剧；当 $\theta=15°$ 时，可见大块材料剥落和显著的塑性流动，剥落呈典型的剥层机制，此时损伤已十分严重(图 5-26(f))。

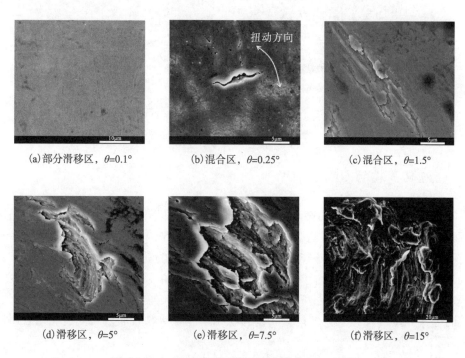

(a)部分滑移区，$\theta=0.1°$　　　　(b)混合区，$\theta=0.25°$　　　　(c)混合区，$\theta=1.5°$

(d)滑移区，$\theta=5°$　　　　(e)滑移区，$\theta=7.5°$　　　　(f)滑移区，$\theta=15°$

图 5-26　LZ50 钢在不同微动区的磨痕 SEM 形貌

($F_n=50N$，$N=20$ 次)

图 5-27 是部分滑移区和混合区磨痕边缘的 OM 形貌，磨痕表面颜色随着角位移幅值的增加而变深，由 0.1° 时的浅褐色变为 0.25° 时的褐色直至红褐色。可见，角位移幅值的增加加剧了 LZ50 钢表面的摩擦氧化。

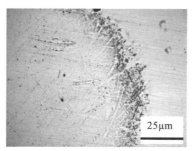

(a) θ=0.1°（部分滑移区）

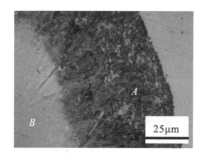

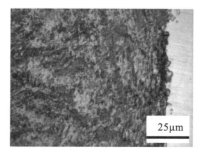

(b) θ=0.25°（混合区）   (c) θ=1.5°（混合区）

图 5-27　LZ50 钢在部分滑移区和混合区的磨痕 OM 形貌

（F_n=50N，N=1000 次）

2.循环周次的影响

为了进一步分析扭动微动磨损的损伤规律，对不同运行区域的磨痕随循环周次的演变情况进行了分析。通过考察 LZ50 钢在混合区不同循环周次下的磨痕（图 5-22）可观察到：在起初 50 次循环时，磨痕中心的黏着区所占比例较大，其直径约为整个磨痕的 72%；随着循环周次的增加，100 次循环时黏着区比例系数 i 降至 1/3 左右，到 300 次循环时 i 值降至 23%，1000 次循环时黏着区已完全消失，此时整个扭动微动接触区域均处于滑移状态，整个接触表面被红褐色氧化磨屑所覆盖。

表 5-1 列出了在 θ=1.5° 时不同法向载荷下的磨痕黏着区比例系数随循环周次的变化关系。可见，在扭动微动磨损的混合区，随着循环周次的增加，接触中心黏着区最终消失，接触表面运动状态也最终进入完全滑移。不同的工况下黏着区消失所需的循环周次有所差别，法向载荷越高，消失得越晚，例如，角位移幅值 θ=1.5° 时，低法向载荷时（F_n=10N）的磨痕在 500 次循环已经进入完全滑移状态，而高法向载荷（F_n=50N）下在约 900 次循环时，尚未进入完全滑移状态。图 5-28 示出了不同法向载荷下不同微动区域的黏着区比例系数演变规律。

表 5-1　LZ50 钢不同法向载荷下的黏着区比例系数 i 在不同循环周次下的数值($\theta=1.5°$)

F_n/N	N/次					
	50	100	200	300	500	900
10	0.64	0.24	0.18	0.12	0	0
50	0.72	0.35	0.31	0.23	0.14	0
100	0.82	0.36	0.34	0.28	0.21	0.06

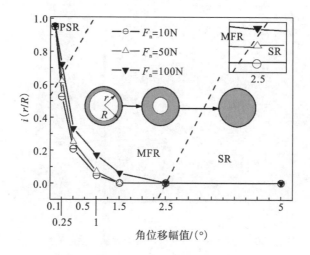

图 5-28　不同微动运行区域扭动微动磨痕黏着区比例系数的演变

(PSR-部分滑移区；MFR-混合区；SR-滑移区；r-黏着区半径；R-磨痕半径)

　　当处于滑移区时，磨痕中心没有黏着部分，接触区由中心至边缘的各个部分在初次循环的时候就处于完全滑移状态，随循环周次的增加，表面的氧化、剥落和磨损加剧(图 5-29)。

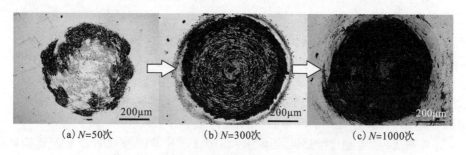

(a) $N=50$次　　　　　　(b) $N=300$次　　　　　　(c) $N=1000$次

图 5-29　滑移区磨痕 OM 形貌随循环周次演变情况

($F_n=50N$，$\theta=5°$)

3.材料性质的影响

图 5-30 是 3 种 Fe-C 合金在法向载荷为 50N 时，不同角位移幅值下的磨痕形貌。可见，随着含碳量的增加，相同角位移幅值的磨痕面积逐渐减小，这是因为随含碳量增加，珠光体含量增加，材料的塑性降低，强度、硬度增大，摩擦接触界面抵抗扭动变形的能力增大。

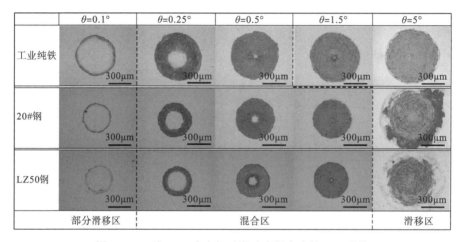

图 5-30　3 种 Fe-C 合金扭动微动磨损磨痕的 OM 形貌

(F_n=50N, N=1000 次)

图 5-31 是在 θ=1° 时，3 种 Fe-C 合金磨痕表面的微观 SEM 形貌。工业纯铁磨痕表面(图 5-31(a))出现了磨屑，EDX 分析显示为氧化屑，磨痕表面出现了许多犁沟；与其他两种材料对比发现，表面犁沟特征明显，但由于材料的塑性较好，未观察到由疲劳磨损造成的材料剥落现象。对于 20#钢，其有与工业纯铁相近的损伤形貌，不同的是局部有剥落的现象发生(图 5-31(b))。而对于 LZ50 钢，磨痕表面出现了大量的片状剥落和明显的犁沟痕迹，这是因为材料含碳量增加，塑性较低，硬度较高，导致材料抗疲劳磨损的能力降低，发生大量颗粒的剥落，而剥落的颗粒作为磨粒又对表面产生了犁削作用(图 5-31(c)和(d))。从磨损机制来看，工业纯铁主要表现为磨粒磨损和氧化磨损，增加材料含碳量，磨损机制转变为磨粒磨损、氧化磨损和剥层，且含碳量越高，剥层的倾向就越高。3 种材料的磨痕表面在扭动微动磨损过程中都生成了磨屑层，磨屑层的存在避免了摩擦副的直接接触，参与了承载，起到了减摩的作用。

从 3 种 Fe-C 合金在滑移区的磨痕轮廓可清晰看出(图 5-32)，工业纯铁的磨损最严重，20#钢其次，LZ50 钢最低，这与其材料性质有关。含碳量增加，珠光体含量增加，硬度随之增加，而塑性和延展性却降低，LZ50 钢大块的剥落便是证明。

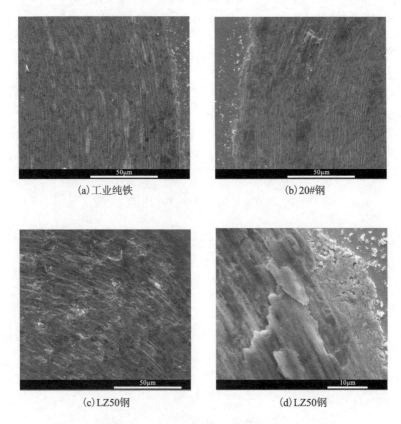

(a) 工业纯铁　　　　　　　　　　　　　　(b) 20#钢

(c) LZ50钢　　　　　　　　　　　　　　　(d) LZ50钢

图 5-31　3 种 Fe-C 合金扭动微动磨损磨痕的微观 SEM 形貌

(F_n=50N，θ=1°，N=1000 次)

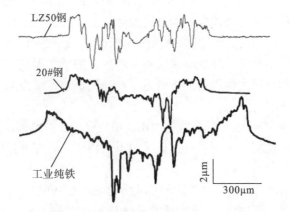

图 5-32　3 种 Fe-C 合金扭动微动磨损滑移区磨痕的轮廓对比

(F_n=50N，θ=5°，N=1000 次)

5.3.2 材料响应微动图的建立

通过对磨痕的表面和剖面进行分析，可以掌握材料在不同微动区域的损伤规律。图 5-33 是 7075 铝合金在 1000 次循环时所建立的扭动微动磨损的材料响应微动图。与其运行工况微动图(图 5-25)相对应，材料响应微动图也存在三个区域。

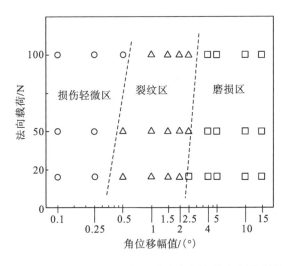

图 5-33   7075 铝合金的扭动微动磨损材料响应微动图

(N=1000 次)

(1)损伤轻微区：对应于运行工况微动图中的部分滑移区，磨损轻微，未见局部疲劳裂纹形成和扩展，磨痕表现为典型的环状，但此时微动白层已形成。

(2)裂纹区：对应于运行工况微动图中的混合区，磨损较严重，剖面可观察到向基体内扩展的倾斜裂纹，环状磨痕随着循环周次的增加而减小，直至消失；微动白层存在是导致材料大块剥落的重要原因，该区域的特征为局部疲劳裂纹扩展速率大于磨损速率。

(3)磨损区：对应于运行工况微动图中的滑移区，磨损严重，在剖面未发现倾斜裂纹，材料剥落按剥层机制进行，该区的重要特征是局部磨损速率大于疲劳裂纹扩展速率。

对照扭动微动磨损条件下的运行工况微动图和材料响应微动图发现，虽然两者之间有很好的对应关系，但区域的具体位置却存在差异。尤其是材料响应微动图强烈地依赖于微动循环周次，不同循环周次对应不同的材料损伤区域。当循环周次增加时，裂纹区扩大，并使轻微损伤区变小，磨损区出现的角位移幅值增大。

5.3.3 扭动微动磨损的损伤机制和物理模型

综合几种金属材料的扭动微动运行和损伤特性，可建立金属材料在不同微动区域损伤的物理模型。在扭动微动磨损的部分滑移区，接触中心绝大部分处于黏着状态，微滑发生在接触边缘较窄的区域，故其损伤发生在接触区外侧的环状区域，其磨损机制为磨粒磨损和轻微的氧化磨损。

扭动微动磨损在滑移区和混合区的损伤存在差异，其损伤可以用图 5-34 所示的物理模型进行描述。

(1)混合区：其特点是黏着区随着循环周次的增加而逐渐缩小，直至消失，其磨痕的轮廓从典型的 W 形逐渐向 U 形形貌转变，即中心黏着区逐渐消失，相应地，微动的相对运动状态从部分滑移转变为完全滑移。混合区的损伤过程则可以分为四个阶段(图 5-34(a))。

阶段 I：试验工况决定了表面的接触状态处于部分滑移，平面试样在外加交变载荷作用下在接触区的边缘微滑环内发生塑性变形，微动白层在塑性变形层的上部形成，此时横向裂纹在白层和塑性变形层的界面上形成，而倾斜裂纹(与接触表面呈较小角度，一般小于 30°)在环状接触区的边缘(即黏/滑交界处和接触区外边缘)萌生，随后横向裂纹和倾斜裂纹各自扩展。

阶段 II：由于磨损的进行，微滑区磨痕表面形成白层，白层表面萌生出微裂纹。在交变应力的作用下，横向裂纹与垂向裂纹相互贯通，白层部分以颗粒方式剥落，剥落的颗粒在接触界面内被碾压、碎化和氧化，形成细颗粒磨屑，少量磨屑排出接触区；此时倾斜裂纹仍向基体内扩展。

阶段 III：磨损伴随着强烈的塑性变形，在接触区外环区域迅速进行，磨损导致微裂纹相互贯通并导致材料的去除，主要表现为材料剥落，剥落下来的材料经碾磨后形成磨屑层。此时磨痕呈典型的 W 形，中心高，两端由于损伤，磨痕较深。随着循环次数的增加，黏着区进一步减小，滑移区持续扩大，颗粒不断剥落而形成磨屑，裂纹仍然向基体内扩展，同时摩擦氧化作用加剧。

阶段 IV：由于损伤的进行，中心黏着区消失，表面逐渐被磨屑所覆盖，裂纹发生在接触边缘处，其磨痕的轮廓从 W 形逐渐向 U 形转变，接触界面进入完全滑移状态。黏着区消失，接触表面发生完全滑移，磨屑增多但尺寸明显细化，并聚集而形成磨屑层，在磨屑层下仍有倾斜裂纹存在。

(2)滑移区：其磨痕轮廓呈典型的 U 形，只是随着循环周次的增加，U 形轮廓深度增加，但增加的趋势逐渐减缓，趋于平稳。其损伤过程可以分为三个阶段(图 5-34(b))。

阶段 I：由于接触区均处于完全滑移状态，经过最初几次跑合循环后，整个接触区表面开始产生磨损，在接触区形成一个小凹型塑性变形区，白层在塑性变形层上方形成，进行剖面观察可发现横向裂纹在白层与塑性变形层的界面处

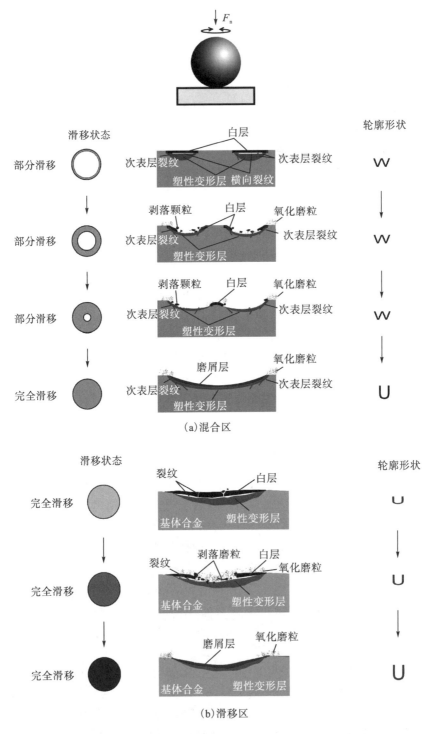

图 5-34　扭动微动在混合区和滑移区的损伤演变示意图

萌生并扩展,同时在白层内可观察到垂向裂纹(贯穿白层,可能是硬而脆的白层在外加载荷下龟裂的结果),但未观察到倾斜裂纹的痕迹;此时产生一个较浅的 U 形磨痕轮廓,磨损较轻微。

阶段Ⅱ:增加循环周次,横向裂纹和垂向裂纹沟通导致材料按剥层机制大块剥落,随着机械和摩擦化学作用而产生大量的氧化磨屑,随着材料的损失,磨痕的 U 形轮廓越来越深,刨坑(digging)作用是该阶段的主要特征;此时部分磨屑向接触边缘排出,但未观察到任何向基体内扩展的倾斜裂纹。

阶段Ⅲ:此阶段为稳定磨损阶段,产生的大量磨屑在接触表面形成磨屑层,阻隔了两接触副的直接接触并减小了接触界面的应力,磨损进入稳定阶段。由于摩擦氧化的作用,随着循环周次的增加,磨损表面的颜色越来越深。此时也未观察到任何向基体内扩展的倾斜裂纹。

从损伤发展历程可以看出,在局部磨损与疲劳的竞争中,混合区的疲劳裂纹扩展速率大于磨损速率,所以局部疲劳占据了竞争优势。对于滑移区,磨损速率明显大于疲劳裂纹萌生和扩展的速率,所以局部磨损占据了竞争优势。

5.4　不同材料的扭动微动磨损

5.4.1　铝合金

1.部分滑移区

7075 铝合金在不同微动区域的 SEM 形貌如图 5-35～图 5-44 所示。当 7075 铝合金处于部分滑移区时(图 5-35),位于磨痕心部的黏着区损伤轻微,仅有对磨球的碾压痕迹,在外侧的微滑区出现轻微的磨损(图 5-35(b))。

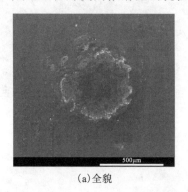 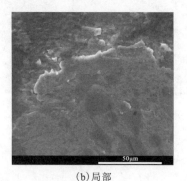

　　　　(a)全貌　　　　　　　　　　　　　　　　(b)局部

图 5-35　7075 铝合金部分滑移区形貌

(F_n=100N, θ =0.25°, N=1000 次)

图 5-36 为 7075 铝合金在部分滑移区的磨痕和剖面形貌，由于 1000 次循环时损伤较轻微，故循环次数加大至 5000 次。可见，磨痕表面的损伤比混合区和滑移区轻微，磨损集中在接触边缘；从剖面分析可见，有厚度为微米量级的塑性变形层形成，此时微动白层已初步形成，但未见明显裂纹向基体内扩展。

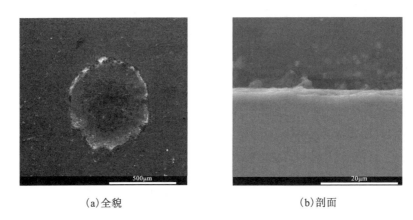

(a)全貌   (b)剖面

图 5-36　7075 铝合金部分滑移区的磨痕和剖面形貌

(F_n=100N，θ=0.1°，N=5000 次)

2.混合区

从混合区的磨痕形貌(图 5-37)可见，磨痕明显分为两部分，中心黏着区损伤轻微(图 5-37(b))，而在边缘的磨损区有大量颗粒剥落，并伴有犁沟和氧化磨屑的堆积出现(图 5-37(c))，说明其磨损机制为磨粒磨损、氧化磨损和剥层。

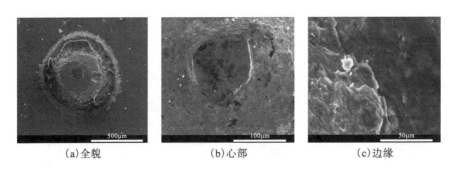

(a)全貌   (b)心部   (c)边缘

图 5-37　7075 铝合金混合区形貌

(F_n=100N，θ=2°，N=1000 次)

图 5-38 示出了 7075 铝合金在混合区的剖面 SEM 形貌，可见扭动微动磨损的白层与 LZ50 钢具有相同的特征，在塑性变形层与白层的界面处易形成平行于接

触表面的横向裂纹。图 5-39 是 7075 铝合金在混合区较高角位移幅值条件下的形貌和白层因垂向裂纹与横向裂纹沟通而导致剥落的形貌。对比图 5-38 和图 5-39 可知，角位移幅值增加，扭动微动磨损接触表面的相对位移增加，表面切向作用力增加，微动白层在相同循环周次下更早进入破损状态。

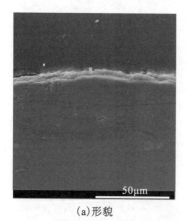

(a)形貌

(b)示意图

图 5-38　7075 铝合金扭动微动磨损的白层和塑性变形层形貌及其示意图

（F_n=100N，θ=1°，N=1000 次）

(a)

(b)

图 5-39　7075 铝合金扭动微动磨损的白层其他形貌

（F_n=100N，θ=2°，N=1000 次）

　　图 5-40 为 7075 铝合金在混合区的磨痕形貌及其剖面 OM 形貌。圆环形磨痕明显分为中心黏着区和外侧的滑移区两部分。由磨痕剖面发现，处于外侧微动环区域的磨痕较深（图 5-40(b)），即位于微动环区域的材料首先发生磨损，而接触心部由于黏着作用几乎没有磨损，整个轮廓呈现出明显的 W 形，与轮廓分析的结果一致。在高倍 OM 下分析发现，在微动环左右两侧凹槽部分均发现有与

接触表面呈钝角(从磨痕外向内观察)的倾斜裂纹出现(图 5-40(c)和(d))。SEM 分析(图 5-41)表明,微动环凹槽靠外侧有明显的倾斜裂纹,并有向基体内部扩展的趋势,同时也观察到横向裂纹在白层与塑性变形层的界面形成,并导致材料按剥层机制剥落,值得注意的是横向裂纹与倾斜裂纹是各自萌生并扩展的,在混合区,剥层导致材料磨损的速度并没有超过倾斜裂纹扩展的速度,因此在 10000 次循环后,有倾斜裂纹向基体内扩展的形态。

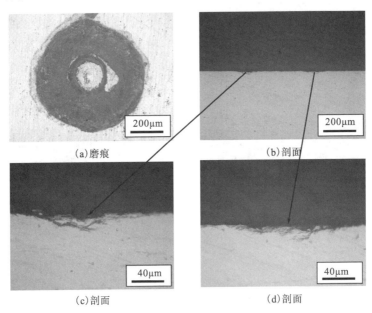

图 5-40　7075 铝合金扭动微动磨损混合区的磨痕和剖面 OM 形貌

(F_n=100N, θ=1°, N=10000 次)

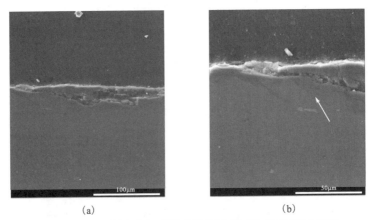

图 5-41　7075 铝合金扭动微动磨损混合区的剖面 SEM 形貌

(F_n=100N, θ=1°, N=10000 次)

　　图 5-42 是角位移幅值增大到 2° 时的磨痕和剖面 OM 形貌，可见随着角位移幅值的增加，在 10000 次循环时，中心黏着区已消失（图 5-42(a)），但磨痕剖面形貌显示 W 形的轮廓形貌尚存在（图 5-42(b)）；虽然，磨损比 $\theta=1°$ 时严重，但倾斜裂纹并未被磨掉，说明在混合区倾斜裂纹的扩展速度大于磨损的速度，即在局部磨损与疲劳的竞争过程中，局部疲劳占据了优势。

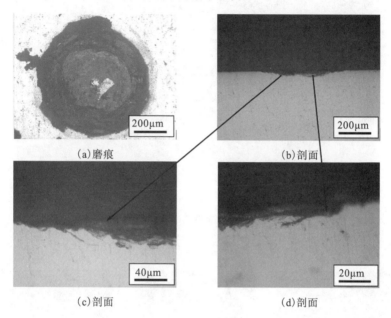

(a)磨痕　　　　　　　　　　　　　　　(b)剖面

(c)剖面　　　　　　　　　　　　　　　(d)剖面

图 5-42　7075 铝合金扭动微动磨损混合区的磨痕和剖面 OM 形貌

（F_n=100N，θ=2°，N=10000 次）

3.滑移区

　　图 5-43(a) 是 7075 铝合金在滑移区经历 5000 次循环后的 OM 形貌，磨痕表面呈现典型的犁沟和剥层形貌，接触区覆盖厚的磨屑层。对该磨痕进行剖面分析，可观察到磨痕发生了严重磨损，从接触中心往外，到接触边缘的中部，尚存未剥落的区域，接触中心和边缘已因材料大块剥落而覆盖细的氧化磨屑（图 5-43(b) 和(c)），但在此时，未观察到倾斜裂纹存在。对该剖面进行 SEM 分析，可观察到在微动白层与塑性变形层的界面形成了明显的横向裂纹，材料的大块剥落正是白层破损剥落的结果（图 5-44(a)～(c)）；对材料剥落区下方的塑性变形层进行细致观察，仅见由塑性变形层造成的材料流变痕迹，但未见任何向材料内部扩展的倾斜裂纹。这是因为，在滑移区，随扭动微动角位移幅值的增大，表面的切应力增大，导致材料的磨损速率大于局部疲劳裂纹的扩展速率，也就是一旦形成疲劳裂纹，裂纹也会被材料磨损去除掉。因此，在滑移区，局部磨损占优，扭动微动磨损表现为较严重的磨损。

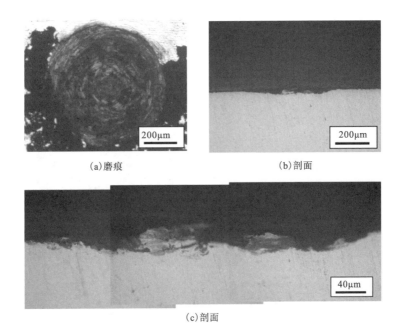

（a）磨痕 （b）剖面

（c）剖面

图 5-43 7075 铝合金扭动微动磨损滑移区的磨痕和剖面 OM 形貌

（F_n=100N，θ=5°，N=5000 次）

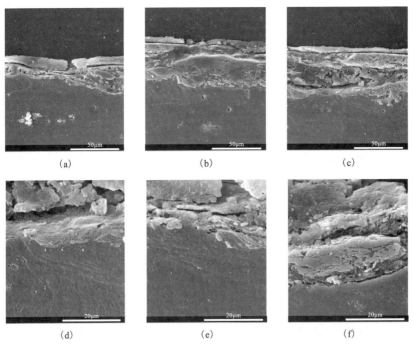

（a） （b） （c）

（d） （e） （f）

图 5-44 7075 铝合金扭动微动磨损滑移区的剖面 SEM 形貌

（F_n=100N，θ=5°，N=5000 次）

5.4.2　聚甲基丙烯酸甲酯(PMMA)

本节以聚甲基丙烯酸甲酯(PMMA)为研究对象，考察了 PMMA/GCr15(简化为 P/G)和 PMMA/PMMA(简化为 P/P)两种摩擦副在法向载荷 F_n=100N 和角位移幅值 θ =0.2°～15° 时，扭动微动磨损的摩擦学行为。

1.微动运行行为

图 5-45～图 5-49 分别示出了 P/G 和 P/P 两种摩擦副在不同角位移幅值下的 T-θ 曲线演变过程。

直线型 T-θ 曲线出现在较小的角位移幅值条件下(θ=0.2°，图 5-45)，此时，P/P 和 P/G 两种摩擦副均运行于部分滑移状态，接触界面的相对位移通过材料的弹性变形协调，摩擦扭矩值自始至终均较低，且扭矩值在两种摩擦副条件下较接近，P/P 同种材料的摩擦扭矩略高于 P/G 异种材料，可能是因为异种材料有利于减少黏着(adhesive)倾向。

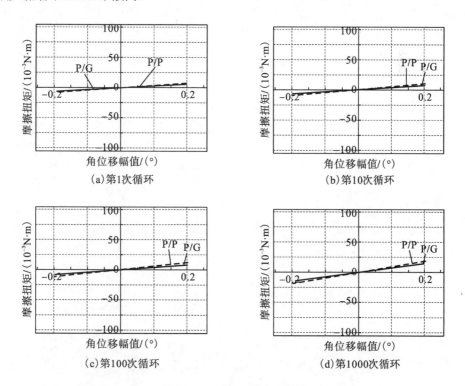

图 5-45　PMMA 的 T-θ 曲线

(F_n=100N，θ=0.2°，P/G-PMMA 板/GCr15 球，P/P-PMMA 板/PMMA 球)

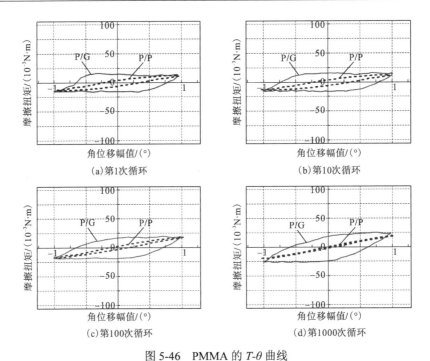

图 5-46　PMMA 的 T-θ 曲线

(F_n=100N，θ=1°，P/G-PMMA 板/GCr15 球，P/P-PMMA 板/PMMA 球)

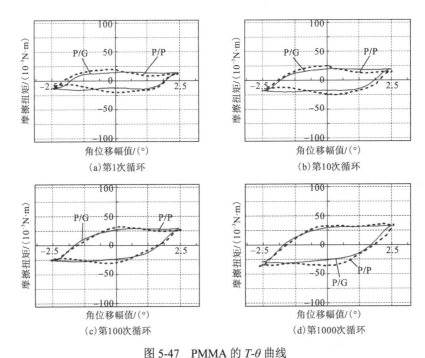

图 5-47　PMMA 的 T-θ 曲线

(F_n=100N，θ=2.5°，P/G-PMMA 板/GCr15 球，P/P-PMMA 板/PMMA 球)

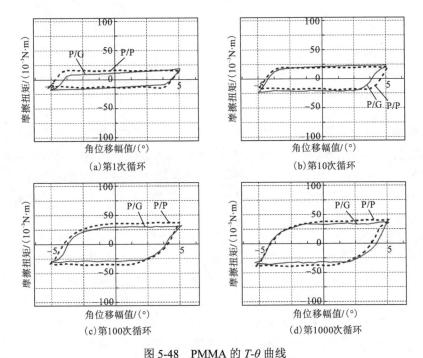

图 5-48　PMMA 的 T-θ 曲线

(F_n=100N，θ=5°，P/G-PMMA 板/GCr15 球，P/P-PMMA 板/PMMA 球)

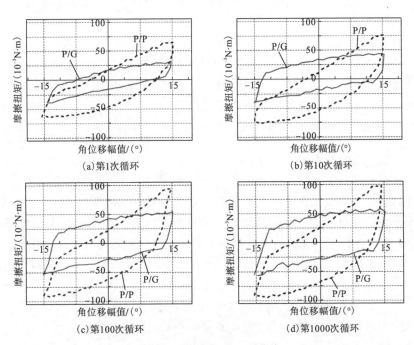

图 5-49　PMMA 的 T-θ 曲线

(F_n=100N，θ=15°，P/G-PMMA 板/GCr15 球，P/P-PMMA 板/PMMA 球)

图 5-46 则示出了 $\theta=1°$ 时的 $T\text{-}\theta$ 曲线。对于 P/G 摩擦副，在第 1 次循环，摩擦扭矩的起始值较低，在 10N·mm 以下，$T\text{-}\theta$ 曲线呈宽扁状的平行四边形型；随着循环周次的增多，扭矩值逐渐增大，但 $T\text{-}\theta$ 曲线一直保持平行四边形型。而对于 P/P 摩擦副，$T\text{-}\theta$ 曲线在第 1 次循环时呈现典型的椭圆型，并随着循环周次的增加，$T\text{-}\theta$ 曲线逐渐闭合，在大约至 1000 次循环时转变为直线型。可见在 $\theta=1°$ 时，P/G 摩擦副处于扭动微动磨损的完全滑移状态，而 P/P 摩擦副则处于扭动微动磨损的部分滑移状态。随着扭转角位移幅值增大，当 $\theta \geqslant 5°$ 时 (图 5-48)，两种摩擦副的 $T\text{-}\theta$ 曲线自始至终均为平行四边形型，此时接触表面的相对运动已全部表现为完全滑移，摩擦扭矩值随微动循环的进行逐渐增大，表明接触界面的摩擦系数呈增大趋势，这可能是因为材料抵抗变形的阻力增加，摩擦表面产生的犁削和黏着分量逐渐增大，摩擦力增大。

当 $\theta=15°$ 时，如图 5-49 所示，$T\text{-}\theta$ 曲线的平行四边形型循环发生了明显的变化，相对滑移段的曲线段明显倾斜，尤其是 P/P 摩擦副，倾斜程度较高，在往复相对运动的不同方向上表现出不平行的曲线，这些现象明显表现出了两个重要特征。

(1) 相对滑移过程中曲线倾斜，是滑动过程中摩擦扭矩不断增加的结果，这说明较高的角位移幅值下，在接触表面产生较高的切向力，材料在较高的外力作用下发生了显著的塑性变形；换言之，在扭动过程中，要实现较大的角位移，就需要克服材料的阻碍，在这个过程中需要不断地克服塑性变形的阻力，因此摩擦扭矩相应地增加。

(2) 两种摩擦副表现出不同的变形行为，P/P 摩擦副比 P/G 摩擦副产生了更显著的塑性变形，这是因为对磨球也是高分子材料，另外，P/P 摩擦副在往复运动的两个不同方向不平行，显然在回程阶段呈现出材料变形滞后的特征。$\theta=15°$ 时的结果不同于前述完全滑移条件下的结果 (图 5-47 和图 5-48)，可能是因为此时相对运动已超出了微动滑移区的范畴，而进入了往复滑动状态。

2.微动区域特性

在扭动微动磨损的混合区存在黏着区随着循环周次不断变小的特征，因此根据磨痕形貌的演变过程和 $T\text{-}\theta$ 曲线可以判断 PMMA 的扭动微动运行区域。PMMA 在 100N 法向载荷下，在不同角位移幅值时所对应的微动运行区域如表 5-2 所示。可见，对于 P/G 摩擦副，在角位移幅值小于 0.5° 时微动处于部分滑移区，在大于 5° 时运行于滑移区。而对于 P/P 摩擦副，角位移幅值小于 1° 时处于部分滑移区，在大于 7.5° 时处于滑移区。可见与 P/G 摩擦副相比，P/P 摩擦副的部分滑移区、混合区向大角位移方向移动。说明此时异种材料组成的摩擦副易发生相对滑移，而同种材料组成的摩擦副较晚进入滑移状态，这可能与接触界面较高接触应力和较大黏着倾向有关。

表 5-2　PMMA 的扭动微动运行区域分布(F_n=100N)

θ/(°)	0.2	0.5	1	2.5	5	7.5	10	15
P/G	PSR	PSR	MFR	MFR	MFR	SR	SR	SR
P/P	PSR	PSR	PSR	MFR	MFR	MFR	SR	SR

注：PSR：部分滑移区；MFR：混合区；SR：滑移区。

图 5-50 示出了 PMMA 黏着区比例系数与角位移幅值的关系曲线。可见，对于 P/G 摩擦副，角位移幅值较小时，扭动微动磨损处于部分滑移状态，黏着区所占比例较大，例如，θ=0.5°时黏着区占整个接触区的 70.7%，与之对应的微滑区域磨损轻微。角位移幅值的增大导致黏着区明显减小，直到黏着区完全消失，此时扭动微动磨损处于完全滑移状态。对于 P/P 摩擦副，同样，磨痕中心的黏着区随角位移幅值的增大而减小，不同的是，黏着区在更大的角位移幅值时才完全消失，即进入完全滑移状态，例如，当 θ=7.5°时，P/G 摩擦副磨痕的黏着区已经消失了，而 P/P 摩擦副的则尚未完全消失。

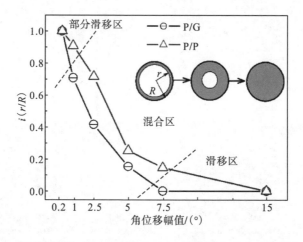

图 5-50　不同摩擦副 PMMA 的黏着区比例系数随角位移幅值的变化关系

(N=1000 次)

不同的摩擦副会改变扭动微动磨损的运行行为，这是由于材料性质的不同导致接触区和界面产生了一系列差别，如应力水平及分布、材料去除方式、磨屑(第三体)行为等。

图 5-51 示出了 PMMA 板在与 GCr15 球(图 5-51(a)、(c)、(e)、(g)、(i))和 PMMA 球(图 5-51(b)、(d)、(f)、(h)、(j))对磨时，在不同角位移幅值和循环次数为 1000 次时的磨痕 OM 形貌。

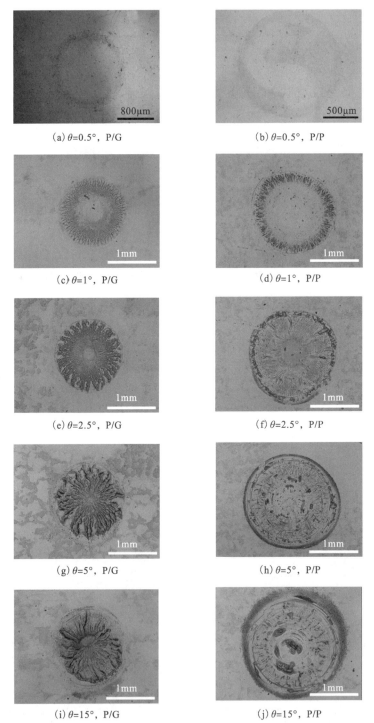

(a) $\theta=0.5°$, P/G

(b) $\theta=0.5°$, P/P

(c) $\theta=1°$, P/G

(d) $\theta=1°$, P/P

(e) $\theta=2.5°$, P/G

(f) $\theta=2.5°$, P/P

(g) $\theta=5°$, P/G

(h) $\theta=5°$, P/P

(i) $\theta=15°$, P/G

(j) $\theta=15°$, P/P

图 5-51 两种 PMMA 摩擦副在不同角位移幅值下的扭动微动的磨痕 OM 形貌

(N=1000 次)

SEM 结果表明，PMMA 滑移区由内至外依次分布如下。

(1) 中心隆起区：可见少量银纹（图 5-52(b)）。

(2) 辐射状银纹聚集区：有与混合区一致的银纹特征，银纹导致的表面开裂十分明显（图 5-52(c)），与混合区相比，相同接触半径上的开裂坑的宽度要大得多。

(3) 磨屑层堆积区：在银纹区的外侧有大量片状磨屑堆积而成的磨屑层存在，形貌呈絮状，是剥落的磨屑被反复碾压而成的结果（图 5-52(d)）。

(4) 接触区外：有大量细而分散的磨屑颗粒被排出接触区，呈散点状分布（图 5-52(e)）。

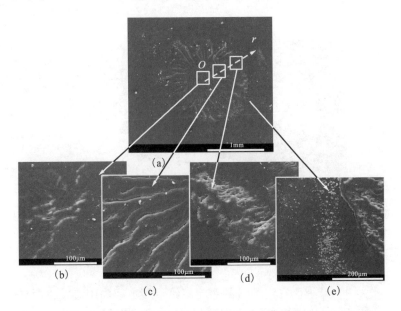

图 5-52　PMMA 滑移区磨痕的 SEM 形貌

(P/G 摩擦副，θ =15°，N=1000 次)

图 5-53 是一组 PMMA 与 GCr15 配副时磨痕的局部形貌，可见位于磨痕外侧均匀分布着由银纹形成的开裂坑，沿半径方向呈放射状分布，在环状损伤区外侧形成独特"纺锤状"的坑状开裂形貌，这是在摩擦副的作用下，材料变形跟不上相对运动的结果。"纺锤状"开裂坑有如下特点。

(1) 开裂坑靠磨痕外侧一端膨大，朝磨痕心部的一侧细小（图 5-53(a)～(d)），这是由于圆形的扭动微动接触区外侧发生的实际位移大于内侧（例如，$r_A > r_B$，则该处开裂坑宽度 $\overline{AA_1} > \overline{BB_1}$），两端位移的差别造成了"纺锤状"开裂坑独特的形貌。

(2) 同一接触半径处开裂坑的尺寸和面积也随着角位移幅值的增大而增大，当角位移幅值 $\theta_1 > \theta_2$ 时，处于相同接触位置处的开裂坑宽度 $\overline{A_2A_3} > \overline{AA_1}$（图 5-53(e)），这是角位移幅值的增大使得实际位移增大产生的结果。

(3)随着角位移幅值的增大,其颜色越来越深,说明大的角位移幅值增大了损伤,使对摩擦钢球摩擦氧化加剧。

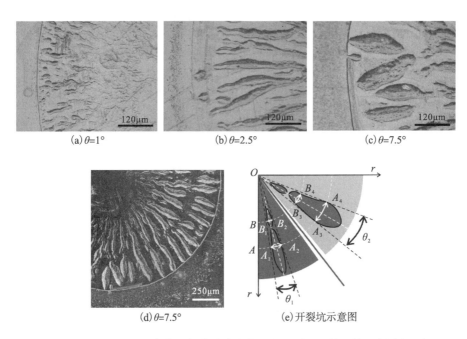

(a) $\theta=1°$　　　　　　(b) $\theta=2.5°$　　　　　　(c) $\theta=7.5°$

(d) $\theta=7.5°$　　　　　　(e)开裂坑示意图

图5-53　PMMA不同角位移幅值时磨痕的银纹开裂坑形貌及其示意图(P/G)

3.不同摩擦副的影响

图5-54为P/P摩擦副在滑移区的磨痕三维形貌。磨痕中心发生明显的损伤,外侧滑移区内有周向的犁沟出现,在接触中心和磨斑半径方向约1/2的位置也有

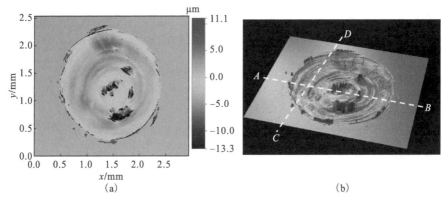

(a)　　　　　　　　　　　　　　(b)

图5-54　PMMA滑移区磨痕的三维形貌

(P/P 摩擦副,$\theta=15°$,N=1000 次)

材料隆起的现象，从形态来看，中心隆起像材料黏性流动的结果，磨痕轮廓沿直径方向呈 W 形(图 5-55(a))，而磨痕中部的隆起更像磨屑的堆积。磨痕外侧的磨损深度大，可能是中心的相对位移小，材料去除过程比外侧慢的缘故。磨痕的 SEM 形貌表明磨痕表面较平滑(图 5-56)，无明显银纹存在，与混合区的情况相似；在磨痕外侧可见磨屑层的堆积(图 5-56(d)和(e))。轮廓分析表明，磨痕的最大深度达到 8μm(图 5-55(b))，比 P/G 摩擦副要深得多。因此，同样在滑移区，相同试验参数条件下，P/P 摩擦副所产生的损伤要比 P/G 摩擦副严重。

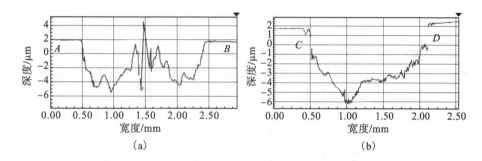

图 5-55 PMMA 滑移区磨痕的轮廓线

(P/P 摩擦副，θ =15°，N=1000 次，(a)、(b)分别对应于图 5-54 所标注的 AB、CD 区域)

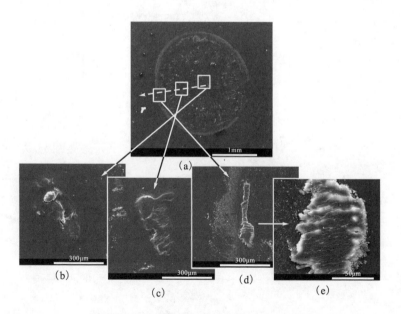

图 5-56 PMMA 滑移区磨痕 SEM 形貌

(P/P 摩擦副，θ =15°，N=1000 次)

在 P/P 摩擦副的平板试样的滑移区磨斑中未观察到明显的银纹特征，与 P/G 摩擦副相比，磨损形貌发生了重要变化，说明磨损机制也发生了变化。对于 P/G 摩擦副，磨损主要由产生银纹的疲劳磨损机制控制，而对于 P/P 摩擦副，磨损则主要由形成犁沟的磨粒磨损机制控制，磨粒磨损的速率大于疲劳磨损的速率，使得 P/P 摩擦副的磨损量更大。

5.4.3　超高分子量聚乙烯(UHMWPE)

1.微动运行行为

摩擦扭矩-角位移幅值(T-θ)曲线记录了扭动微动磨损任一循环周次的摩擦扭矩(T)随角位移幅值(θ)变化的信息，反映了扭动微动界面的摩擦动力学特性。图 5-57 和图 5-58 反映了 UHMWPE 在两种法向载荷下的扭动微动磨损运行行为。可见，θ=0.1° 时，T-θ 曲线在两种载荷时均呈直线型，此时扭动微动磨损处于部分滑移状态，微动运行于部分滑移区，扭转变形主要由表面的弹性变形来协调。当 θ 增至 2.5° 时，UHMWPE 在 F_n=100N 时由初始时的椭圆型转变为 1000 次循环时的平行四边形型，表明接触界面发生完全滑移；当载荷增至 200N 时，T-θ 曲

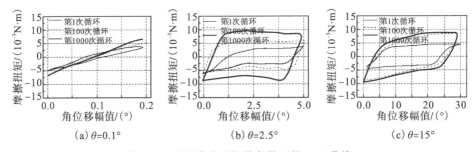

图 5-57　不同角位移幅值条件下的 T-θ 曲线

(F_n=100N)

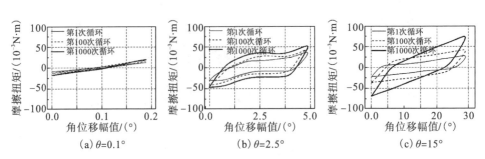

图 5-58　不同角位移幅值条件下的 T-θ 曲线

(F_n=200N)

线一直呈现出椭圆型，表明接触界面有塑性变形发生。随角位移幅值增大，当
$\theta=15°$ 时，T-θ 曲线呈平行四边形型，此时，扭动微动处于完全滑移状态，摩擦扭
矩值相应增加。从图 5-57 和图 5-58 还可见，随着循环次数的增加，曲线斜率增
加，说明接触刚度增加，表明材料随着试验进程发生加工硬化。随着角位移幅值
增加，扭动微动磨损的运行区域逐渐由部分滑移区向滑移区转变。

2.材料损伤机理

图 5-59 是 F_n=200N 时和不同角位移幅值下 UHMWPE 磨损表面的微观形貌。
可见当角位移幅值较低时（θ =0.1°），磨痕心部处于黏着状态，磨痕中心表面平整
光滑，磨痕边缘区仅有轻微犁沟痕迹，损伤轻微（图 5-59(a)），这是部分滑移区的
典型特征。当 θ =2.5° 时，随着角位移幅值增加，磨痕外围出现较多平行于旋转方
向、呈同心圆分布的犁沟，这是陶瓷球相对于 UHMWPE 试件旋转运动时，球体
表面硬质点在 UHMWPE 表面产生犁削作用，形成平行于滑动方向的划痕所致
（图 5-59(b)），并可见磨屑颗粒分布于磨损表面，明显多于部分滑移区。当 θ 增
至 15° 时，接触区的实际相对位移增大，呈环状的犁沟进一步变深，大量的磨屑
颗粒分布在犁沟上（图 5-59(c)），摩擦副上出现的不连续的弧形深色黏附物质增多
（图 5-60），EDX 能谱分析显示，转移到摩擦副陶瓷球表面的是 UHMWPE。在磨

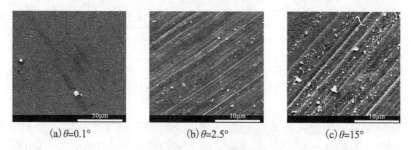

(a)θ=0.1°　　　　(b)θ=2.5°　　　　(c)θ=15°

图 5-59　UHMWPE 在不同角位移幅值下的磨痕 SEM 形貌

(F_n=200N)

图 5-60　对磨球磨损后的光学形貌

(F_n=200N，θ=15°)

痕半径的 1/2 处，磨痕表面出现一些表面撕裂特征，但并未与基体脱离，这些片状的 UHMWPE 大部分沿着滑动方向分布，也有少数呈径向分布。

通过对 UHMWPE 的磨痕表面进行 XRD 分析(图 5-61)，磨痕对应(110)衍射峰的强度明显下降，晶面半峰宽有所下降，晶粒尺寸从 19.9154nm 增加到 23.1553nm；(200)晶面半峰宽和晶粒尺寸不变。未磨损样品表面和磨痕处的晶面间距值比较接近，这可能是由于在摩擦中产生的热量使晶粒长大。而(110)晶面又利于晶体的生长，因此(110)晶面的晶粒尺寸增大。计算得到未磨损样品表面的结晶度为 83.34%，磨痕处的结晶度为 80.1%(θ=0.2°)和 79.2%(θ=90°)，磨损样品的结晶度有所下降。这可能是由于分子链发生滑移或断裂，从而使聚合物材料被拉出结晶区，材料摩擦表面层脱落(即磨屑产生使结晶结构发生破坏)，导致结晶含量降低[37]。

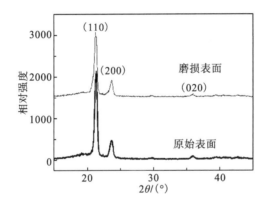

图 5-61　原始及磨痕表面的 XRD 分析

试验中发现，无论在低载荷还是高载荷下，当扭转角位移幅值处于较大值时(如 θ=15°)，磨痕从心部到稍外围都充满了径向的凸脊(图 5-62)。在其他相关文献中也发现了垂直于滑动方向的凸脊。目前关于这一现象的解释还未有统一的结论。Silva 和 Sinatora 认为凸脊的产生起源于磨粒磨损[38]；Schwartz 和 Bahadur 把这一现象归结为载荷去除后磨损区域恢复[39]；Ge 等认为垂直于滑动方向形成的凸脊是塑性变形引起的[40]；作者认为凸脊的出现可能是 UHMWPE 表面发生了塑性流动的结果。外侧的材料表面有撕裂现象，这是黏着磨损的特征。在外载荷的作用下，由于两接触面间实际接触面积只占表面接触面积的很小部分，在载荷作用下峰点接触处达到屈服极限，而产生塑性变形。摩擦过程则可能产生瞬时高温，造成接触点的黏着，继续磨损时，黏着点被剪断，破坏发生在较软的 UHMWPE 一侧，表现为片状的 UHMWPE 材料逐渐从表面撕裂。

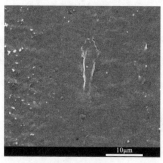

(a) $F_n=100\mathrm{N}, \theta=15°$

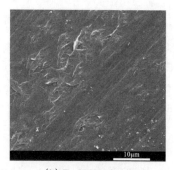
(b) $F_n=200\mathrm{N}, \theta=15°$

图 5-62 磨痕表面的凸脊形貌

参 考 文 献

[1] 蔡振兵, 朱旻昊. 扭动微动磨损的研究进展和现状. 中国表面工程, 2014, 27(4): 1-12.

[2] 周仲荣, 朱旻昊. 复合微动磨损. 上海: 上海交通大学出版社, 2004.

[3] 蔡振兵. 扭动微动磨损机理研究. 成都: 西南交通大学, 2009.

[4] Lubkin J L. The torsion of elastic sphere in contact. Journal of Applied Mechanics, 1951, (7): 183-187.

[5] Johnson K L. 接触力学. 徐秉业, 罗学富, 宋国华, 等, 译. 北京: 高等教育出版社, 1992.

[6] Jaeger J. New Solutions in Contact Mechanics. Southampton: WIT Press, 2005.

[7] Jaeger J. Torsional impact of elastic spheres. Archive of Applied Mechanics, 1994, 64: 235-248.

[8] Briscoe B J, Chateauminois A, Lindley T C, et al. Fretting wear behaviour of polymethyl- methacrylate under linear motions and torsional contact conditions. Tribology International, 1998, 31(11): 701-711.

[9] Briscoe B J, Chateauminois A, Lindley T C, et al. Contact damage of poly(methylmethacrylate) during complex microdisplacements. Wear, 2000, 240(1-2): 27-39.

[10] Briscoe B J, Chateauminois A. Measurements of friction-induced surface strains in a steel/polymer contact. Tribology International, 2002, 35(4): 245-254.

[11] Chateauminois A, Briscoe B J. Nano-rheological properties of polymeric third bodies generated within fretting contacts. Surface and Coatings Technology, 2003, 163-164(30): 435-443.

[12] Yu J, Cai Z B, Zhu M H, et al. Study on torsional fretting behavior of UHMWPE. Applied Surface Science, 2008, (225): 616-618.

[13] 蔡振兵, 朱旻昊, 俞佳, 等. 扭动微动的模拟与试验研究. 摩擦学学报, 2008, (1): 18-22.

[14] Cai Z B, Zhu M H, Zheng J F, et al. Torsional fretting behaviors of LZ50 steel in air and nitrogen. Tribology International, 2009, 42: 1676-1683.

[15] Cai Z B, Zhu M H, Shen H M, et al. Torsional fretting wear behaviors of 7075 Aluminum alloy in various relative humidity environment. Wear, 2009, 267: 330-339.

[16] Cai Z B, Zhu M H, Lin X Z. Friction and wear of 7075 Aluminum alloy induced by torsional fretting. Transactions

of Nonferrous Metals Society of China, 2010, 20: 371-376.

［17］Cai Z B, Zhu M H, Zhou Z R. An experimental study of torsional fretting behavior of LZ50 steel. Tribology International, 2010, 43: 361-369.

［18］Cai Z B, Gao S S, Gan X Q, et al. Torsional fretting wear behavior of nature articular cartilage in vitro. International Journal of Surface Science and Engineering, 2011, 5(5/6): 348-368.

［19］Cai Z B, Zhu M H, Yang S, et al. In situ observations of the real-time wear of PMMA flat against steel ball under torsional fretting. Wear, 2011, 271: 2242-2251.

［20］Cai Z B, Gao S S, Zhu M H, et al. Tribological behavior of polymethyl methacrylate against different counter-bodies induced by torsional fretting wear. Wear, 2011, 270: 230-240.

［21］Cai Z B, Shen M X, Yu J, et al. Friction and wear behaviour of UHMWPE against Titanium alloy ball and alumina femoral head due to torsional fretting. International Journal of Surface Science and Engineering, 2013, 7(1): 81-95.

［22］蔡振兵, 朱旻昊, 张强, 等. 钢-钢接触的扭动微动氧化行为研究. 西安交通大学学报, 2009, (9): 86-90.

［23］蔡振兵, 高姗姗, 何莉萍, 等. 聚甲基丙烯酸甲酯的扭动微动摩擦学特性研究. 四川大学学报(工程科学版), 2009, 41(1): 96-100.

［24］蔡振兵, 林修洲, 张强, 等. 扭动微动条件下含水气氛对氧化行为的影响. 摩擦学学报, 2010, 30(6): 527-531.

［25］蔡振兵, 杨莎, 高姗姗, 等. 扭动摩擦条件下软骨损伤行为研究. 四川大学学报(工程科学版), 2011, 43(3): 209-213.

［26］西南交通大学. 一种扭动微动装置及其试验方法: 中国, ZL 200710050696. 9. 2007.

［27］Wang S B, Zhang S, Mao Y. Torsional wear behavior of MC nylon composites reinforced with GF: Effect of angular displacement. Tribology Letters, 2012, 45(3): 445-453.

［28］Wang S B, Teng B, Zhang S. Torsional wear behavior of monomer casting nylon composites reinforced with GF: Effect of content of glass fiber. Tribology Transactions, 2013, 56(2): 178-186.

［29］张纱, 王世博, 葛世荣. 铸型尼龙端面扭动与滑动摩擦学行为研究. 摩擦学学报, 2011, 31(4): 375-380.

［30］毛勇, 马平川, 牛延军. 铁路货车心盘磨耗盘的端面扭动模拟试验研究. 机械设计, 2013, 30(3): 71-74.

［31］王时龙, 雷松, 蔡振兵, 等. 多股螺旋弹簧扭动微动磨损机理研究. 摩擦学学报, 2011, 31(4): 390-398.

［32］Wang S L, Li X Y, Lei S, et al. Research on torsional fretting wear behaviors and damage mechanisms of stranded-wire helical spring. Journal of Mechanical Science and Technology, 2011, 25(8): 2137-2147.

［33］沈明学. 扭转复合微动运行及其损伤机理研究. 成都: 西南交通大学, 2012.

［34］Mindlin R D, Deresiewicz H. Elastic spheres in contact under varying oblique forces. Journal of Applied Mechanics, ASME, 1953, 20(3): 327-344.

［35］Meiboom S, Hewitt R C. Rotational viscosity in the smectic phases of terephthal-bis-butylaniline(TBBA). Physical Review A, 1977, 15(6): 2444-2453.

［36］朱旻昊. 径向与复合微动的运行和损伤机理研究. 成都: 西南交通大学, 2001.

［37］Smook J, Pennings J. Influence of draw ratio on morphological and structural changes in hot-drawing of UHMW polyethylene fibers as revealed by DSC. Colloid & Polymer Science, 1984, 262(9): 712-722.

［38］Silva C H D, Sinatora A. Development of severity parameter for wear study of thermoplastics. Wear, 2007,

263 (7-12) : 957-964.

[39] Schwartz C J, Bahadur S. Investigation of articular cartilage and counterface compliance in multi- directional sliding as in orthopedic implants. Wear, 2007, 262: 331-339.

[40] Ge S R, Wang S B, Gitis N, et al. Wear behavior and wear debris distribution of UHMWPE against Si_3N_4 ball in bi-directional sliding. Wear, 2008, 264 (7) : 571-578.

第 6 章　转动微动磨损

转动微动磨损是指在交变载荷下，接触副发生微幅转动的相对运动所产生的材料磨损。认识转动微动磨损运行行为和损伤机理，有助于深入认识微动摩擦学的基本理论。第 5 章详细介绍了扭动微动磨损的运行行为和损伤机理，由于转动微动磨损与扭动微动磨损都是微幅往复回转相对运动的结果，本章将围绕转动微动磨损，简要介绍其运行行为和损伤机理。

6.1　转动微动磨损的实现及试验装置

如图 5-2 所示，转动微动磨损与扭动微动磨损的相对运动都是回转运动，区别在于它们的回转方向相差 90°。与扭动微动磨损的试验装置相似，转动微动磨损试验装置主要由垂向驱动装置和水平驱动装置、转动机构以及基架等组成，如图 6-1 所示。高精度二维载荷传感器 3 联接在法向载荷施加机构上，上试样 8 通过平面试样夹具 9 与载荷传感器联接；球试样 7 通过下夹具 6 水平安装于转动电机支撑座 5 上，通过超低速往返转动电机 4 安装盘的中心孔接触并定位。转动微动磨损试验过程中，通过垂向驱动装置 1 和水平驱动装置 2 调整上试件在垂直、水平两个方向的位置，使其与下试件接触并施加给定法向载荷；由数据采集控制系统控制超低速往返转动电机的转动，使下试件按设定参数，以其水平中心线为旋转轴进行往复旋转，实现上、下试件的球/平面转动微动磨损。用高精度二维载荷传感器实时监测转动微动磨损时的切向力(摩擦力)，同时，实时监测转动微动磨损时的法向载荷，并反馈给数据采集控制系统；对二维移动平台的垂向位置进行实时调节，确保接触界面的法向载荷始终处于恒定的给定值。大量的试验充分验证了该试验装置的有效性。

6.2　转动微动磨损的运行行为

6.2.1　摩擦力-角位移幅值曲线

与切向微动磨损试验中得到的摩擦力-角位移幅值曲线相似，在转动微动试验中获得的摩擦力-角位移幅值曲线(F_t-θ 曲线)是转动微动磨损试验中最基本、最重要的信息，可以用来描述转动微动磨损的动力学特性[1]。大量试验研究表明，转动微动的 F_t-θ 曲线也有直线型、平行四边形型和椭圆型三种类型。直线型 F_t-θ 曲线对应接触界面处于弹性协调的部分滑移状态；椭圆型 F_t-θ 曲线对应接触界面发生塑性变形的部分滑移状态；平行四边形型 F_t-θ 曲线则表明接触界面处于完全滑移的相对运动状态。

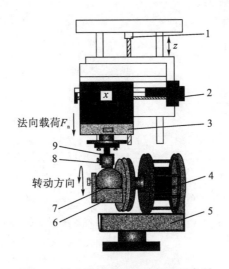

图 6-1　转动微动磨损试验装置示意图

1-垂向驱动装置；2-水平驱动装置；3-二维载荷传感器；4-超低速往返转动电机；5-转动电机支撑座；

6-下夹具；7-球试样；8-上试样；9-平面试样夹具

1.角位移幅值对转动微动磨损运行行为的影响

如图 6-2 和图 6-3 所示，法向载荷不变，随着角位移幅值的增加，接触面间的相对位移不断增加，从而使接触面的运行状态由弹性协调的部分滑移向完全滑移转变，F_t-θ 曲线由直线型(椭圆型)转变为平行四边形型。

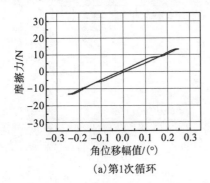

(a)第1次循环

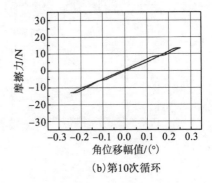

(b)第10次循环

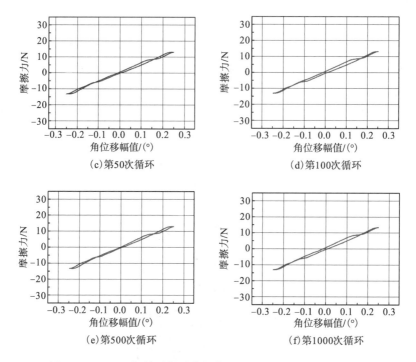

(c) 第50次循环   (d) 第100次循环

(e) 第500次循环   (f) 第1000次循环

图 6-2　35CrMo 钢转动微动磨损在不同循环周次下的 F_t-θ 曲线

(F_n=25N, θ=0.25°)

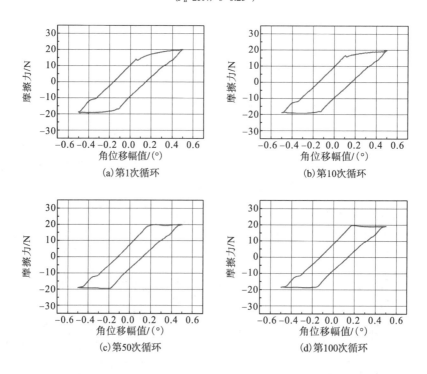

(a) 第1次循环   (b) 第10次循环

(c) 第50次循环   (d) 第100次循环

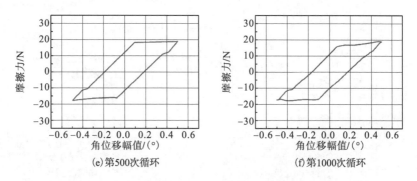

图 6-3 35CrMo 钢转动微动磨损在不同循环周次下的 F_t-θ 曲线

(F_n=25N，θ=0.5°)

2.法向载荷对转动微动磨损运行行为的影响

如图 6-4 所示，角位移幅值不变，随着法向载荷的增加，F_t-θ 曲线由平行四边形型向直线型(椭圆型)转变，这是由于两接触界面间的弹性变形量随着法向载荷的增加也呈增加的趋势，弹性变形量的增加使接触体发生相对滑移变得困难，从而使接触状态从完全滑移向部分滑移转变。

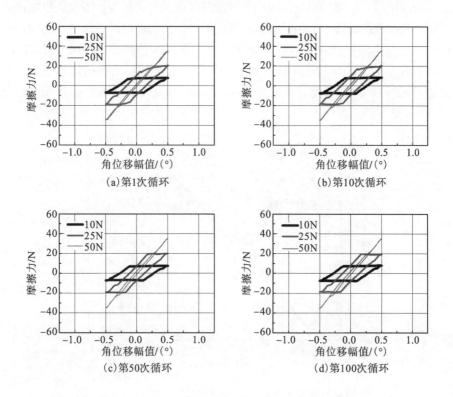

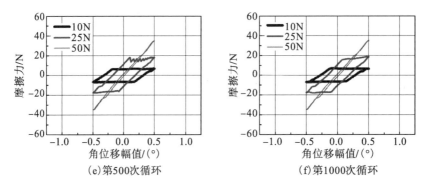

图 6-4　35CrMo 钢转动微动磨损在不同法向载荷和循环周次下的 F_t-θ 曲线

(θ=0.5°)

6.2.2　运行工况微动图的建立

在转动微动磨损模式下，类似于切向微动磨损，根据 F_t-θ 曲线随循环周次的演变规律，以法向载荷为纵坐标，以角位移幅值为横坐标，可以得到转动微动磨损的运行工况微动图，如图 6-5 所示。当法向载荷不变时，随着角位移幅值的增大，相对滑移的难度减小，微动运行区域由部分滑移区向滑移区转变；当角位移幅值不变时，随着法向载荷的增大，相对滑移的难度增加，微动运行区域由滑移区向部分滑移区转变。图 6-5 中 35CrMo 钢的转动微动运行区域分为部分滑移区与滑移区。

值得注意的是，针对 35CrMo 钢在不同试验参数的微动磨损过程中，未发现存在微动运行状态(部分滑移和完全滑移)之间的相互转变，说明不存在微动磨损的混合区(图 6-5)。

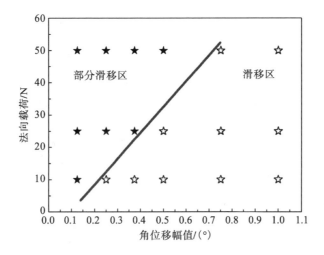

图 6-5　35CrMo 钢转动微动磨损的运行工况微动图

6.2.3 摩擦系数时变曲线

1.角位移幅值的影响

如图 6-6 所示，法向载荷不变，随着角位移幅值的增加，稳定阶段的摩擦系数呈递增趋势。这与其他微动模式的结果一致。

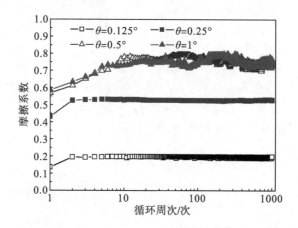

图 6-6 不同角位移幅值下 35CrMo 钢摩擦系数随循环周次变化曲线

(F_n=25N)

当微动磨损运行于部分滑移区时(θ=0.125° 和 θ=0.25°)，摩擦系数曲线的变化趋势呈上升—稳定两个阶段。

(1)上升阶段：在微动磨损的跑合阶段，接触体存在表面膜(污染膜和吸附膜)，导致摩擦系数很低；在几个微动循环之后，表面膜由于受到剪切和挤压等作用而发生破坏并被去除，摩擦系数由最初几次循环的较低值迅速上升。

(2)稳定阶段：表面膜被破坏后，虽然两接触体发生金属/金属的二体直接接触，然而外加角位移幅值由弹性变形进行协调，接触中心仍处于黏着状态，因此摩擦系数的值经第一阶段上升后便保持在一个相对稳定的状态直至试验结束，摩擦系数曲线随循环周次的变化在很小范围内波动，近似呈直线状。

而当微动运行于滑移区时(θ=0.5° 和 θ=1°)，摩擦系数曲线的变化趋势明显与微动运行于部分滑移区时不同，摩擦系数曲线呈上升—峰值—下降—稳定四个阶段。

(1)上升阶段：由于接触表面污染膜与吸附膜去除后，两接触体发生金属/金属的二体直接接触，实际接触面积增大，接触区域金属的表面黏着和材料的塑性变形使摩擦系数不断增大。

(2)峰值阶段：摩擦系数逐渐升高达到峰值。

（3）下降阶段：随循环次数的增加，接触区表面在法向载荷作用下发生持续的加工硬化。由于材料表面脆性增加，接触区表面局部发生颗粒剥落，脱落的颗粒被反复碾压碎化，经氧化形成磨屑并发生迁移。富集的磨屑不易从接触区域排出，因此接触状态由二体磨损向三体磨损转变。由于大量的磨屑累积在接触区表面而形成第三体层，其参与承载并起到固体润滑作用，摩擦系数曲线呈现逐渐下降的趋势。

（4）稳定阶段：在经过下降阶段后，第三体的形成与排出达到动态平衡，致使摩擦系数曲线只发生小幅度的波动，进入稳定阶段。

2.法向载荷的影响

如图 6-7 所示，在部分滑移区（$\theta=0.125°$ 和 $\theta=0.25°$），随着法向载荷增加，摩擦系数递减；在滑移区（$\theta=0.5°$ 和 $\theta=1°$），因磨屑承载，摩擦系数在稳定阶段的值相差不大，法向载荷的变化对摩擦系数的影响较小。

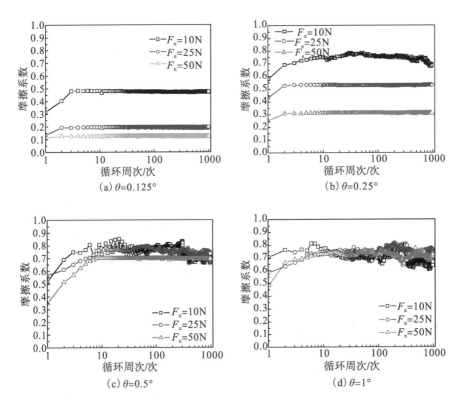

图 6-7　不同角位移幅值和法向载荷下 35CrMo 钢的摩擦系数随循环周次变化曲线

6.2.4　摩擦耗散能的变化

在转动微动磨损模式下，根据切向微动模式下摩擦耗散能的计算方法[2-4]，可以得到单次循环时的摩擦功 E_i 为

$$E_i = F_t \cdot l = \frac{\pi R}{180} \int_{+\theta}^{-\theta} F_t \theta \mathrm{d}\theta \tag{6-1}$$

式中，F_t 是弧上即时一点的摩擦力；l 为接触弧长；R 为对磨球的半径；θ 为角位移幅值。

微动磨损运行于部分滑移区时，由于接触体的相对转动由弹性变形协调，摩擦耗散的能量极低，可以近似认为是零；微动磨损运行于滑移区时，整个转动微动过程中产生的摩擦功 E 就是所有单次循环所产生的摩擦耗散能的总和，即

$$E = \sum_{i=1}^{n} E_i = \sum_{i=1}^{n} \frac{\pi R}{180} \int_{+\theta}^{-\theta} F_t \theta \mathrm{d}\theta \tag{6-2}$$

1.角位移幅值的影响

如图 6-8 所示，法向载荷不变，随着角位移幅值的增加，摩擦耗散能呈递增趋势。摩擦耗散能随循环周次变化的曲线呈上升—峰值—下降—稳定四个阶段。

(1)上升阶段：该阶段很好地与摩擦系数的上升阶段相对应。由于表面膜被破坏，发生了金属/金属的二体直接接触，导致摩擦耗散能呈上升趋势。

(2)峰值阶段：由于接触表面发生了塑性变形，摩擦耗散能逐渐增大，达到峰值。

(3)下降阶段：在外加载荷与角位移作用下，接触体表面由于疲劳发生材料的剥落，剥落的材料随后被碾碎及氧化形成磨屑，磨屑参与承载并且有固体润滑的作用，导致摩擦系数降低，摩擦耗散能相应也呈降低趋势。

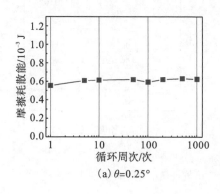

(a) θ=0.25°

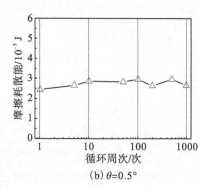

(b) θ=0.5°

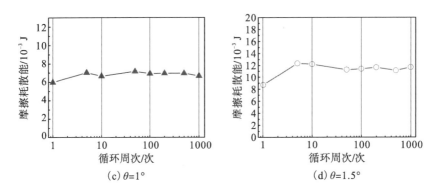

图 6-8　不同角位移幅值下 35CrMo 钢摩擦耗散能随循环周次变化曲线

(F_n=10N)

(4) 稳定阶段：经历下降阶段之后，摩擦耗散能便开始进入稳定阶段，其值在很窄的范围内发生波动，这可能是由于第三体的排出与生成达到动态平衡后，接触表面的状态也趋于稳定，因此随着循环周次的增加，摩擦耗散能也不再发生大的变化。

2.法向载荷的影响

如图 6-9 所示，角位移幅值不变，随着法向载荷的增加，摩擦耗散能呈递增趋势。由式(6-2)可知，摩擦力与角位移幅值是影响摩擦耗散能的重要参数。当两接触体的相对运动状态为完全滑移时，如果转动微动的角位移幅值不变，那么外界施加的法向载荷越大，两接触体的接触面就越大，发生相对运动需要的能量也就越大，在相对运动过程中，以其他形式消耗的能量也就越多。因此，摩擦耗散能随着法向载荷的增加而增加。

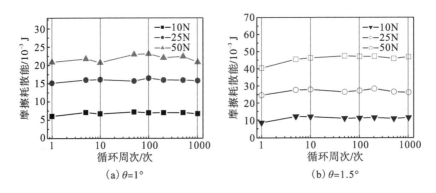

图 6-9　35CrMo 钢在不同法向载荷下摩擦耗散能随循环周次变化曲线

6.3　转动微动磨损的损伤机理

6.3.1　试验参数对转动微动磨损的影响

1.法向载荷的影响

如图 6-10 所示，在部分滑移区，随着法向载荷的增加，磨痕的尺寸呈现出逐渐变大的趋势。磨痕均为典型的微动环状形貌，这是由于接触界面的相对运动由两接触体的弹性变形来协调，接触区中心没有相对滑移，处于黏着状态，因此在此区域几乎观察不到损伤，而在接触区边缘则有微滑移发生，在光学形貌照片上可以观察到与非接触区相比颜色较深的环状微滑区。

随着法向载荷的增加，损伤递减。这是由于法向载荷越小，两接触体的弹性变形也就越小，从而接触体的相对微滑就越容易发生，微滑造成的材料损伤就相对越严重。如图 6-10 所示，F_n=10N 时，微滑造成的损伤比较明显，微滑区尺寸占整个磨痕面积的比例要大于另外两种法向载荷下微滑区占整个磨痕面积的比例。

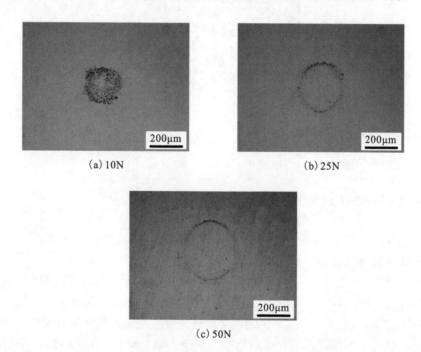

(a) 10N　　　　　　　　　　　　　　　　(b) 25N

(c) 50N

图 6-10　不同法向载荷下 35CrMo 钢磨痕的光学形貌

(θ=0.125°，N=1000 次)

    如图 6-11 所示，在滑移区，随着法向载荷的增加，材料的磨损越来越严重，生成的磨屑越来越多，磨痕的尺寸逐渐变大。与部分滑移区的磨痕形貌相比，微动磨损运行于滑移区时，磨痕中心有明显的滑移特征，两端则有明显的磨屑层。根据磨痕的光学形貌可以看出，在磨痕中心有明显的塑性流动的痕迹，同时可以观察到沿转动方向有磨粒磨损造成的明显犁沟，在磨痕外侧堆积有大量的磨屑，剥落的磨粒对磨痕的犁削作用非常显著。

(a) 10N   (b) 25N

(c) 50N

图 6-11　不同法向载荷下 35CrMo 钢磨痕的 OM 形貌

(θ=1°，N=1000 次)

2.角位移幅值的影响

    如图 6-12～图 6-15 所示，随着角位移幅值的增大，转动微动的运行区域从部分滑移区向滑移区转变，材料的损伤逐渐加重。

    如图 6-12 和图 6-13 所示，在部分滑移区，随着角位移幅值的增加，边缘微滑区尺寸增加，材料的损伤逐渐加重。EDX 能谱分析显示，同黏着区相比，边缘微滑区有较明显的 O 峰出现，说明在接触区边缘有轻微的摩擦氧化发生。因此，部分滑移区的磨损机制主要是磨粒磨损和轻微的氧化磨损。如图 6-12(c) 所示，轮廓曲线整体比较平整，除接触区有轻微的凹陷之外，几乎没有发生其他的明显变化，这也可以说明微动磨损运行于部分滑移区时，材料的损伤非常轻微。

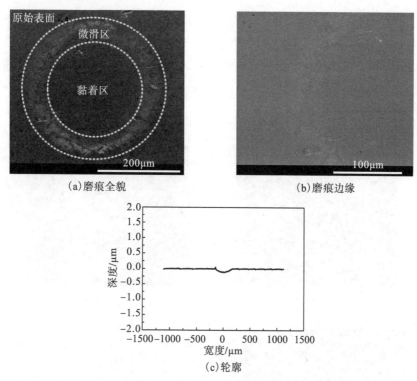

（a）磨痕全貌　　　　　　　　　　（b）磨痕边缘

（c）轮廓

图 6-12　35CrMo 钢部分滑移区磨痕 SEM 形貌及轮廓

（F_n=25N，θ=0.125°，N=1000 次）

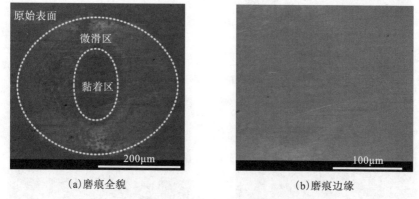

（a）磨痕全貌　　　　　　　　　　（b）磨痕边缘

图 6-13　35CrMo 钢部分滑移区磨痕 SEM 形貌

（F_n=25N，θ=0.25°，N=1000 次）

如图 6-14 和图 6-15 所示，在滑移区，磨屑被排出到接触区之外，因此大量的磨屑在磨痕边缘堆积形成一个椭圆形状的磨屑堆积区。在磨痕中心，可以观察到堆积的磨屑被反复碾压及氧化形成的磨屑堆积层。在外加载荷与角位移作用下，裂纹在接触区域的次表面形成并沿平行于表面方向扩展，同时在疲劳作用下垂直于材料表面的疲劳裂纹向内扩展，横向裂纹与垂向裂纹沟通，造成大量的磨屑呈层状发生剥落，因此在磨痕中心可以观察到明显的剥落坑。剥落的磨粒对磨屑层的犁削作用加强，犁沟的痕迹非常明显。因此，滑移区的磨损机制可归纳为剥层、磨粒磨损和氧化磨损。

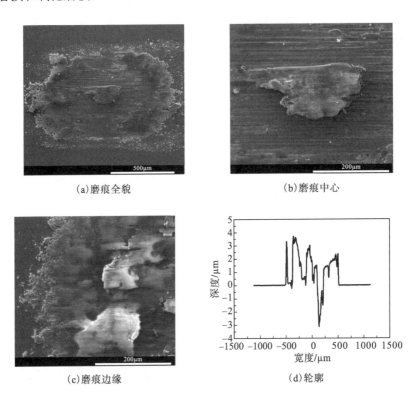

(a)磨痕全貌   (b)磨痕中心

(c)磨痕边缘   (d)轮廓

图 6-14   35CrMo 钢滑移区磨痕 SEM 形貌及轮廓

(F_n=25N, θ=0.5°, N=1000 次)

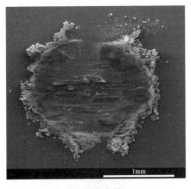 

(a)磨痕全貌   (b)磨痕中心

(c)磨痕边缘

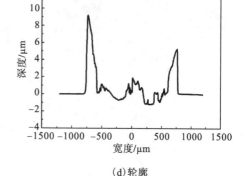

(d)轮廓

图 6-15　35CrMo 钢滑移区磨痕 SEM 形貌及轮廓

(F_n=25N，θ=1°，N=1000 次)

　　磨痕轮廓显示磨痕中心出现隆起现象，轮廓曲线呈Λ形(图 6-14(d))。当接触体发生完全滑移的相对运动时，转动微动磨损模式下接触中心呈现隆起特征。这是由于在一个微动循环中，材料随球试样在往复转动的过程中发生塑性流动，其在两个相反方向造成的损伤在磨痕中心叠加，随着循环周次的增加，损伤将不断累积，导致中心区隆起。利用球/平面接触条件下的转动微动有限元模型分析隆起现象，数值模拟结果和试验研究结果有很好的一致性[5]。在较大角位移幅值下，磨痕轮廓线近似呈 W 形，两端明显的突起是磨屑在接触区边缘堆积的反映(图 6-15(d))。同较小角位移幅值下相比，磨痕的轮廓曲线中心高于原始表面的突起特征不再明显。这是由于虽然此时微动接触界面的相对运动状态仍为完全滑移，且磨痕中心的隆起特征也仍按前述机制形成，但材料塑性流动堆积的速度在角位移幅值较大时不能跟上，由磨损导致的材料去除的速度较高，因此隆起特征就被破坏，导致轮廓曲线的中心隆起程度同较小角位移幅值条件下相比较小。

3.转动微动磨损的中心隆起机制

　　转动微动磨损在滑移状态下的接触中心有显著的隆起特征，这是该模式微动磨损区别于其他微动模式的重要特征。

　　图 6-16 示出了工业纯铁的转动微动磨损滑移区中心隆起发展过程。图 6-17 和图 6-18 示出了 PMMA 在转动微动磨损过程中的中心隆起发展过程。研究发现，中心隆起与塑性变形的流动方向密切相关，在每个循环中，当前半个循环向左运动时，材料塑性变形从外侧经中心向左侧流动，反向后在后半个循环，材料的塑性流动向相反方向即经中心向右侧进行，在完成一个微动循环后，材料在接触中心区的两侧分别完成一次塑性流动；随着循环周次的增加，塑性变形不断累积，导致中心区隆起。所以，接触中心区隆起的机制是塑性变形不断在中心区累积的结果。

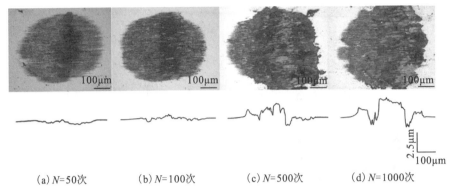

(a) N=50次   (b) N=100次   (c) N=500次   (d) N=1000次

图 6-16   工业纯铁在滑移区不同循环周次下的光镜形貌及轮廓

(F_n=10N，θ=0.25°)

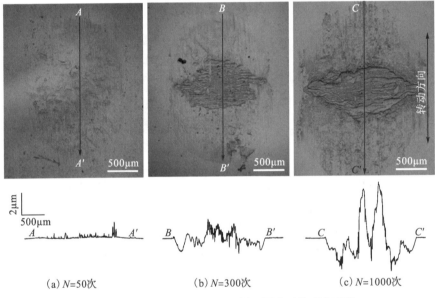

（a）N=50次   （b）N=300次   （c）N=1000次

图 6-17   PMMA 在混合区不同循环周次下的磨痕形貌

(F_n=100N，θ=1°)

　　图 6-17 和图 6-18 均显示了材料反复黏性流动的痕迹。黏性流动累积过程可描述为：在微动循环的前半个周期，PMMA 高分子材料随球试样的转动，发生黏性流动，分子链拉长、变形、滑移甚至断裂，而在相对运动的前端形成银纹则是黏性流动的结果，由于黏性流动具有不可逆性，前半个循环的损伤保留下来；在接下来的后半个周期中，发生完全相反的相对运动，材料发生相反方向的黏性流动，产生对称于前半个周期的相同损伤。由于前后半个周期损伤叠加，形貌上表现出一种类似"眼睛"的特征，其中分布着黏性流动形成的银纹和微裂纹，可以认为这是材料疲劳磨损的结果。

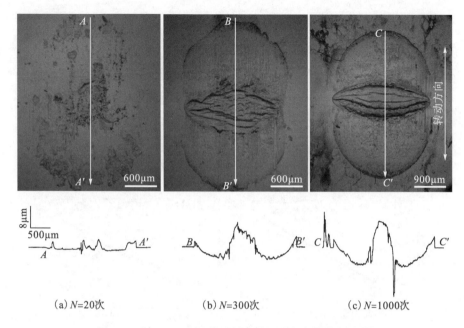

（a）N=20次　　　　　　　　（b）N=300次　　　　　　　（c）N=1000次

图 6-18　PMMA 在滑移区不同循环周次下的磨痕形貌

（F_n=100N，θ=2.5°）

6.3.2　接触方式对转动微动磨损的影响

现代摩擦学理论认为，在不同的接触方式下接触应力、接触刚度和磨屑的运动行为等存在很大差异，因此接触方式也是影响微动磨损行为的重要因素。本节将对比球/平面和球/凹面两种接触方式下的转动微动损伤行为。

1.法向载荷相同时的对比

1）F_t-θ 曲线

如图 6-19 所示，在部分滑移区，试验参数相同，接触方式不同，虽然 F_t-θ 曲线均呈直线型，但斜率不同。与切向微动磨损一样，F_t-θ 曲线的斜率(倾斜程度)反映了材料抵抗变形的能力，即抵抗变形的接触刚度。因此，与球/凹面接触方式相比，球/平面接触方式的接触刚度更大。

如图 6-20 所示，在滑移区，相同工况下，接触方式不同，虽然 F_t-θ 曲线均呈平行四边形型，但倾斜程度不同，即接触刚度不同。相同试验工况下，球/平面接触的接触刚度比球/凹面接触刚度大。

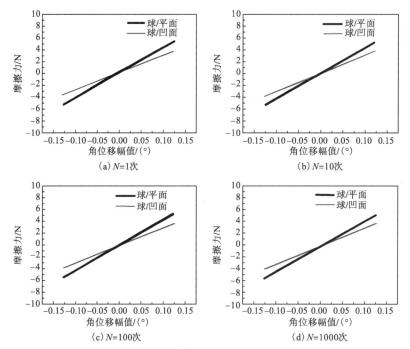

图 6-19　法向载荷相同时不同接触方式下 LZ50 钢转动微动的 F_t-θ 曲线

(F_n=25N，θ=0.125°)

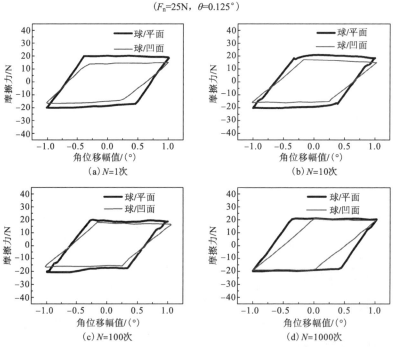

图 6-20　法向载荷相同时不同接触方式下 LZ50 钢转动微动的 F_t-θ 曲线

(F_n=25N，θ=1°)

2) 运行工况微动图

如图 6-21 所示，试验参数相同，接触方式不同，转动微动磨损可能运行于不同的区域。当法向载荷相同时，随着接触方式由球/凹面转变为球/平面接触，接触区域面积明显变小。与球/凹面接触方式相比，在相同的角位移幅值之下，球/平面接触方式的微动磨损进入部分滑移区需要更大的法向载荷，也就是说，球/平面接触方式下，转动微动磨损两接触体更容易发生相对滑移，微动在相对较小的角位移幅值下进入滑移区。总结而言，接触方式由球/凹面向球/平面接触转变时，滑移区向小角位移幅值方向移动。

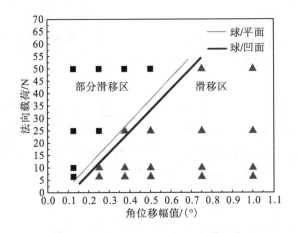

图 6-21　LZ50 钢在两种接触方式下转动微动磨损的运行工况微动图

3) 摩擦系数曲线

如图 6-22 所示，试验参数相同，接触方式不同，摩擦系数呈现的规律也不相同。球/平面接触方式下稳定阶段的摩擦系数高于球/凹面接触方式下稳定阶段的摩擦系数。

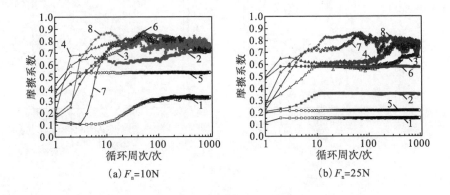

(a) F_n=10N　　(b) F_n=25N

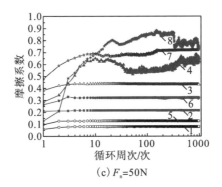

(c) F_n=50N

图 6-22 两种接触方式下 LZ50 钢在不同角位移幅值下的摩擦系数时变曲线

(N=1000 次)

1-球/凹面，θ=0.125°；2-球/凹面，θ=0.25°；3-球/凹面，θ=0.5°；4-球/凹面，θ=1°；5-球/平面，θ=0.125°；

6-球/平面，θ=0.25°；7-球/平面，θ=0.5°；8-球/平面，θ=1°

与球/平面接触方式一样,球/凹面接触方式在部分滑移区的摩擦系数呈上升—稳定两个阶段,而在滑移区与球/平面接触不同,在相同的循环周次内,摩擦系数较难进入稳定阶段。这可能是由于球/凹面接触条件下,接触区磨屑的排出比较困难,导致磨屑产生与排出的动态平衡难以达到。

4) 摩擦耗散能曲线

如图 6-23 所示,试验参数相同,接触方式不同,摩擦耗散能呈现的规律也不相同。球/平面接触方式下的摩擦耗散能大于球/凹面接触方式下的摩擦耗散能。这可能是球/凹面接触方式下,接触区域比较大而接触应力比较小造成的。与球/平面接触方式不同,球/凹面接触方式下的摩擦耗散能曲线呈上升—峰值—下降—稳定—二次上升—二次稳定 6 个阶段。

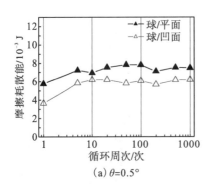

(a) θ=0.5°

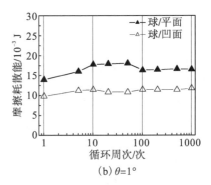

(b) θ=1°

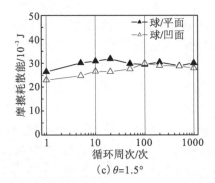

（c）$\theta=1.5°$

图 6-23　两种接触方式下 LZ50 钢转动微动磨损摩擦耗散能时变曲线

（$F_n=25N$）

5）磨痕形貌

如图 6-24 所示，当微动磨损在两种接触方式下均运行于部分滑移区时，与球/平面接触方式相比，球/凹面接触方式下环状磨痕形貌相对不太规则。轮廓显示球/平面接触方式下磨痕的宽度与深度均比球/凹面接触方式大。

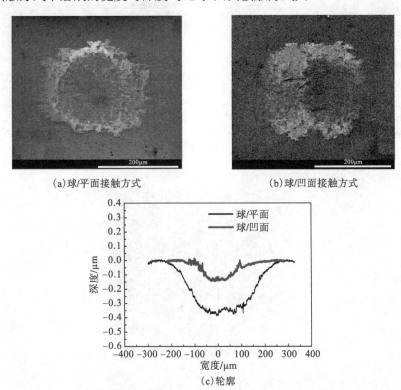

（a）球/平面接触方式　　　　　　　（b）球/凹面接触方式

（c）轮廓

图 6-24　两种接触方式下 LZ50 钢转动微动磨痕 SEM 形貌及轮廓

（$F_n=25N$，$\theta=0.125°$，$N=1000$ 次）

如图 6-25 和图 6-26 所示,当转动微动磨损在两种接触方式下均运行于滑移区时,两种接触方式下磨痕的形貌存在差异,球/凹面接触方式下的磨痕较窄长。

如图 6-25(b)所示,球/凹面接触时,在磨痕中心有磨粒磨损造成的犁沟痕迹,同时可以观察到材料片状剥落产生的剥落坑。由于剥落的材料从凹面内排出较困难,因此其在接触中心被对磨球反复碾压,形成较完整的磨屑层。磨损机制可归结为磨粒磨损、氧化磨损和剥层。同球/凹面接触方式相比,球/平面接触方式下剥落的材料较容易从接触区排出,犁沟作用较严重。

如图 6-27 所示,在滑移区,球/凹面接触方式下磨痕的宽度和深度仍均比球/平面接触方式下小。同球/平面接触方式相比,当外加的法向载荷相同时,球/凹面接触方式下接触区的面积较大,导致其接触应力较小,因此球/凹面接触方式下材料的损伤同球/平面接触方式相比要相对轻微。

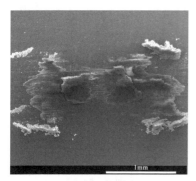

(a)磨痕全貌

(b)磨痕中心

(c)磨痕边缘

图 6-25 LZ50 钢在球/凹面接触方式下的 SEM 形貌

(F_n=25N,θ=1°,N=1000 次)

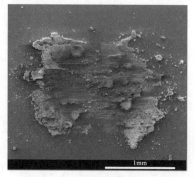
(a)磨痕全貌

(b)磨痕中心

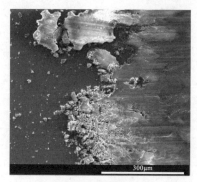
(c)磨痕边缘

图 6-26　LZ50 钢在球/平面接触方式下的 SEM 形貌

(F_n=25N，θ=1°，N=1000 次)

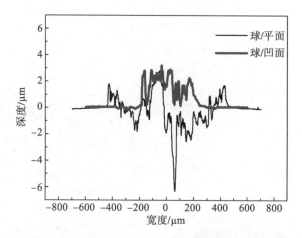

图 6-27　LZ50 钢在不同接触方式下磨痕的表面轮廓曲线

(F_n=25N，θ=1°，N=1000 次)

磨痕轮廓曲线显示，转动微动磨损运行于滑移区时，球/凹面接触方式下也出现隆起。这种隆起现象是转动微动磨损过程中，接触表面处于完全滑移状态时重要且独有的现象。

2.最大赫兹接触应力相同时的对比

当法向载荷分别为 10N、25N 和 50N 时，半径为 20mm 的 GCr15 钢球与曲率半径为 25mm 的 LZ50 钢凹面试样接触时，在接触区产生的最大赫兹接触应力分别为 254.8MPa、345.8MPa 和 435.7MPa。

当 LZ50 钢平面试样与相同材质和尺寸的 GCr15 钢球接触时，最大赫兹接触应力要达到上述 3 个值，需施加的法向载荷分别为 2.57N、6.425N 和 12.85N。也就是说，在这 3 种法向载荷下，球/平面接触时的最大赫兹接触应力与法向载荷分别为 10N、25N 和 50N 时球/凹面接触时的最大赫兹接触应力大致相当，如表 6-1 所示。

表 6-1   最大赫兹接触应力相同时两种接触条件下所需施加的法向载荷

最大赫兹接触应力/MPa	球/凹面接触方式下所需施加的法向载荷/N	球/平面接触方式下所需施加的法向载荷/N
254.8	10	2.57
345.8	25	6.425
435.7	50	12.85

1) F_t-θ 曲线

如图 6-28 所示，在部分滑移区，最大赫兹接触应力相同，接触方式不同，虽然 F_t-θ 曲线均呈直线型，但斜率不同。

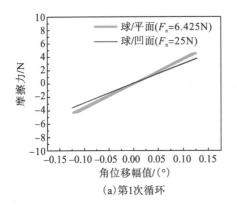
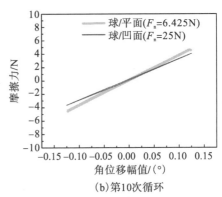

(a)第1次循环 　　　　　　　　　　　(b)第10次循环

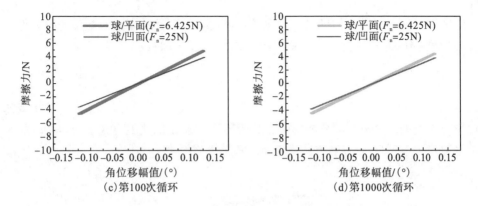

图 6-28　最大赫兹接触应力相同时不同接触方式下 LZ50 钢转动微动的 F_t-θ 曲线

(θ=0.125°)

如图 6-29 所示，在滑移区，最大赫兹接触应力相同，接触方式不同时，虽然 F_t-θ 曲线均呈平行四边形型，但形态不同。球/平面接触方式下，平行四边形型 F_t-θ 曲线较宽扁，这是由于球/凹面接触时接触体发生相对转动时，产生的摩擦力大于球/平面接触产生的摩擦力，在 F_t-θ 曲线上就反映为球/平面接触方式下平行四边

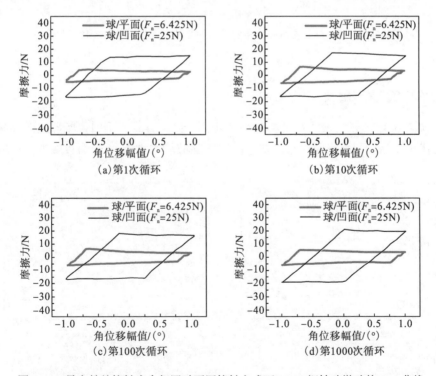

图 6-29　最大赫兹接触应力相同时不同接触方式下 LZ50 钢转动微动的 F_t-θ 曲线

(θ=1°)

形较宽扁。这表明在相同的应力水平下，凹面试样弯曲的表面对变形的限制作用使球/凹面接触方式下材料抵抗变形的能力大于球/平面接触方式。

2) 摩擦系数曲线

如图 6-30 所示，最大赫兹接触应力相同，接触方式不同时，摩擦系数呈现的规律也不相同。无论在部分滑移区还是滑移区，球/平面接触方式下稳定阶段的摩擦系数均大于球/凹面接触方式下稳定阶段的摩擦系数。

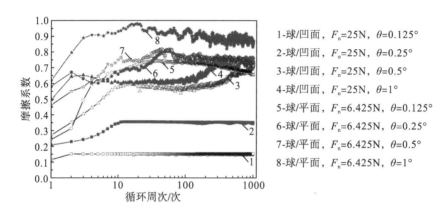

图 6-30   最大赫兹接触应力相同时两种接触方式下摩擦系数时变曲线

(N=1000 次)

3) 摩擦耗散能曲线

如图 6-31 所示，最大赫兹接触应力相同，接触方式不同时，摩擦耗散能呈现的规律也不相同。球/凹面接触方式下的摩擦耗散能均大于球/平面接触方式下的摩

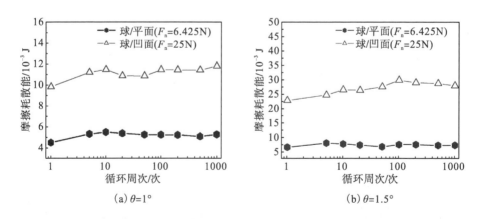

(a) $\theta=1°$ (b) $\theta=1.5°$

图 6-31   最大赫兹接触应力相同时两种接触方式下 LZ50 钢摩擦耗散能时变曲线

擦耗散能。这是因为在最大赫兹接触应力相同的情况下，球/凹面接触方式的法向力大于球/平面接触方式，球/凹面接触方式下接触面间的摩擦力也就大于球/平面接触方式下接触面间的摩擦力，根据式(6-2)，角位移幅值相同时，摩擦力越大，摩擦耗散能越大。

4) 磨痕形貌

如图 6-32 所示，在部分滑移区，最大赫兹接触应力相同时，与球/凹面接触方式下的磨痕相比(图 6-24(b))，球/平面接触方式下的磨痕尺寸明显小得多。

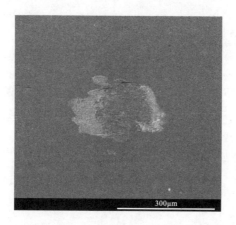

图 6-32　LZ50 钢在球/平面接触方式下的 SEM 形貌

(F_n=6.425N，θ=0.125°，N=1000 次)

如图 6-33 所示，在滑移区，最大赫兹接触应力相同时，与球/凹面接触方式下的磨痕相比(图 6-25)，球/平面接触方式下，在磨痕中心同样可以观察到犁沟的痕迹。由于球/平面接触时，磨屑容易排出接触区之外，因此接触中心存在的磨屑较少，而磨痕边缘有大量的磨屑堆积。

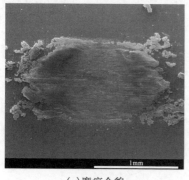

(a)磨痕全貌　　　　　　(b)磨痕中心

(c)磨痕边缘

图 6-33　LZ50 钢在球/平面接触方式下的 SEM 形貌

(F_n=6.425N，θ=1°，N=1000 次)

　　如图 6-34 所示，最大赫兹接触应力相同时，球/凹面接触方式下，接触区材料塑性流动损伤的累积导致隆起现象出现，轮廓曲线呈Λ形；而在球/平面接触方式下，由于法向载荷较小，隆起并未完全形成。

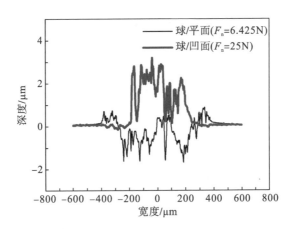

图 6-34　最大赫兹接触应力相同时两种接触条件下 LZ50 钢转动微动磨痕轮廓曲线

(θ=1°)

6.3.3　材料性质对转动微动磨损的影响

　　如前所述，转动微动磨损与材料的强度、硬度、韧性、塑性等力学性能密切相关，可见材料性质也是影响转动微动磨损行为的重要因素。本节将对比两种材料的转动微动损伤行为，以期揭示材料性质对转动微动的影响。

1. F_t-θ 曲线

如图 6-35 所示，在部分滑移区，试验参数相同，材料不同时，虽然 F_t-θ 曲线均呈直线型，但斜率不同。与 35CrMo 钢的 F_t-θ 曲线相比，LZ50 钢的 F_t-θ 较倾斜。这可能是因为 LZ50 钢的硬度较低且塑性较好，因此在相同的外加法向载荷作用下，接触体的弹性变形量较大，从而导致发生相对转动运动时的摩擦力较大。

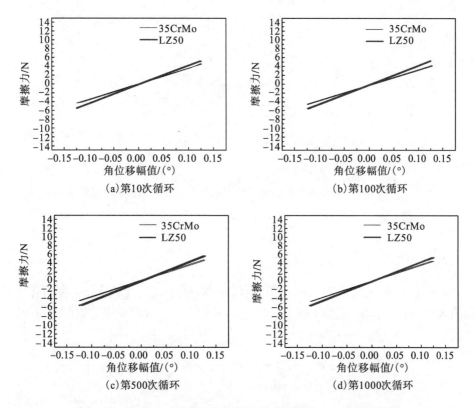

图 6-35　35CrMo 钢与 LZ50 钢转动微动磨损的 F_t-θ 曲线对比图

(F_n=10N，θ=0.125°)

如图 6-36 所示，在滑移区，LZ50 钢发生转动微动磨损时产生的摩擦力大于 35CrMo 钢，这是因为同 35CrMo 钢相比，LZ50 钢的塑性好，硬度小，在相同的外加法向载荷作用下与对磨球接触时，接触面间接触体的变形会增加，接触面积也会增大，因此必定需要更大的切向力才能使两接触体发生完全滑移的相对运动，从而导致发生相对转动运动时的摩擦力较大。

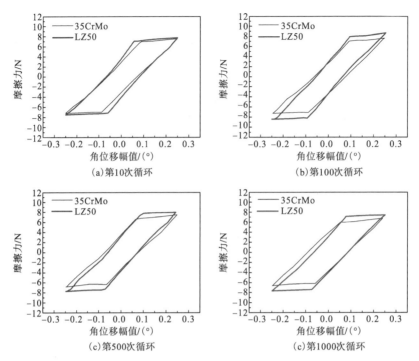

图 6-36　35CrMo 钢与 LZ50 钢转动微动磨损的 F_t-θ 曲线对比图

(F_n=10N，θ=0.25°)

2.运行工况微动图

如图 6-37 所示，试验工况相同，而材料不同时，转动微动磨损可能运行于不同的区域。塑性越好，越容易滑移。同 35CrMo 钢相比，LZ50 钢的塑性相对较好，

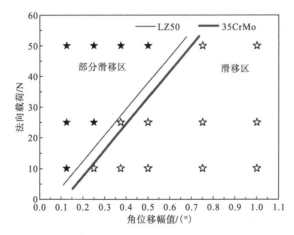

图 6-37　35CrMo 钢与 LZ50 钢转动微动磨损的运行工况微动图

(对磨钢球 GCr15)

在相同的外加法向载荷与角位移幅值条件下，其塑性流动能力更强，接触界面更容易发生相对滑移，转动微动磨损更容易进入滑移状态，因此在运行工况微动图上就表现为 LZ50 钢的滑移区向小角位移幅值方向移动。

LZ50 钢的微动运行区域也只有部分滑移区与滑移区，没有观察到混合区，而对 7075 铝合金转动微动磨损的研究表明，其微动运行区域存在混合区[6](图 6-38)，这可能是由于材料本身的特性不同，转动微动磨损时所具有的微动运行区域也不同。图 6-39 示出了 7075 铝合金转动微动磨损混合区的摩擦系数时变曲线及不同阶段所对应的 F_t-θ 曲线，可以看出微动磨损过程中发生了相对运动状态的转变，即出现了混合区。因此，转动微动运行区域强烈地依赖于材料，材料不同时，可能观察到的微动区域也不相同。

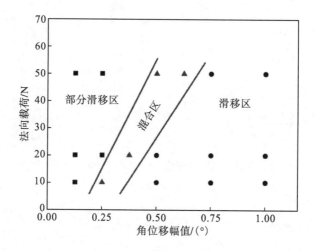

图 6-38　7075 铝合金转动微动磨损的运行工况微动图

(对磨钢球 GCr15)

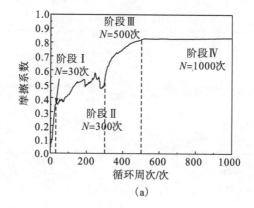

(a)

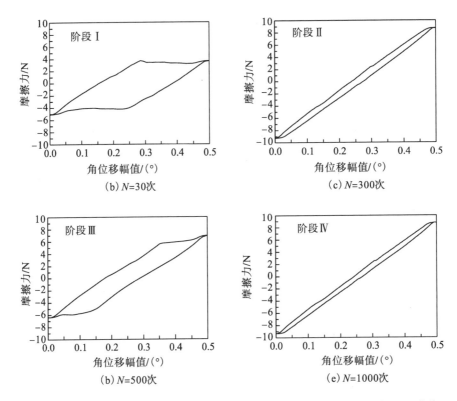

图 6-39 7075 铝合金转动微动磨损混合区的摩擦系数时变曲线及对应的 F_t-θ 曲线

(F_n=10N，θ=0.5°)

3.摩擦系数曲线

如图 6-40 所示，试验参数相同，材料不同时，摩擦系数也不同。但无论在部分滑移区还是滑移区，前述 LZ50 钢的摩擦力比 35CrMo 钢的数值大，LZ50 钢在稳定阶段的摩擦系数要稍大于 35CrMo 钢的摩擦系数。

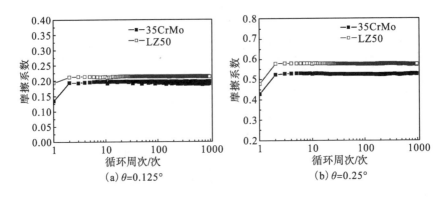

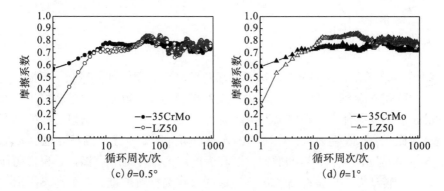

图 6-40　35CrMo 钢与 LZ50 钢在不同角位移幅值下摩擦系数时变曲线

(F_n=25N)

4.摩擦耗散能曲线

如图 6-41 所示，试验参数相同，材料不同时，摩擦耗散能演变过程也不同。除上升阶段外，LZ50 钢的摩擦耗散能均大于相同循环周次下 35CrMo 钢的摩擦耗散能。

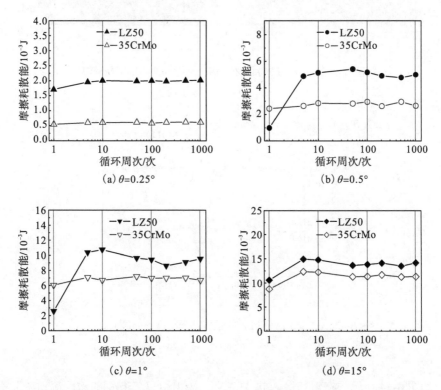

图 6-41　35CrMo 钢与 LZ50 钢在不同角位移幅值下摩擦耗散能时变曲线

(F_n=10N)

5.磨痕形貌

如图 6-42 所示，在部分滑移区，虽然两种材料的损伤都很轻微，但损伤程度不同。与 35CrMo 钢的磨痕相比，由于 LZ50 钢的硬度较低，塑性较好，因此在相同的试验参数条件下，更容易发生相对微滑，因此 LZ50 钢磨痕边缘的椭圆环状微滑区比 35CrMo 钢要宽，微滑移的痕迹也更加明显，磨痕的尺寸也更大。

图 6-43 显示，LZ50 钢的磨痕宽度和深度均大于 35CrMo 钢，这也说明在相同工况下，转动微动磨损对 LZ50 钢造成的损伤要相对严重。部分滑移区出现凹坑，是球试样在平面试样上产生压痕的结果。

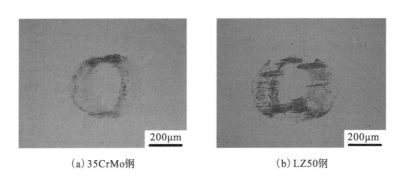

(a) 35CrMo钢   (b) LZ50钢

图 6-42　35CrMo 钢和 LZ50 钢转动微动磨痕的 OM 形貌

(F_n=50N，θ=0.25°，N=1000 次)

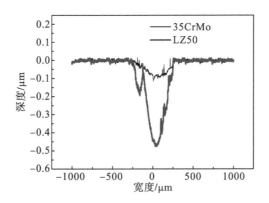

图 6-43　35CrMo 钢和 LZ50 钢转动微动磨痕的表面轮廓线

(F_n=50N，θ=0.25°，N=1000 次)

如图 6-44 所示，在滑移区，同 35CrMo 钢相比，LZ50 钢的塑性流动特征相对明显。由于 LZ50 钢的塑性较好，在外加载荷与角位移作用下更容易发生塑性流动，因此塑性流动损伤在接触中心的累积现象非常严重。在 LZ50 钢的磨痕中心堆积有较厚的磨屑层，同时，在隆起部位外侧，材料的剥落也比较显著，在磨痕边缘则可以观察到有较多的磨屑被排出到此区域，因此其磨痕轮廓曲线呈 W 形(图 6-45)。

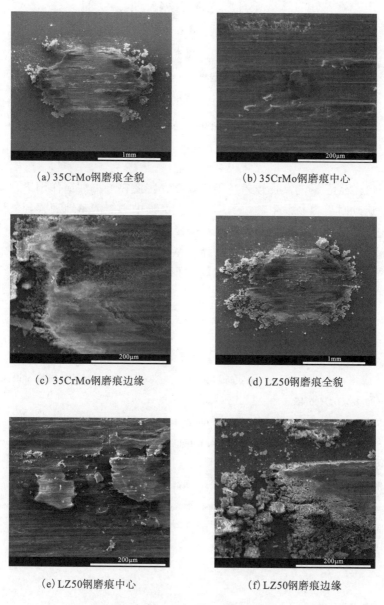

（a）35CrMo钢磨痕全貌　　　　　　　　（b）35CrMo钢磨痕中心

（c）35CrMo钢磨痕边缘　　　　　　　　（d）LZ50钢磨痕全貌

（e）LZ50钢磨痕中心　　　　　　　　　（f）LZ50钢磨痕边缘

图 6-44　35CrMo 钢和 LZ50 钢转动微动磨痕的 SEM 形貌

(F_n=10N，θ=0.5°，N=1000 次)

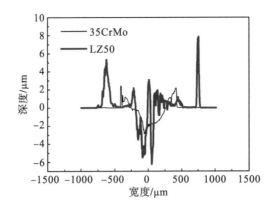

图 6-45　35CrMo 钢和 LZ50 钢转动微动磨损磨痕的表面轮廓线

(F_n=10N，θ=0.5°，N=1000 次)

　　由于 35CrMo 钢的塑性较差且硬度较高，因此在外加载荷作用下，与接触副发生相对运动时更容易发生颗粒的剥落。在磨痕中心能清楚地观察到材料呈片状剥落并生成较多的剥落坑，同时有很深的犁沟痕迹，由于此时材料去除的速度大于塑性流动的堆积速度，因此磨痕的隆起特征不复存在；同时由于在磨痕的边缘有较多的磨屑堆积，因此其磨痕轮廓呈 U 形(图 6-45)。

参 考 文 献

[1] 莫继良, 朱旻昊, 廖正君, 等. 转动微动的模拟与试验研究. 中国机械工程, 2009, 20(6): 631-635.

[2] Fouvry S, Kapsa P, Vincent L. Analysis of sliding behaviour for fretting loadings: Determination of transition criteria. Wear, 1995, 185(1-2): 35-46.

[3] Fouvry S, Kapsa P, Vincent L. Quantification of fretting damage. Wear, 1996, 200(1-2): 186-205.

[4] Fouvry S, Kapsa P, Zahouani H, et al. Wear analysis in fretting of hard coatings through a dissipated energy concept. Wear, 1997, 203-204: 393-403.

[5] 杨皎. 聚甲基丙烯酸甲酯转动微动磨损特性的研究. 成都: 西南交通大学. 2010.

[6] Mo J L, Zhu M H, Zheng J F, et al. Study on rotational fretting wear of 7075 Aluminum alloy. Tribology International, 2010, 43(5): 912-917.

第 7 章　双向复合微动磨损

工业中的实际微动现象十分复杂，不仅其接触方式各式各样，载荷性质(包括载荷类型、大小、分布、方向等)也千变万化，相对位移也不仅仅是切向、径向、滚动和扭动等简单方式，而可能是两种或两种以上基本模式复合的复杂运动。为解决一些关键零部件的失效问题，一些研究者针对不同的对象研制了许多复杂模拟装置，如模拟核反应堆蒸汽发生器的冲击微动(微动与冲击的复合)、榫槽配合的微动疲劳等。

在机械系统中，两紧配合接触副承受倾斜的交变载荷经常出现，若沿接触表面的切向和法向分解，相对运动可分解为切向和径向的两种微动，接触副表面的破坏也就是切向和径向微动复合作用的结果，并导致严重的表面损伤(磨损或/和疲劳)。例如，燕尾槽配合面(见 2.3.1 节)和柴油机连杆与连杆盖齿形结合面(见 10.3.3 节)上就存在切向和径向微动的复合作用。

本章将介绍切向与径向微动组成的双向复合微动，把单一模式微动的研究推进到相对更复杂的水平，这不仅极大地拓宽了微动摩擦学的研究领域，对探索未知领域具有重要科学意义，而且为减缓工业中的复杂微动损伤提供了重要理论指导。

7.1　双向复合微动磨损的实现

径向和切向微动的本质区别在于相对运动方向的不同，对于球/平面接触模型，如果倾斜平面试样，如图 7-1 所示，接触界面的相对运动(位移 D)实际上可以沿接触点的切向和法向分解，切向和法向的相对运动分别构成的是切向和径向微动，因此交变外载 F 产生的微动就是一种切向与径向微动组成的双向复合微动[1, 2](本章所指复合微动即双向复合微动)。位移的分解可表示为

$$D_n = D\sin\theta \tag{7-1}$$

$$D_t = D\cos\theta \tag{7-2}$$

换一个角度，也可以认为：将平面试样倾斜一定角度 θ，作为运动副的球试样施加在平面试样上的载荷 F 可以沿法向和切向分解，分别为

$$F_n = F\sin\theta \tag{7-3}$$

$$F_t = F\cos\theta \tag{7-4}$$

为保证载荷传感器测到的载荷为 F，须将球试样的轴线偏移一个距离，即

$$S = R\sin\theta \tag{7-5}$$

其中，R 为球试样的半径。

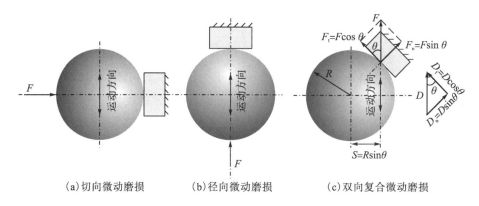

（a）切向微动磨损   （b）径向微动磨损   （c）双向复合微动磨损

图 7-1   三种微动磨损模式示意图

如图 7-1 所示，切向和径向微动磨损可看作双向复合微动磨损的两种极端情况，即 $\theta = 0°$ 时为切向微动磨损，$\theta = 90°$ 时为径向微动磨损。

7.1.1   双向复合微动磨损的试验装置

1.OCF-1 型试验装置

双向复合微动磨损的试验装置是在图 4-3 所示的径向微动磨损试验装置上，经改造试样夹具系统，使两接触副发生相对倾斜而制成的，当球试样（在本书复合微动的研究中均采用直径 60mm 的 GCr15 滚珠轴承钢球）在垂向随试验机活塞系统做周期运动时，两接触副接触表面的切向和法向均会产生微动，构成切向与径向微动合成的双向复合微动[1, 2]。试验装置（定义型号为 OCF-1）如图 7-2 所示，该装置测量的载荷和位移值均是系统垂向的数值。

本章的试验结果均是在控制载荷模式下获得的，载荷以恒定速率（12mm/min）控制在最大值和最小值之间，施加一个非零的最小载荷（取 $F_{min}=50N$），与径向微动磨损试验一样是为了保证试样始终维持接触。

对图 7-2 的接触状态进行仔细分析，可以发现：球试样作用在倾斜的平面试样上，实际上使得平面试样及其夹具承受一个弯矩作用，如图 7-3 所示，就像在横向（水平方向）存在载荷 $F_{//}$，并使平面试样及其夹具机构相对转动，产生了横向位移 $D_{//}$。

图 7-3（a）中，L 和 $D_{//}$ 不在一个量级，即 $L \gg D_{//}$，因此平面试样转动的角度 α

近似等于 $D_{//}/L$，相对于倾斜角度 $\theta \gg \alpha$，所以可以忽略 α 的影响。

考虑复合微动磨损试验中的横向位移，实际的平面试样接触表面受垂向力 F 和水平力 $F_{//}$ 共同作用，因此在式(7-3)和式(7-4)中切向力和法向力应作修正(图7-3(b))，即

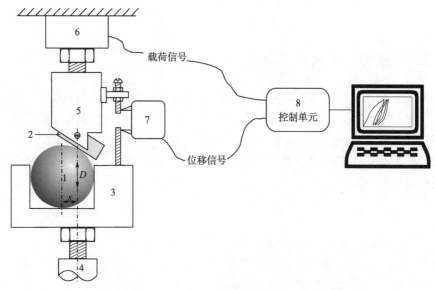

图 7-2　OCF-1 型双向复合微动磨损试验装置示意图

1-球试样；2-平面试样；3-球试样夹具；4-液压系统活塞；5-平面试样夹具；6-载荷传感器；

7-外加位移传感器；8-控制单元

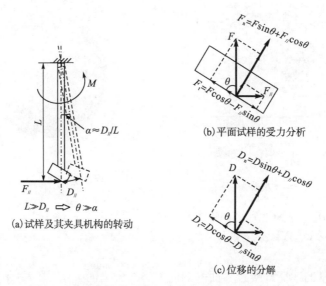

(a)试样及其夹具机构的转动

(b)平面试样的受力分析

(c)位移的分解

图 7-3　双向复合微动磨损试验装置受力分析示意图

$$F_t = F\cos\theta - F_{//}\sin\theta \tag{7-6}$$

$$F_n = F\sin\theta + F_{//}\cos\theta \tag{7-7}$$

同样，切向位移和法向位移可修正(图7-3(c))为

$$D_t = D\cos\theta - D_{//}\sin\theta \tag{7-8}$$

$$D_n = D\sin\theta + D_{//}\cos\theta \tag{7-9}$$

2.NCF-1 型试验装置

图 7-2 所示的试验装置是超静定结构，显然切向和法向的力与位移无法精确测定[2]。为消除弯矩作用的影响，可对图 7-2 所示的试样夹持系统进行改造，采用双试样对称工况，获得如图 7-4(a)所示的试验装置(定义型号为 NCF-1)。可见，该装置受力简化，弯矩被抵消；如果忽略夹具的变形，则试样接触表面的相对滑移量可表示为

$$s \approx D\cos\theta \tag{7-10}$$

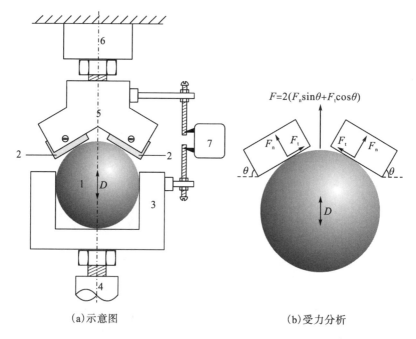

(a)示意图　　　　　　　　　　　　　(b)受力分析

图 7-4　NCF-1 型双向复合微动磨损试验装置示意图及其受力分析

1-球试样；2-平面试样；3-球试样夹具；4-液压系统活塞；5-平面试样夹具；6-载荷传感器；7-外加位移传感器

系统测量的载荷与接触界面的切向力和法向力的关系(图7-4(b))为

$$F_n\sin\theta + F_t\cos\theta = \frac{F}{2} \tag{7-11}$$

当 NCF-1 型装置的"人"字形夹具只夹持一个试样时，完全等同于 OCF-1 型装置，它们之间的差别可以理解为试样系统(夹具)具有不同变形刚度。换言之，可将 OCF-1 型装置看作系统刚度较小的一种情况，而 NCF-1 型装置的变形刚度则较大，这两种情况在工程实际中都可能存在。在研究中发现，OCF-1 型装置获得的结果是，在接触界面具有较大的相对位移时，更容易凸现复合微动的运行行为和损伤机理。

7.1.2 双向复合微动试验

图 7-5～图 7-7 分别示出了两种试验装置，在不同材料、不同载荷水平和不同循环周次条件下获得的载荷-位移幅值(F-D)曲线。如图 7-5(a)～(c)、图 7-6(a)和(b)以及图 7-7(a)所示，复合微动循环呈现近似梯形的特征，即图中的四边形 $ABCD$。随循环周次增加，F-D 曲线转变为椭圆形状(图 7-5(d)、图 7-6(c)、图 7-7(b)和(c))，最终加载与卸载曲线重合，F-D 曲线呈近似直线状(图 7-5(e)和(f)、图 7-6(d)和图 7-7(d))。

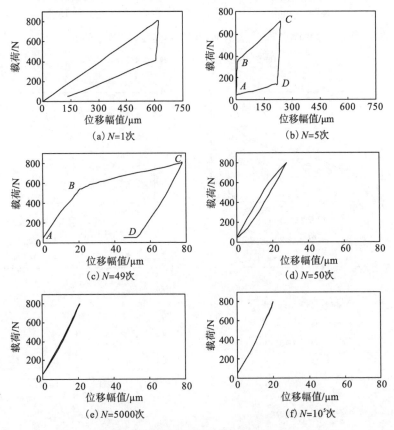

图 7-5 45#钢复合微动磨损不同循环周次下的 F-D 曲线

(OCF-1 型装置，F_{max}=800N，θ=45°)

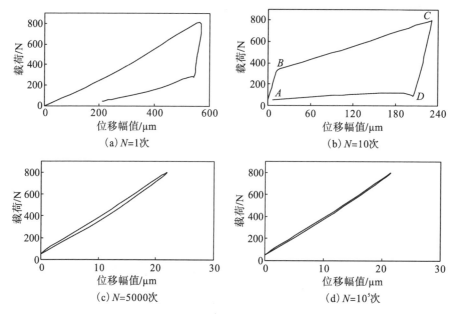

图 7-6　2091Al-Li 合金复合微动磨损不同循环周次下的 F-D 曲线

（OCF-1 型装置，F_{max}=800N，θ=45°）

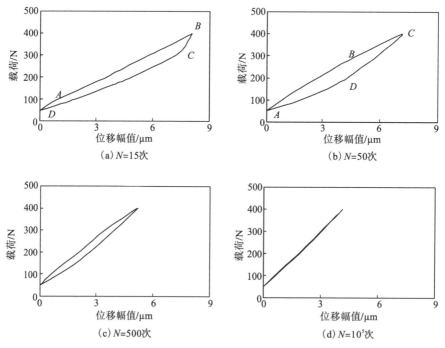

图 7-7　7075 铝合金复合微动磨损不同循环周次下的 F-D 曲线

（NCF-1 型装置，F_{max}=800N，θ=45°）

对切向微动，其摩擦力与位移的关系曲线(F_t-D 曲线)通常有 3 种表现形式，即直线型、椭圆型和平行四边形型(图 7-8(a))。在径向微动条件下，载荷-位移幅值(F_n-D)曲线通常表现为两种形态，即闭合型和张开型(图 7-8(b))。由于切向和径向微动存在不同的 F-D 曲线，当它们合成形成复合微动时，复合微动的 F-D 曲线应具有基本微动模式的 F-D 曲线特征。从几何形状的复合关系来看，形成复合微动后的 F-D 曲线应具有图 7-8(c)所示的 3 种曲线特征，即直线型、椭圆型和准梯形型。这与实际得到的结果(图 7-5～图 7-7)完全一致。

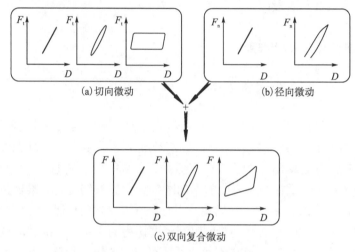

(a)切向微动　　　　　　　　　(b)径向微动

(c)双向复合微动

图 7-8　载荷-位移幅值(F_n-D)曲线的复合关系示意图

图 7-9 是 2091Al-Li 合金复合微动磨损试验后典型的磨痕宏观形貌和表面轮廓，可见磨痕具有明显的非对称特征，这是由于外载荷倾斜施加，一侧高一侧低的载荷使材料有相应的非均匀变形，载荷高的一侧磨损更严重，并有较多的磨屑堆积。图 7-8 和图 7-9 的结果证实了，由径向微动磨损试验装置改进的试验装置实现了双向复合微动。

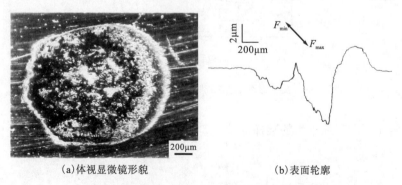

(a)体视显微镜形貌　　　　　　　(b)表面轮廓

图 7-9　典型的双向复合微动磨痕形貌和表面轮廓

(2091Al-Li 合金，θ=60°，F_{max}=800N，N=10^5 次)

7.2 双向复合微动磨损的运行机理

针对 45#钢、GCr15 钢、2091Al-Li 合金和 7075 铝合金进行了大量双向复合微动试验[3-5]，试验结果显示在双向复合微动条件下，*F-D* 曲线有 3 种基本类型，即准梯形型、椭圆型和直线型，据此可将复合微动过程划分为 3 个阶段，分别称为阶段Ⅰ、阶段Ⅱ和阶段Ⅲ。

7.2.1 准梯形型 *F-D* 曲线

1.准梯形型 *F-D* 曲线的描述

在双向复合微动试验的早期，*F-D* 曲线呈近似梯形的形状。通过归纳和抽象，准梯形型 *F-D* 曲线可用图 7-10 示意。为清楚准确地描述该类 *F-D* 曲线，可引入 F_1、F_s、ϕ 和 δ_c 四个参数，如图 7-10 所示[6, 7]。从物理意义上讲，梯形斜边与横坐标的夹角 ϕ 取决于试样接触表面的切向刚度和夹具系统刚度。准梯形的上、下两个底可分别定义为 F_s 和 F_1，它们相互平行，与切向微动相似，F_s 和 F_1 分别代表了在加载和卸载过程中相对运动转向时极限摩擦力的大小。当准梯形型 *F-D* 曲线并不闭合时，即 $\delta_c > 0$ 时，意味着载荷循环有较大的位移降低，相对运动不能回复到初始位置，说明有塑性变形发生。

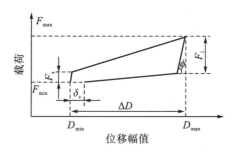

图 7-10 双向复合微动磨损准梯形型 *F-D* 曲线参数描述示意图

要对比不同载荷水平的准梯形型 *F-D* 曲线的 F_s 和 F_1，引入系数 λ_s、λ_1：

$$\lambda_s = \frac{F_s}{\Delta F} = \frac{F_s}{F_{max} - F_{min}} \qquad (7-12)$$

$$\lambda_1 = \frac{F_1}{\Delta F} = \frac{F_1}{F_{max} - F_{min}} \qquad (7-13)$$

就可消除载荷水平不同造成的影响。

2.第 1 次载荷循环

在复合微动的第 1 次载荷循环中，载荷匀速从 0 增加至 F_{max}，再以相同速度卸载至 F_{min}[8-10]。即使在 F_{max}=200N 的低载荷水平，也可观察到接触界面有明显的相对滑移(图 7-11)。随载荷水平的增加，垂向位移也正比增加，以 45#钢为例，θ=60°时，当最大载荷从 200N 增加到 800N 时，位移从 55μm 增至 208μm。第 1 次载荷循环的垂向位移强烈地依赖于倾斜角度。对比图 7-11(a)和(b)可见，45# 钢 F_{max}=800N、倾斜角度从 60°降低到 45°时，位移从 208μm 增加到 620μm；而 GCr15 钢则相应从 183μm 增加到 549μm(图 7-12(a))，说明垂向位移也受试验材料性质的影响，材料的硬度越高，位移越小。改变试验材料，上述现象更明显，图 7-13(a)显示，2091Al-Li 合金因弹性模量低于钢，接触界面的相对滑移量较小；而典型的固体润滑材料 MoS_2 涂层具有层状结构，易滑移，第 1 次循环的相对位移明显高于钢和 2091Al-Li 合金(图 7-13(b))。

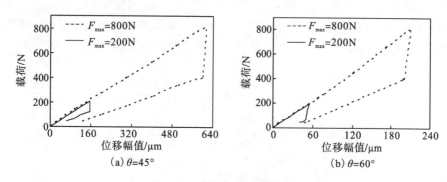

图 7-11　45#钢复合微动磨损第 1 次循环的 *F-D* 曲线

(OCF-1 型装置)

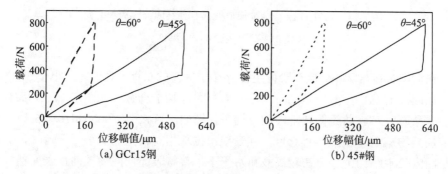

图 7-12　GCr15 钢和 45#钢不同倾斜角度下复合微动磨损第 1 次循环的 *F-D* 曲线

(OCF-1 型装置，F_{max}=800N)

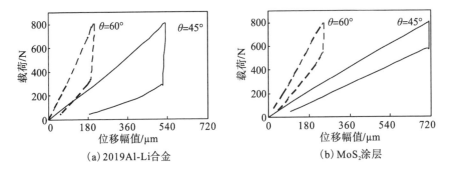

图 7-13   2091Al-Li 合金和 MoS_2 涂层不同倾斜角度下复合微动磨损第 1 次循环的 $F\text{-}D$ 曲线

(OCF-1 型装置, F_{max}=800N)

3.后续载荷循环

准梯形型 $F\text{-}D$ 曲线表现出明显的滑移特征, 这时切向微动分量必定处于滑移区。准梯形型 $F\text{-}D$ 曲线随循环周次的增加, 伴随着较大的位移变化, 如45#钢, 在 F_{max}=800N 和 θ=45° 时(图 7-5), 前 49 次循环 $F\text{-}D$ 曲线均为准梯形型, 相应位移从 620μm 降到 78μm。在位移降低的同时, 曲线的 F_s 和 F_l 值增加, 结果使 $F\text{-}D$ 曲线内的面积减小(图 7-14), 说明此过程摩擦耗散能逐渐减小。

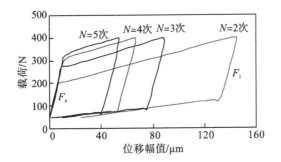

图 7-14   2091Al-Li 合金准梯形型 $F\text{-}D$ 曲线随循环周次的变化

(OCF-1 型装置, F_{max}=400N, θ=45°)

在后续载荷循环中, 这个阶段主要存在于试验的早期, 对钢通常小于 50 次循环, 如图 7-15(a)~(d)所示的阶段 Ⅰ; 对 2091Al-Li 合金, 如图 7-15(e)和(f)所示, 准梯形型 $F\text{-}D$ 曲线持续阶段明显增长, 例如, 当 F_{max}=800N 和 θ=45° 时, 循环增加至约 1200 次(图 7-15(e)), 并表现出位移相对较高的一个"平台", 这可能是因为 2091Al-Li 合金在较高载荷水平下, 接触表面切向力较高, 表面塑性累积, 因加工硬化而发生颗粒剥落, 新的基体材料裸露并重新发生塑性变形, 使铝合金的塑变得以持续进行(在后续损伤机理分析中将进一步讨论)。

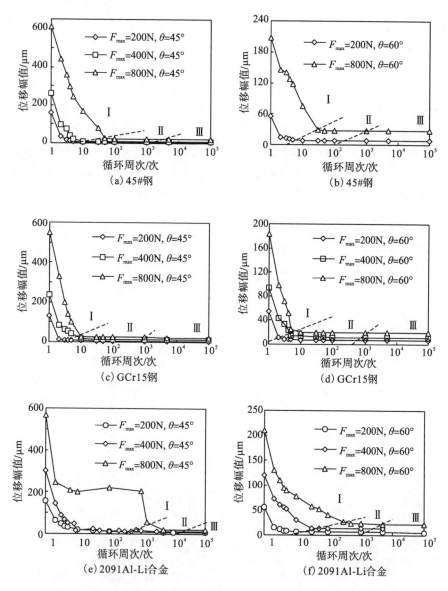

图 7-15　不同倾斜角度和载荷水平复合微动位移幅值-循环周次曲线

(OCF-1 型装置)

1)载荷水平的影响

图 7-16 显示了 GCr15 钢第 2 次循环的 F-D 曲线,可以发现载荷水平从 $F_{max}=800N$ 降到 $F_{max}=200N$,系数 λ_s 和 λ_1 均增加,准梯形型 F-D 曲线持续的循环次数明显减少[10]。例如,当 $\theta=60°$,GCr15 钢在 $F_{max}=800N$ 时,准梯形型 F-D 曲线持续了 6 次循环(图 7-15(d)),而 $F_{max}=200N$ 时第 2 次循环已不再是准梯形型

$F\text{-}D$ 曲线(图 7-16(a))；对 45#钢，同样的参数下，循环周次从 28 次降低到 7 次(图 7-15(b))。

2) 倾斜角度的影响

倾斜角度从 45°增加到 60°，准梯形型 $F\text{-}D$ 曲线持续的循环次数明显减少。例如，F_{max}=800N 时，45#钢从 49 次降低到 28 次(图 7-15(a)和(b))，而 GCr15 钢则从 10 次降低到 6 次(图 7-15(c)和(d))。如图 7-17 所示，在相同载荷水平下，θ 角升高，F_s 明显增加，但 F_1 的变化不十分明显；此外，可观察到 θ 角为 45°时有较大的 δ_c 值，说明倾斜角度较小时位移衰减的速率较高。

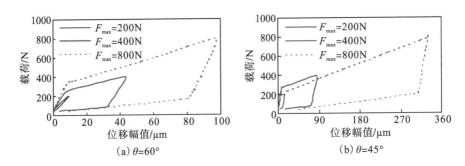

图 7-16   GCr15 钢不同载荷水平复合微动磨损第 2 次循环的 $F\text{-}D$ 曲线

(OCF-1 型装置)

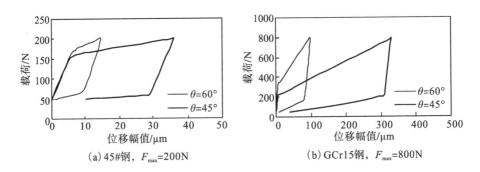

图 7-17   不同倾斜角度下复合微动磨损第 2 次循环的 $F\text{-}D$ 曲线

(OCF-1 型装置)

3) 材料性质的影响

材料性质对复合微动过程存在明显影响，如图 7-18 所示，对比不同硬度的两种钢，F_s 和 F_1 随材料硬度增加而增加。从准梯形型 $F\text{-}D$ 曲线持续的循环周次来看，低硬度的 45#钢持续时间较长，换言之，即材料硬度越高，表面切向刚度越高，位移衰减速率越高[9]。

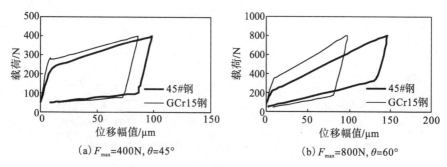

(a) F_{max}=400N, θ=45°　　　　　(b) F_{max}=800N, θ=60°

图 7-18　不同材料复合微动磨损第 2 次循环的 F-D 曲线

(OCF-1 型装置)

4) 系统刚度的影响

图 7-19 是 7075 铝合金在不同系统刚度的试验装置上获得的位移随循环周次变化曲线[8]，可见以 NCF-1 型装置进行试验，所得结果与 OCF-1 型装置规律一致，都是位移随循环周次降低。它们的最大区别是，增大系统刚度后，在试验初期，接触界面间的相对滑移大大降低，如对 7075 铝合金，在 θ=45° 时，第 1 次循环的最大位移从 396μm 降低至 21.9μm(OCF-1 型装置的载荷为 F_{max}=400N 时，由于有两个试样参与承载，故 NCF-1 型装置对应的载荷为 F_{max}=800N)。另外，位移降低的速度也存在较大的差距，由图 7-19 可知，系统刚度增大，相对位移降低，位移的衰减速率也大大降低，表现出准梯形型 F-D 曲线的持续时间延长，如在 θ=60° 时，准梯形型 F-D 曲线最后出现的循环次数从 33 次增加到了 700 次。

系统刚度增加，准梯形型 F-D 曲线的形状会发生变异，如图 7-20 所示，在 100 次循环以前，F_l 值不高，F_s 却为 0，曲线呈近似三角形；循环周次增加，F-D 曲线的 F_l 和 F_s 值均增加，呈准梯形型，变异现象消失。

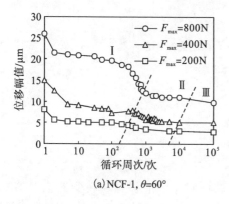

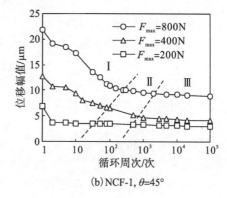

(a) NCF-1, θ=60°　　　　　(b) NCF-1, θ=45°

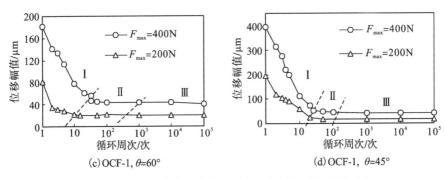

(c) OCF-1, $\theta=60°$ (d) OCF-1, $\theta=45°$

图 7-19   7075 铝合金复合微动磨损位移幅值-循环周次曲线

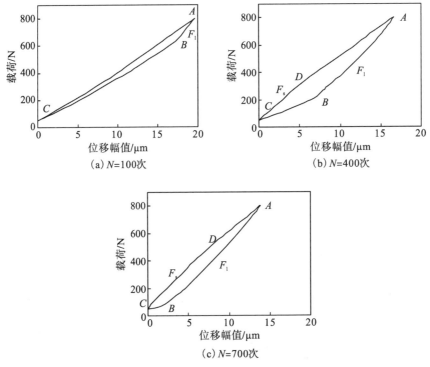

(a) N=100次   (b) N=400次

(c) N=700次

图 7-20   7075 铝合金复合微动磨损 F-D 曲线

(NCF-1 型装置)

7.2.2   椭圆型 F-D 曲线

1.F-D 曲线的突变

在切向微动条件下,存在部分滑移循环向完全滑移循环转变的临界值(见 1.1.3 节),即在达到某一临界条件时,部分滑移的椭圆型 F-D 曲线将突然转变为完全滑移状态的平行四边形型 F-D 曲线，这种转变是可逆的。在复合微动磨损条件下，在第 I 阶段的准梯形型 F-D 曲线期间，切向微动分量呈现完全滑移特征。同样，当 F_s 和 F_l 增加到某临界值时，复合微动也会发生 F-D 曲线类型的突变，如图 7-5 (c) 和 (d) 以及图 7-21 所示。以图 7-21 (a) 为例，在 λ_s 和 λ_l 分别达到 0.73 和 0.98 时发生了 F-D 曲线类型的突变。

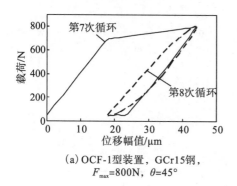
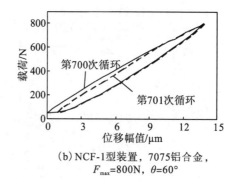

（a）OCF-1型装置，GCr15钢，
F_{max}=800N，θ=45°　　　（b）NCF-1型装置，7075铝合金，
F_{max}=800N，θ=60°

图 7-21　复合微动磨损条件下 F-D 曲线的突变

2.椭圆型 F-D 曲线的范围

对比第 4 章径向微动磨损的试验结果，可知径向微动磨损的 F-D 曲线在相同的循环周次下，已转变为闭合型。因此，可以知道，该类型 F-D 曲线由切向微动磨损分量的椭圆型 F-D 曲线和径向微动磨损分量的闭合型 F-D 曲线复合而成。这种由加载和卸载曲线组成的变形滞后环表明接触表面的变形处于弹塑性范围。从图 7-15 和图 7-19 中可以看出（图中阶段 II），随载荷水平的增加，椭圆型 F-D 曲线持续的循环次数增长。例如，GCr15 钢在 F_{max}=800N 时（θ=60° 和 45°），1000 次循环 F-D 曲线仍未完全闭合（图 7-15 (c) 和 (d)），而对于低载荷（F_{max}=200N），在 100 次循环后 F-D 曲线就已闭合。图 7-15 和图 7-19 还显示，椭圆型 F-D 曲线的位移值随循环周次逐渐减小，但变化的范围很小。例如，45#钢（F_{max}=800N，θ=45°）从 50 次到 5000 次循环位移仅降低了 8μm，同样参数的 GCr15 钢位移仅降低了 2μm。

3.混合区的出现

图 7-22 的一组 F-D 曲线示出了一个重要现象，即试验开始阶段，位移值较大，F-D 曲线呈准梯形型，微动运行于滑移区；而在第 8 次到第 5000 次循环（图 7-22 (c)～(i)），出现了 3 次从准梯形型到椭圆型 F-D 曲线的来回转变，在位移幅值-循环周次曲线上则明显显示位移的宽幅波动（图 7-23）。

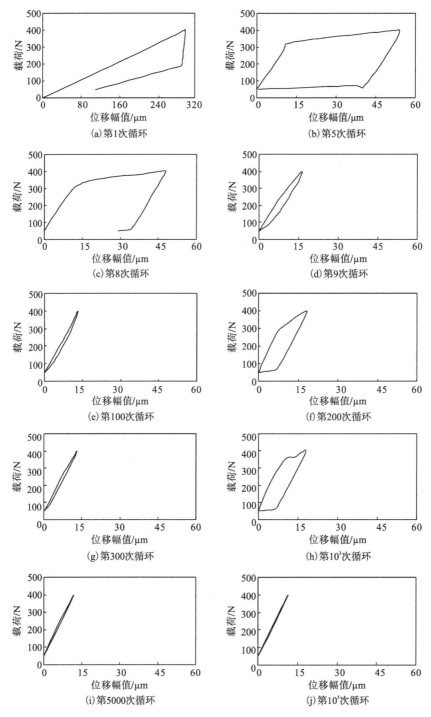

图 7-22　2091Al-Li 合金复合微动不同循环周次 *F-D* 曲线

(OCF-1 型装置，F_{max}=400N，θ=45°)

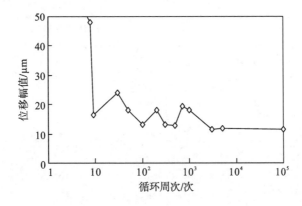

图 7-23　2091Al-Li 合金复合微动位移随循环周次的变化关系

(局部,OCF-1 型装置,F_{max}=400N,θ=45°)

对照径向微动的结果,此时径向微动分量的 F-D 曲线已处于闭合状态,因此这个结果完全由切向微动分量控制。而对于切向微动,F-D 曲线反复地打开和闭合,说明微动运行于混合区。在 5000 次循环后,F-D 曲线呈现椭圆型,微动完全运行于部分滑移区。在复合微动的一次试验过程中,可以观察到切向微动的三个区域,因此,可以确定在切向微动条件下建立的微动图理论也可应用于复合微动条件,但由于复合微动的微动图建立还需要进行大量的试验,这将是后续研究的重要方向之一。

7.2.3　直线型 F-D 曲线

显然,复合微动的直线型 F-D 曲线必然由切向微动分量的直线型 F-D 曲线和径向微动分量的闭合型 F-D 曲线复合而成,因此,复合微动进入这个阶段,接触表面的变形已完全处于弹性协调状态,即微动运行于部分滑移区。根据 Mindlin 理论可知[11],这时接触中心处于黏着状态,微滑发生在接触区边缘。与前面分析的结果相同,载荷越低、倾斜角度越高以及材料硬度越高,则进入该阶段越早,如图 7-15 和图 7-19 所示。

图 7-24 示出了 45#钢、GCr15 钢和 2091Al-Li 合金在 10^5 次循环后的位移值。可见,对 GCr15 钢,第 1 次循环后 θ=45° 的位移值高,10^5 次循环后这种关系仍然保持;然而,45#钢却得到相反的结果,即 θ=60° 的位移值比 θ=45° 高。其中的原因将在 7.3 节损伤机制的分析中讨论。

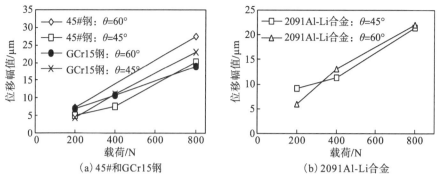

图 7-24 10^5 次复合微动循环后的位移值

(OCF-1 型装置)

7.3   双向复合微动磨损的损伤过程

双向复合微动磨损过程中，不同 *F-D* 曲线实际上对应了不同的运行阶段，载荷与位移的关系是与微观损伤密切相关的。不同材料的三个阶段范围如图 7-15 和图 7-19 所示。

7.3.1   阶段 I 的损伤

1.磨痕特征

阶段 I，*F-D* 曲线表现出明显的滑移特征，切向微动分量处于完全滑移状态。仅经过 1 次载荷循环，接触表面就可观察到明显的擦伤痕迹。图 7-25 示出了 GCr15 钢（F_{max}=800N，θ=45°）经 10 次复合微动循环后磨痕的形貌；由于大位移的滑移是该阶段的主要特征，非对称的彗星状磨痕形貌是滑动过程中载荷不断增加的结果，滑动磨损造成的犁沟状划痕形貌（图 7-25(a)）清晰可见。另外，磨痕横向表面轮廓形貌显示存在因材料转移而形成的黏着现象。对于其他材料，也可观察到相似的磨痕特征[10]。

2.损伤机制和磨屑行为

面心立方金属的铝合金硬度低，塑性变形比钢容易进行，阶段 I 明显增长[8]。图 7-26 是铝合金阶段 I 复合微动损伤低倍光学显微形貌，非对称磨痕中滑动犁削痕迹明显，且滑动损伤的程度比钢高；同时，还具有一定的黏着磨损的特征，如图 7-27 所示。2091Al-Li 合金在 50 次循环后，就可观察到少量浅黑色氧化磨屑在滑动的高载荷一端形成，当循环次数增加到 3000 次后，可见稠密的磨屑堆积在高载荷一端的磨痕外沿，由于较大位移的滑移，磨屑被排出到磨痕之外(图 7-28(a))。在接触表面相对滑动过程中，有显著的塑性变形发生；塑性流动的同时，颗粒以剥层方式呈片状剥落(图 7-28(b))。

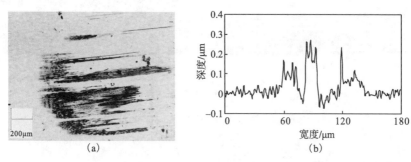

图 7-25　GCr15 钢阶段 I 复合微动损伤轮廓形貌

(OCF-1 型装置，$F_{max}=800N$，$\theta=45°$，$N=10$ 次)

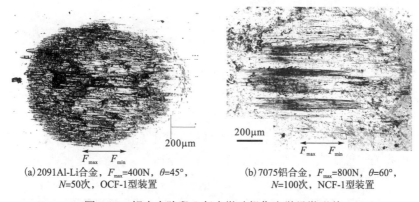

(a) 2091Al-Li合金，$F_{max}=400N$，$\theta=45°$，
$N=50$次，OCF-1型装置

(b) 7075铝合金，$F_{max}=800N$，$\theta=60°$，
$N=100$次，NCF-1型装置

图 7-26　铝合金阶段 I 复合微动损伤光学显微形貌

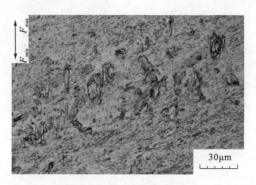

图 7-27　7075 铝合金阶段 I 复合微动损伤激光共焦扫描显微形貌

(NCF-1 型装置，$F_{max}=800N$，$\theta=60°$，$N=50$ 次)

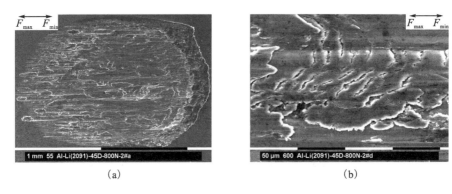

(a)   (b)

图 7-28   2091Al-Li 合金阶段 I 复合微动损伤 SEM 形貌

（OCF-1 型装置，F_{max}=800N，θ=45°，N=3000 次）

7.3.2   阶段 II 的损伤

1.磨痕特征

当 F-D 曲线由准梯形型转变为椭圆型时，复合微动的切向分量的相对运动由完全滑移转变为部分滑移。F-D 曲线未闭合，说明微动处于弹塑性变形状态。部分滑移的特征是接触中心黏着，微滑发生在接触边缘。而径向微动分量也表现为中心黏着，微滑发生在最小和最大接触半径之间。在切向和径向微动分量共同作用下，复合微动的阶段 II 也表现为中心黏着、微滑发生在接触边缘的特征。如图 7-29 所示，磨痕表现出环状磨损的形貌，其中在磨痕中心，可见阶段 I 发生的滑动磨损的痕迹，它因接触副的黏着而保留下来。

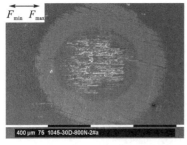

(a) 45#钢，F_{max}=800N，θ=60°，N=5000次   (b) 2091Al-Li合金，F_{max}=800N，θ=45°，N=5000次

图 7-29   阶段 II 复合微动损伤 SEM 形貌

（OCF-1 型装置）

　　GCr15 钢硬度较高，表面轮廓测量和 SEM 观察均表明其表面损伤明显比 45#钢轻。对于 45#钢，在低载荷水平下，如图 7-30 所示，接触表面的损伤较轻微；随载荷水平的升高，磨损量增加。此过程中，塑性变形起了重要作用（图 7-31(a)）。如图 7-30(b)所示，在高载荷水平(F_{max}=800N)下，塑性变形量较大，材料损失尤其严重，可见磨痕呈现典型的中间黏着、边缘磨损的环状磨损形貌，且由于加载的非均匀性，磨痕轮廓具有明显的非对称性。

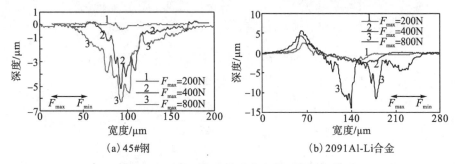

图 7-30　阶段Ⅱ复合微动磨痕表面轮廓形貌

(OCF-1 型装置，θ=60°，N=5000 次)

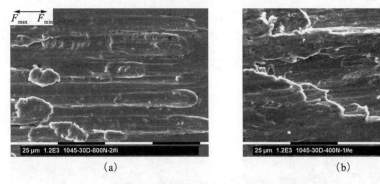

图 7-31　45#钢阶段Ⅱ复合微动损伤 SEM 形貌

(OCF-1 型装置，F_{max}=800N，θ=60°，N=5000 次)

2.磨屑行为

　　进入阶段Ⅱ，完全滑移转变为部分滑移，磨屑难以溢出，第三体层基本形成，二体接触转变为三体接触，第三体的调节和保护作用有利于降低磨损。如图 7-32 所示，2091Al-Li 合金磨痕被黑色氧化磨屑覆盖，并随循环周次的增加而堆积得越来越多，倾斜角度降低，有利于滑移，磨屑层堆积程度降低。对比图 7-32(a)和(b)可知，在相同循环周次时，载荷水平增加，磨屑覆盖量减少，这是因为高载荷水平下试样更晚进入阶段Ⅱ。

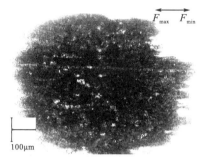
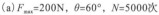

（a）F_{max}=200N，θ=60°，N=5000次　　　　（b）F_{max}=800N，θ=45°，N=5000次

图 7-32　2091Al-Li 合金阶段 II 复合微动磨痕光学显微形貌

（OCF-1 型装置）

3.损伤机制

　　阶段 II 磨损主要发生在微滑区。微滑区内颗粒按剥层机制剥落，这是因为微裂纹在次表层形成，在切向微动分量的切向力作用下，沿平行于试样表面的方向扩展，同时承受径向微动分量的接触疲劳作用，垂直于试样表面的疲劳裂纹向基体内扩展，横向裂纹与垂向裂纹相遇，最终导致片状颗粒的脱落。图 7-31（b）是 45#钢颗粒剥离产生浅层剥落的形貌，图 7-33（a）是黏着区与微滑区边缘颗粒层状剥落后的形貌。剥落的颗粒尺寸随倾斜角度的增加而减小（图 7-33），这是切向分量和径向分量存在差异的原因。

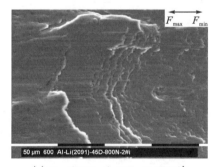
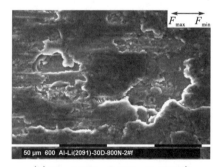

（a）F_{max}=800N，θ=45°，N=5000次　　　　（b）F_{max}=800N，θ=60°，N=5000次

图 7-33　2091Al-Li 合金阶段 II 复合微动损伤 SEM 形貌

（OCF-1 型装置）

7.3.3 阶段Ⅲ的损伤

1.磨痕特征

在阶段Ⅲ，切向和径向微动分量的 F-D 曲线均已闭合，变形已从弹塑性状态转变为弹性协调状态。在阶段Ⅱ，虽然在 5000 次循环后已观察到环状磨损形貌(图 7-29)，但表面轮廓的结果却不明显，45#钢和 GCr15 钢的轮廓中未显现中心黏着特征(图 7-30(a))，而 2091Al-Li 合金也只有高载荷水平下才显现(图 7-30(b))[4]。但当循环周次从 5000 次增加到 10^5 次时，不同载荷水平和倾斜角度的表面轮廓形貌(图 7-34)均显现中间黏着、边缘磨损的特征，且有明显的非对称性。

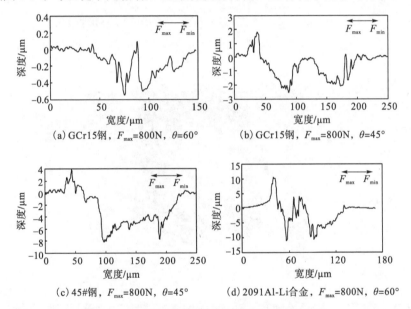

(a) GCr15钢，F_{max}=800N，θ=60°   (b) GCr15钢，F_{max}=800N，θ=45°

(c) 45#钢，F_{max}=800N，θ=45°   (d) 2091Al-Li合金，F_{max}=800N，θ=60°

图 7-34 阶段Ⅲ复合微动磨痕的表面轮廓形貌

(OCF-1 型装置，N=10^5 次)

对 GCr15 钢，在其磨痕中(经历了 10^5 次循环)，可以观察到三个阶段的磨损痕迹，如图 7-35 所示。接触中心(圆 A 内)因中心黏着而损伤轻微，阶段Ⅰ滑动磨损痕迹仍有部分保留下来；圆 A 与 B 之间的环是阶段Ⅲ的微滑区，复合微动运行机理表明，阶段Ⅲ的位移值较小，且基本稳定在较低水平；圆 B 与 C 之间的外环是阶段Ⅱ磨损的区域，是相对微滑量较大产生的结果。用刚度较大的 NCF-1 型装置时，位移水平大大降低，但在阶段Ⅲ，仍观察到三个区域的特征，如图 7-36 所示，其中 A-A' 区是中心黏着区，由于两接触体黏着，所以轮廓形貌较光滑。在磨痕中心，通常还可观察到阶段Ⅰ保留下来的滑动磨损痕迹，如图 7-37 所示。

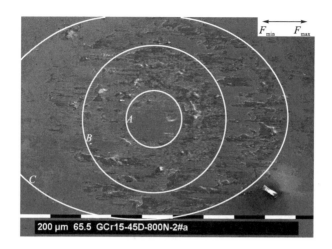

图 7-35　GCr15 钢阶段Ⅲ复合微动磨痕的 SEM 形貌

（OCF-1 型装置，F_{max}=800N，θ=45°，N=10^5 次）

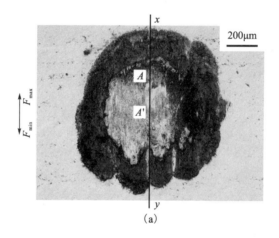

（a）

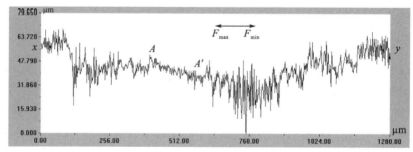

（b）xy方向的轮廓

图 7-36　7075 铝合金阶段Ⅲ复合微动磨痕的形貌

（NCF-1 型装置，F_{max}=800N，θ=45°，N=10^5 次）

图 7-37　45#钢阶段Ⅲ复合微动磨痕的 SEM 形貌

（OCF-1 型装置，F_{max}=200N，θ=60°，N=10^5 次）

2.磨屑行为

如图 7-35 所示，在刚结束试验时在光学显微镜下观察磨痕，发现磨屑分布不均，在彗星状磨痕头部较多；从磨屑颜色来看，阶段Ⅱ磨损区主要为红褐色氧化物，而在阶段Ⅲ的微滑区可见磨屑颗粒颜色较浅，至少说明此阶段氧化效应不如阶段Ⅱ，这可能与位移值较低有关。

如图 7-38 所示，阶段Ⅲ的磨损速率相对要慢于阶段Ⅱ，说明复合微动的磨损主要发生在试验的早期。这是因为阶段Ⅱ第三体层（磨屑层）已形成，进入阶段Ⅲ，微动运行于部分滑移状态，磨屑更难以排出，且磨屑量随循环周次的增加而增加，第三体层隔离了两接触体，减缓了磨损。对比 45#钢和 GCr15 钢的磨损量可见，提高钢的硬度，大大减少了磨损量，即提高了抗复合微动损伤的能力。

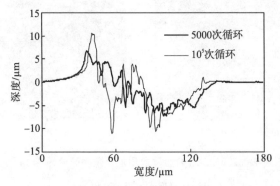

图 7-38　2091Al-Li 合金阶段Ⅱ和Ⅲ复合微动磨痕表面轮廓形貌对比

（OCF-1 型装置，F_{max}=800N，θ=60°）

3.损伤机制

复合微动的阶段Ⅲ磨损机制仍表现为剥层，但此阶段相对位移低于阶段Ⅱ，颗粒尺寸也减小，如图7-35中，环 AB 之间颗粒剥落较环 BC 之间细(图7-39)。加大试验系统的刚度，剥落的颗粒尺寸也明显降低，如图7-40所示。剥落的颗粒尺寸明显依赖于倾斜角度，角度越大，颗粒越细(图7-41)，这是因为倾斜角度增大，径向微动分量增加，表层承受的疲劳载荷增大，而切向力却下降，次表层微裂纹扩展的长度缩短。

如图7-24所示，对45#钢和2091Al-Li合金[12]，在相同载荷条件下，不同倾斜角度的位移-载荷曲线发生交叉，这是因为试验初期倾斜角度越大，切向微动分量越大(即相对滑移量大)，同时接触界面的初始摩擦系数也较高，而微动磨损强烈依赖于位移幅值，使磨损较严重，从而位移的下降幅度增大。

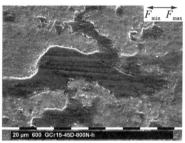

(a)环AB之间   (b)环BC之间

图 7-39　GCr15 钢阶段Ⅲ复合微动磨痕的 SEM 形貌

(OCF-1 型装置，F_{max}=800N，θ=45°，N=10^5 次)

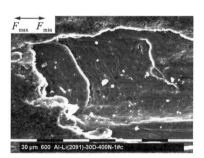

(a)NCF-1型装置   (b)OCF-1型装置

图 7-40　2091Al-Li 合金阶段Ⅲ复合微动磨痕的 SEM 形貌

(F_{max}=400N，θ=60°，N=10^5 次)

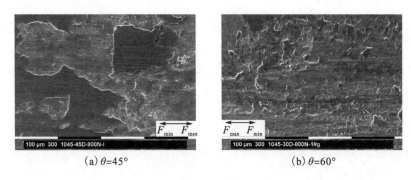

(a) $\theta=45°$ (b) $\theta=60°$

图 7-41   45#钢阶段Ⅲ复合微动磨痕的 SEM 形貌

(OCF-1 型装置，$F_{max}=800N$，$N=10^5$ 次)

根据剖面分析的结果，如图 7-42 所示，在阶段Ⅲ基体材料的开裂是另一重要特征，表明微动导致的疲劳占据了主要地位(在后面的内容中将详细讨论复合微动条件下，微动导致的磨损与疲劳之间的相互竞争关系)，而且裂纹分布呈非对称形式，这由非对称的加载所致。如图 7-42(a)所示，裂纹有向基体中扩展的趋势；裂纹可以彼此沟通，导致大块材料的剥落，例如，图 7-42(b)中深坑就是裂纹形成并扩展的结果。

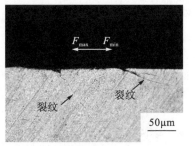
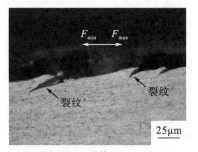

(a) NCF-1型装置，$\theta=45°$ (b) OCF-1型装置，$\theta=60°$

图 7-42   2091Al-Li 合金复合微动阶段Ⅲ裂纹形貌

($F_{max}=800N$，$N=10^5$ 次)

7.3.4 小结

根据上述 3 个阶段的损伤过程分析，可以知道各阶段损伤的主要特征如下。

(1)阶段Ⅰ：对应准梯形型 $F\text{-}D$ 曲线，处于完全滑移状态，微动主要表现为滑移区的特征。磨痕形状呈彗星状，磨损主要表现为磨粒磨损的滑动犁削，同时伴随着塑性流动和黏着现象。

(2)阶段Ⅱ：对应椭圆型 $F\text{-}D$ 曲线，变形表现出弹塑性特征，接触中心处于黏着状态，微滑发生在接触区边缘。磨痕呈现非对称特征，微滑区颗粒剥落以剥层方式进行，钢磨屑呈红褐色氧化物，而铝合金磨屑为黑色氧化物。

（3）阶段Ⅲ：*F-D* 曲线完全闭合，呈直线型，接触表面变形处于弹性协调状态，接触中心仍处于黏着状态，微滑在更小的区域内进行。磨痕呈现 3 个区域的特征，颗粒剥落仍以剥层方式进行，但颗粒尺寸明显较阶段Ⅱ细；该阶段在剖面可观察到裂纹形成。

根据 GCr15/GCr15 钢接触的复合微动损伤过程，上述特征可通过图 7-43 所示的简单物理模型表示。

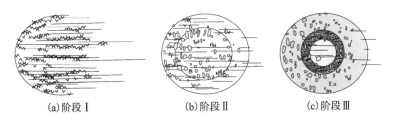

(a)阶段Ⅰ   (b)阶段Ⅱ   (c)阶段Ⅲ

图 7-43　GCr15/GCr15 钢复合微动损伤的物理模型示意图

7.4　双向复合微动磨损的损伤机理

7.4.1　微动模式转变

1.局部实际接触角度的变化

OCF-1 型和 NCF-1 型复合微动试验装置在运行过程中，平面试样夹具由于受力变形，均存在向外偏转的现象，尤其对于 OCF-1 型装置。但在复合微动试验中偏转角（$\alpha \approx D_{//}/L$，图 7-3（a））是不断变化的，如对 OCF-1 型装置，45#钢第 1 次加载到 800N 时，位移值为 620μm（θ=45°），但经 10^5 次循环之后，位移降低到 20.2μm，可见 $D_{//}$ 明显降低，也就意味着偏转角 α 降低。从接触副的接触关系分析，这种变化关系的产生，必然是实际接触角度的变化，即实际的倾斜角度转向了径向微动方向，相当于增大了 θ 角。

2.非对称的表面损伤轮廓

对钢和铝合金的复合微动磨痕的表面轮廓分析均显示，磨痕呈现显著的非对称特征，这种变化也说明损伤过程发生了接触状态的改变。用图 7-44 可以做出解释：在试验开始时，相对倾斜的载荷通过球试样施加到平面试样表面，此时的倾

斜角度为 θ，当经过一定的循环次数后，发生了非对称的塑性变形和磨损，在载荷较高的一端磨痕深度大，从两接触副的相对关系可以看出，实际接触面的切向由原来的方向(图 7-44 中的水平方向)转动了一个角度ϕ，结果实际的倾斜角度由 θ 增加为 $\theta+\phi$，即微动转向了径向微动。

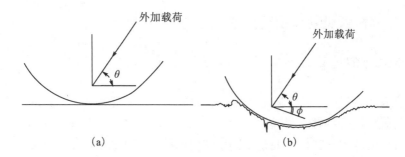

(a) (b)

图 7-44　复合微动过程中接触状态变化示意图

3.磨痕接触中心的偏离

图 7-45 示出了 45#钢在复合微动阶段Ⅱ的磨痕形貌，可见当试验刚开始时接触的中心位置为 O_1，经 5000 次循环后，接触中心迁移至 O_2，发生了距离约为 e 的偏离。2091Al-Li 合金中也可观察到这种变化，阶段Ⅲ的剖面形貌中显示接触区移到了载荷较高的一端。接触中心的变化，是接触状态适应向径向微动方向转动的需要，从另一个角度证实了实际接触角度的变化。

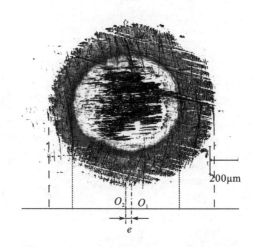

图 7-45　复合微动的接触中心变化示意图

(OCF-1 型装置，45#钢，F_{max}=400N，θ=60°，N=5000 次)

综上所述，复合微动过程中实际接触状态向径向微动转变表明，复合微动过程实际上是一个切向微动分量逐渐减少，而径向微动分量逐渐增加的过程。这就可以解释为什么复合微动过程中随循环周次的增加，切向微动的特征减弱，而径向微动的特征增强。

7.4.2　位移协调机制和物理模型

1.位移协调机制

复合微动过程中，位移随循环次数的增加呈迅速下降趋势，尤其是在阶段Ⅰ。这种变化强烈地受接触副材料性质、倾斜角度和载荷水平等因素影响[1, 2, 6-8]。

复合微动动力学特性主要表现为位移值的降低和 3 种类型 F-D 曲线的变化。由切向微动的研究知道，位移的降低有可能导致 F-D 曲线以及微动区域的变化。因此，复合微动运行过程中最基本的变化是位移的变化。

从复合微动的损伤分析已经知道，影响损伤过程的微观因素包括两接触体的弹性变形与塑性变形、白层的形成与演变、材料的加工硬化、摩擦化学(氧化)作用、第三体的形成与演变、裂纹的形成与扩展等许多方面，如图 7-46 所示。在不同的外部试验条件和不同接触配副情况下，这些内部因素的变化是十分复杂的，但又相互关联，从运行的动力学特性反映出的变化就是位移的协调，这些作用的相互关系见图 7-46。可以将这种协调行为称作位移协调机制。

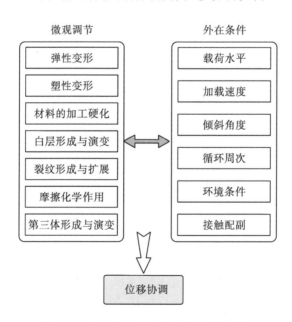

图 7-46　复合微动的位移协调关系示意图

利用位移协调机制可以很好地解释复合微动的运行和损伤机理。

1) 阶段 I

在复合微动第 1 次循环中，由于材料性质的差异，不同接触配副产生不同的弹性和塑性变形，因此表现出不同的相对滑移值，这就是弹性变形、塑性变形和接触刚度之间协调的结果。第 1 次循环就可在表面产生永久变形和擦伤，加工硬化随之产生，接触区材料性质发生变化，第 2 次循环的 F-D 曲线就反映出 F_s 和 F_1 的升高，作为协调，位移值降低。这种过程不断进行，位移幅值连续下降。从接触状态来看，实际接触角度的不断增加和接触中心的偏移，都是位移协调的结果。不同材料表现出不同的 F_s 和 F_1 值，实际是微观调节参量在不同材料性质条件下的不同响应。

图 7-47 是 2091Al-Li 合金在 F_{max}=800N 和 θ=45° 时，位移幅值随循环周次变化曲线的局部，位移幅值在第 10 次循环时已降为 202μm，但第 100 次循环时位移幅值却增加到 222μm。这种变化是因为在高的切向力作用下，已加工硬化的材料被剥离，新鲜的材料重新发生变形，协调行为也随之改变，表现出来就是位移的增加。

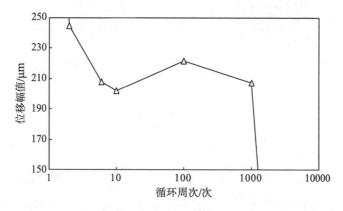

图 7-47　2091Al-Li 合金位移幅值-循环周次曲线(局部)

(OCF-1 型装置，F_{max}=800N，θ=45°)

2) 阶段 II

循环次数增加到某一临界值时，F-D 曲线将发生突变，从准梯形型转变为椭圆型，实现了完全滑移循环向部分滑移循环的转变，这是位移调节至临界状态的必然结果。

从微观变化来看，复合微动中出现的混合区实际是：当外部试验参数达到一定条件时，微观因素间发生相互作用，裂纹的扩展与颗粒的剥落成为主要的调节参量，它们的强烈作用通过位移的大幅变化(图 7-23)来协调。因此，混合区主要表现为 F-D 曲线类型的多次转化。

3) 阶段 III

在试验的初期，其他参数不变，倾斜角度增大，位移值减小，但 45#钢和2091Al-Li 合金经 10^5 次循环后，却是倾斜角度大的试样位移值高(图 7-24)。这是因为倾斜角度低的试样在试验的早期承受较大的切向力，塑性变形、裂纹扩展、材料剥落等导致材料损失的因素作用更强烈，使位移协调过程中实际接触角度变化更大，所以使最终的位移值反而更低。

2. 复合微动损伤的物理模型

综合复合微动的运行和损伤特性，可建立其物理模型，如图 7-48 所示。

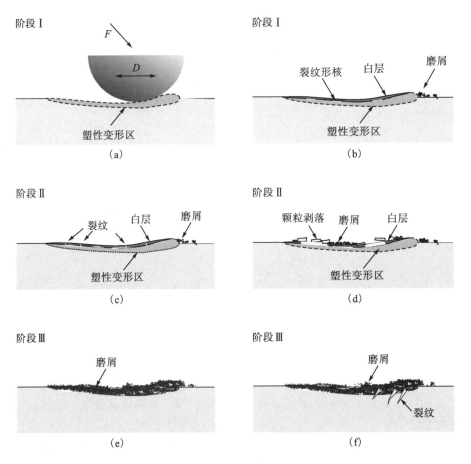

图 7-48　复合微动损伤过程物理模型示意图

(1)阶段 Ⅰ (图 7-48(a)和(b)):试验的早期 F-D 曲线呈准梯形型,处于完全滑移状态。有较大的相对位移,磨痕呈非对称的彗星状,可明显观察到由犁削产生的划痕和黏着现象,高载荷水平下可观察到显著的塑性流动。微动白层在开始阶段就形成;因为相对滑移距离大和具有较大的切向力,形成平行于表面的裂纹;已有颗粒剥离发生,磨屑易排出到磨痕之外。

(2)阶段 Ⅱ (图 7-48(c)和(d)):F-D 曲线为椭圆型,变形处于弹塑性范围,相对运动为部分滑移,形成中间黏着和边缘发生微滑的环状损伤形貌。横向裂纹和垂向裂纹相遇,导致片状颗粒按剥层机制脱落。剥落的颗粒被碾碎和氧化,其溢出较困难,第三体聚集在接触界面间,二体接触转变为三体接触。

(3)阶段Ⅲ(图 7-48(e)和(f)):F-D 曲线呈直线型,变形完全处于弹性协调状态,实际接触状态逐渐转为径向微动。第三体层的隔绝和调节作用使磨损速率明显降低。颗粒的剥落仍以剥层机制进行,但尺寸明显细化。微动导致的疲劳裂纹形成,并有向基体深处扩展的趋势,这成为该阶段的最主要特征。

7.4.3　从切向微动到复合微动,再到径向微动

1.复合微动与切向和径向微动的比较

将图 7-48 所示的物理模型和切向与径向微动的研究结果相比较,可以发现以下几点。

(1)在复合微动的阶段 Ⅰ,主要表现出切向微动滑移区大位移幅值和切向微动开始阶段时的特征。

(2)在复合微动的阶段 Ⅱ,由于位移值已降低到相对较低的水平,微动运行主要表现为切向微动的部分滑移特征,同时三体行为已表现出一些切向微动后期的特征。

(3)在复合微动的阶段Ⅲ,接触副的变形处于弹性协调状态,位移值降到更低的水平,复合微动表现为以径向接触疲劳为主和部分滑移共同作用的特征,同时三体调节行为仍起作用。

2.倾斜角度对损伤机制的影响

复合微动过程中损伤是切向和径向微动分量共同作用的结果,从切向微动到复合微动,再到径向微动,倾斜角度的影响表现在两个方面。

一方面,倾斜角度增加,切向微动分量的特征减弱,径向微动的特征加强。主要表现为如下几点。

(1)倾斜角度增加,位移值降低速率加大,部分滑移和径向微动的特征出现得更早。

(2)倾斜角度增大,疲劳作用增强,微动疲劳裂纹产生的概率增大。

(3)当倾斜角度达到90°时,切向微动分量的作用消失,完全是径向微动作用,从损伤机制来看,已过渡到以径向接触疲劳为主。

另一方面,在复合微动过程中,由于位移协调机制的作用,实际的接触角度会随着变形和磨损的进行而增大,使切向微动损伤的特征随循环周次的增加而逐渐减弱,微动模式转向径向微动,并最终可能表现为以径向接触疲劳为主的特征。

在倾斜角度从切向微动变化到径向微动的过程中,材料颗粒的剥离都是按剥层机制进行的,但随倾斜角度的增加,界面切向力逐渐减小,次表层的横向裂纹扩展难度增加,剥落的颗粒尺寸逐渐减小。

参 考 文 献

[1] 周仲荣, 朱旻昊. 复合微动磨损. 上海: 上海交通大学出版社, 2004.

[2] 朱旻昊. 径向与复合微动的运行和损伤机理研究. 西南交通大学, 2001.

[3] Zhu M H, Zhou Z R. The damage mechanisms under different fretting modes of bonded molybdenum disulfide coating. Materials Science Forum, 2005, 475-479: 1545-1550.

[4] 朱旻昊, 周仲荣. 7075 铝合金复合微动行为的研究. 摩擦学学报, 2003, 23(4): 320-325.

[5] 李政, 朱旻昊, 周仲荣. 60Si2Mn 钢复合微动磨损行为的研究. 机械工程学报, 2005, 41(1): 203-207.

[6] 朱旻昊, 周仲荣. 关于复合式微动的研究. 摩擦学学报, 2001, 21(3): 182-186.

[7] Zhu M H, Zhou Z R, Kapsa P, et al. An experimental investigation on composite fretting mode. Tribology International, 2001, 34(11): 733-738.

[8] Zhu M H, Zhou Z R. Dual-motion fretting wear behaviour of 7075 Aluminium alloy. Wear, 2003, 255(1-6): 269-275.

[9] 朱旻昊, 李政, 周仲荣. 低碳钢的复合微动磨损特性研究. 材料工程, 2004, 10(257): 12-15, 20.

[10] 朱旻昊, 周仲荣. GCr15 轴承钢的复合微动磨损行为. 机械工程材料, 2003, 27(2): 10-13.

[11] Mindlin R D. Compliance of elastic bodies in contact. ASME Journal of Applied Mechanics, 1949, 16: 259-268.

[12] Zhu M H, Zhou Z R. Composite fretting wear of Aluminum alloy. Key Engineering Materials, 2007, 353-358(Part 2): 868-873.

第 8 章　扭转复合微动磨损

扭转复合微动是指在交变载荷作用下接触界面发生微幅扭转的相对运动，它是扭动与转动微动耦合作用的复杂微动，它广泛存在于球阀、滚珠轴承、杵臼关节、球窝接头及其他旋转紧固件中，常常是导致该类零部件失效的重要原因之一。扭转复合微动概念及理论的提出，有利于拓宽微动摩擦学的研究领域，为减缓实际的复杂微动损伤提供重要的理论指导。

8.1　扭转复合微动磨损的实现

对于球/平面接触模型，扭动微动和转动微动的本质区别在于：两种不同模式的微动的旋转轴与接触平面构成的夹角不同，当倾斜角 α=0° 时该状态下的微动为扭动微动；当倾斜角 α=90° 时该状态下的微动为转动微动；而当倾斜角 0° $<\alpha<$ 90° 时，可将该状态下的微动分解为相对平面发生扭动的扭动分量 T_x 和相对平面发生转动的转动分量 T_y。因此，通过改变旋转轴与平面试样之间的倾斜角就可以不同程度地实现扭动微动磨损和转动微动磨损两种基本模式的复合，进而成功实现扭转复合微动磨损。

8.1.1　扭转复合微动的试验装置

图 8-1 为一套可实现扭转复合微动的试验装置的基本结构，可分为二维移动实时调整系统、试样夹持系统、回转电机系统和可调式电机固定倾斜台、位移/载荷的测量传感器以及记录和控制集成模块等组成部分[1, 2]。主要功能如下。

(1) 二维移动实时调整系统：该部分由上试样夹持系统水平和垂直两个方向移动的水平调节机构、垂向调节机构组成，上述两个机构分别由各自的导轨丝杠和相应电机组成。当试验开始前，利用该系统可方便地调节被测试样在试验点附近移动。此外，垂向调节机构还负责法向载荷的施加并在试验过程中实时跟踪、调整法向载荷(法向载荷量程为 5mN～500N)。

(2) 试样夹持系统：该部分主要由上夹具、平面试样、球试样和安装在电机上的下夹具组成。

(3)回转电机系统：主要由高精度超低速往复回转电机及其自带的回转控制单元组成（角位移幅值 θ=0.01°～180°，测量精度可达 0.01°/s）。

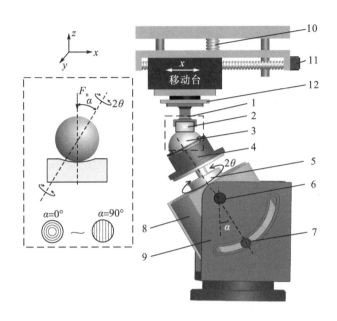

图 8-1　扭转复合微动试验装置示意图

1-上夹具；2-平面试样；3-球试样；4-下夹具；5-超低速往复回转电机；6-旋转轴；7-紧固螺栓；8-电机固定套；

9-底座；10-垂向调节机构；11-水平调节机构；12-六维力学传感器

(4)可调式电机固定倾斜台：该倾斜台由电机固定套和底座组成，电机固定套通过旋转轴与底座联接，可实现倾斜角在 α=0°～90°的任意选择，当设定倾斜角 α 后底座由紧固螺栓锁紧。这样，球试样的旋转轴相对平面试样倾斜了一定角度 α，当超低速往复回转电机对球试样施加微小的旋转运动后，接触副发生微幅扭转，扭转时的扭矩 T 可分解为在水平方向相互正交的扭动分量 T_x 和转动分量 T_y，从而实现扭动微动和转动微动的复合。

(5)位移/载荷的测量传感器以及记录和控制集成模块：高精度的六维力学传感器的上端与二维移动实时调整系统相连，下端与上夹具固定，可实时测量接触副表面的力和力矩。高精度的六维力学传感器实时测得的数据由计算机记录并反馈给控制集成模块实现闭环控制，通过二维移动实时调整系统调整法向载荷。同时，控制集成模块还控制超低速往复回转电机的动作，将测得的角位移信息传给计算机并加以记录。

8.1.2　试验过程中动态力学特性获取及其复合过程分析

　　大量不同工况下的微动摩擦磨损试验表明：微动试验过程中设定的位移幅值、运动速度、法向载荷以及试验过程中获取的切向力(对于切向微动磨损来说就是摩擦力)都是控制微动损伤行为的重要参量[3-6]。对于扭转复合微动，由于不同程度地包含扭动分量和转动分量，六维力学传感器能够实时侦测到来自微动界面的六个力学参量，即 F_x、F_y、F_z、T_x、T_y、T_z，如图 8-2 所示。

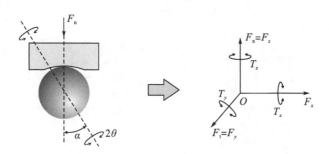

图 8-2　试验装置上六维力学传感器测得数据的对应坐标

　　因此，从以上数据中可以提取切向力随循环周次变化的曲线、摩擦扭矩随循环周次变化的曲线、切向力或摩擦扭矩-角位移幅值曲线(即 F_t-θ 曲线或 T-θ 曲线)以及 F_t/F_n 曲线(等效摩擦系数，相当于切向微动中的摩擦系数)。经过测试发现扭转复合微动条件下，随着角位移幅值的增加无论是 F_t-θ 曲线或 T-θ 曲线均可呈现直线型、椭圆型和平行四边形型(后续将作详细讨论)。也就是说，这两类曲线的变化规律与最常见的切向微动中摩擦力-位移幅值(F_t-D)曲线一致，表明可以借鉴切向微动中的微动图理论来分析和研究扭转复合微动。另外，对比图 8-3 可以发现，随着微动的进行，在球试样和平面试样间将发生往复回转，随着试验时间的增加，切向力和摩擦扭矩两个力学变量在坐标轴上所呈现的周期性变化趋势基本吻合。表明利用 F_t-θ 曲线或是 T-θ 曲线来表征扭转复合微动的动力学行为的效果是一致的。本章将统一采用切向力-角位移幅值(F_t-θ)曲线对扭转复合微动的动力学行为进行分析。

　　扭转复合微动的 F_t-θ 曲线类似于切向微动的 F_t-D 曲线，随着角位移幅值的增加，F_t-θ 曲线依次呈现直线型、椭圆型和平行四边形型 3 种基本类型。对双向复合微动的分析表明[4, 7]：双向复合微动的 F-D 曲线可以呈现直线型、椭圆型和准梯形型，从几何形状来看是切向微动磨损(F-D 曲线表现为直线型、椭圆型和平行四边形型)和径向微动磨损(F-D 曲线表现为闭合型、张开型)的 F-D 曲线耦合作用的结果。扭转复合微动磨损的 F_t-θ 曲线的复合过程应该和双向复合微动磨损类似，其 $F_t\text{-}\theta$ 曲线表现为扭动微动磨损和转动微动磨损两种基本模式复合作用的特征。而扭动微动的 $T\text{-}\theta$ 曲线[5]（图 8-4(a)）和转动微动的 $F_t\text{-}\theta$ 曲线[6]（图 8-4(b)）均有且仅有 3 种基本表现形式，即直线型、椭圆型和平行四边形型。因此，从几何形状的复合关系来看，形成扭转复合微动后的 $F_t\text{-}\theta$ 曲线也应具有图 8-4(c)所示的 3 种曲线特征。这种理论分析和实际得到的试验结果完全吻合，这也表明本章所用的试验装置实现了扭动和转动微动的复合。

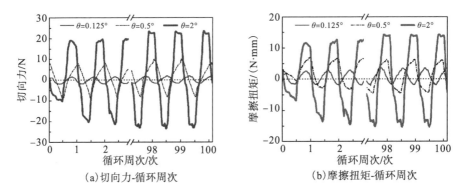

图 8-3   切向力/摩擦扭矩在不同扭转角位移幅值下随循环周次的演变关系

(F_n=50N，α=20°)

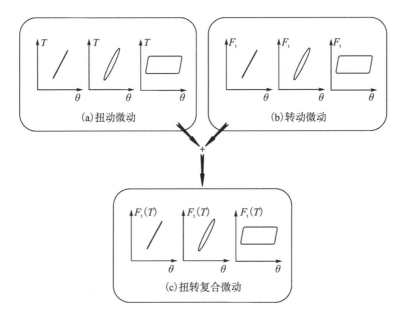

图 8-4   扭转复合微动 $F_t\text{-}\theta$(或 $T\text{-}\theta$) 曲线的复合过程

8.2　扭转复合微动磨损的运行行为

双向复合微动磨损的研究结果显示[4, 7]：倾斜角是影响复合微动损伤的重要参量。而扭转复合微动是扭动微动和转动微动耦合作用的结果，倾斜角的大小直接影响扭转复合微动的耦合程度。

8.2.1　切向力-角位移幅值曲线

作为扭动微动磨损和转动微动磨损复合作用的扭转复合微动磨损，其 F_t-θ 曲线也有且最多可呈现 3 种表现形式，即直线型、椭圆型和平行四边形型。通常，在恒定法向载荷作用下，倾斜角和角位移幅值均能改变扭转复合微动的运行状态。简言之，随着角位移幅值的增加，F_t-θ 曲线依次从直线型到椭圆型再转变到平行四边形型，相应地，微动的接触状态也由弹性变形协调的部分滑移状态向塑性变形特征的部分滑移状态和完全滑移状态转变。另外，随着倾斜角的增加，F_t-θ 曲线可以由直线型向椭圆型转变、由窄扁的椭圆型向宽大的椭圆型转变或由椭圆型向平行四边形型转变，这是由于随着倾斜角的增加，扭动分量减小而转动分量增大，微动更趋向于受转动分量控制，接触界面更加容易发生相对滑移。

以 LZ50 钢为例，如图 8-5 所示，当 θ=0.125°、α=5° 时，所有的 F_t-θ 曲线始终呈直线型。此时，微动产生的扭转变形由接触表面的弹性协调完成，微动运行于部分滑移状态。而随着倾斜角的增大（α=10°、20°、40°），直线型慢慢打开呈椭圆型且接触表面的切向力逐渐增加，表明接触区的塑性变形相比较低的倾斜角下更加显著。

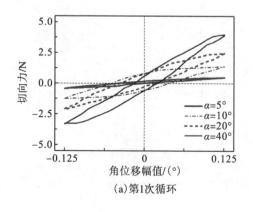

(a)第1次循环

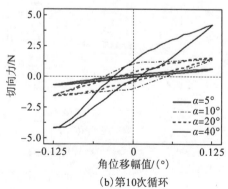

(b)第10次循环

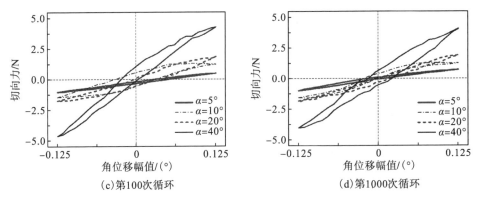

(c)第100次循环　　　　　　　　　　　　　　　　(d)第1000次循环

图 8-5　LZ50 钢在不同倾斜角和循环周次下的 F_t-θ 曲线

(F_n=50N，θ=0.125°)

当角位移幅值增加到 θ=0.25° 时(图 8-6)，倾斜角 α<20° 下不同循环周次的 F_t-θ 曲线均呈椭圆型。相比 θ=0.125° 时，椭圆型打开得更宽，表明随着角位移幅值和倾斜角的增加，接触区的塑性变形更加剧烈。随着倾斜角的增加(如 α=40°)，F_t-θ 曲线已转变为平行四边形型，表明此时接触中心的黏着区已消失。

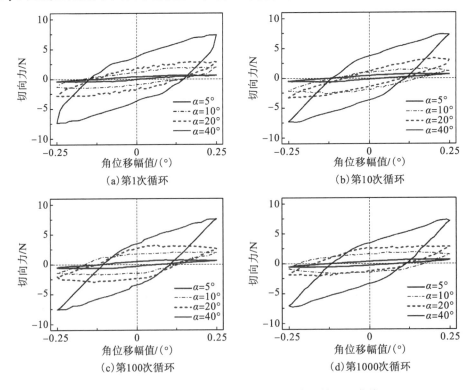

(a)第1次循环　　　　　　　　　　　　　　　　(b)第10次循环

(c)第100次循环　　　　　　　　　　　　　　　(d)第1000次循环

图 8-6　LZ50 钢在不同倾斜角和循环周次下的 F_t-θ 曲线

(F_n=50N，θ=0.25°)

事实上，随着倾斜角的增加，复合微动中转动微动分量增加，微动相对容易进入完全滑移状态。而这种微动运行状态的改变符合微动图理论[8-10]对混合区的定义。图 8-7 示出了角位移幅值 $\theta=1.0°$ 时的 F_t-θ 曲线，可见：当倾斜角 $\alpha=5°$ 时，F_t-θ 曲线在第 1 次循环时为平行四边形型，随后转变为椭圆型，最后在第 1000 次循环时又由椭圆型转变为平行四边形型。在微动初期，由于接触表面污染膜和吸附膜的存在，直接降低了接触表面的摩擦剪应力，使得两接触面容易发生相对运动，因而平行四边形型仅出现短暂的几个微动循环。随后 F_t-θ 曲线又从椭圆型转变为平行四边形型，说明接触界面由部分滑移状态向完全滑移状态转变。相似的演变规律发生在倾斜角 $\alpha=10°$ 时，但滑移状态的转变提早到了第 100 次循环左右。而更高的倾斜角下，整个微动周期的 F_t-θ 曲线均呈平行四边形型，表明此时微动已进入完全滑移状态。

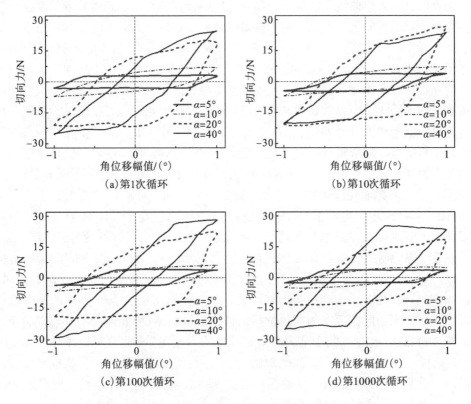

图 8-7　LZ50 钢在不同倾斜角和循环周次下的 F_t-θ 曲线

(F_n=50N, θ=1.0°)

当角位移幅值增加到 $\theta \geqslant 2.0°$ 时，F_t-θ 曲线均呈平行四边形型，表明此时所有倾斜角下的扭转复合微动磨损均处于完全滑移状态。此外，从 F_t-θ 曲线也可以看出，随着倾斜角的增大，平行四边形侧边的斜率依次增大，表明倾斜角越大，表面接触刚度越高。

综上所述，随着角位移幅值的增加，扭转复合微动磨损的 F_t-θ 曲线依次呈直线型、椭圆型和平行四边形型，微动依次运行于部分滑移区、混合区并逐渐进入滑移区。另外，随着倾斜角的增加，控制扭转复合微动磨损的扭动微动分量逐渐减小，而转动分量增大，塑性变形更加显著，微动运行状态表现出由部分滑移状态向完全滑移状态转变的趋势。

8.2.2 材料运行微动图的建立

大量的研究表明[5, 11]，扭动微动磨损的运行区域特性与切向微动磨损不同，它需要结合动力学曲线和磨痕形貌演变过程综合判定。由于扭动分量的存在，扭转复合微动磨损的运行区域判定也需要结合磨痕形貌，尤其是在小倾斜角下，受扭动分量支配明显时。图 8-8 示出了不同倾斜角和角位移幅值下的磨痕 OM 形貌。如图 8-8(R_1) 所示，所有倾斜角下磨痕均呈现中心黏着边缘微滑的形貌，但随倾斜角的增加，磨痕非对称性增加，且该状态下黏着区不会随微动的循环周次增加而缩小，结合图 8-5 所示的动力学曲线可以说明，此时微动运行于部分滑移区。当角位移幅值增加到 $\theta=0.25°$ 时，从前面的动力学分析可知，不同倾斜角下 F_t-θ 曲线均呈椭圆型，随着倾斜角的增大，椭圆型逐渐打开，表明随着倾斜角的增大，接触表面塑性变形增强。结合图 8-9 和图 8-10 可知，磨痕形貌不同于部分滑移区，该阶段的中心黏着边缘磨损的磨痕形貌会随着微动循环次数的增大而逐渐缩小（即图 8-9 中 r 变小）甚至消失（图 8-8(R_4-C_1) 和 (R_4-C_2) 显示，在 1000 次循环后黏着区基本消失），而边缘磨损区明显地向接触区内扩展，表明微动磨损运行于混合区。该结果说明扭转复合微动磨损条件下的微动运行区域的判定与扭动微动磨损一致，这也进一步说明了该微动模式的复合效应。当角位移幅值增大至 $\theta=1.0°$ 时，在较小的倾斜角下，微动磨损形貌及动力学特性与 $\theta=0.25°$ 时类似，说明微动磨损仍处于混合区；而在相同角位移幅值的高倾斜角（如 $\alpha=40°$，$\theta=1.0°$）下，如图 8-11(a) 所示，仅 20 次循环后，磨痕就没有出现黏着区，随着循环次数的增加，磨损逐渐加重，由于微动磨损始终处于完全滑移状态，F_t-θ 曲线呈平行四边形型，说明微动磨损已进入滑移区。而当 $\theta \geq 2.0°$ 时，所有倾斜角下的磨痕即使在第 1 次循环下也均未出现黏着区，表明微动磨损都已完全进入滑移区。

因此，扭转复合微动磨损 F_t-θ 曲线需结合磨痕形貌来判定微动的运行区域；另外，扭转复合微动磨损中的倾斜角和角位移幅值是影响微动运行行为的两个最基本因素。因而，本章建立了一种以角位移幅值为横坐标、以倾斜角为纵坐标的扭转复合微动磨损所特有的新型运行工况微动图（RCFM），如图 8-12 所示。从图中可以看出，当法向载荷固定时，随着角位移幅值的增加，微动磨损由部分滑移

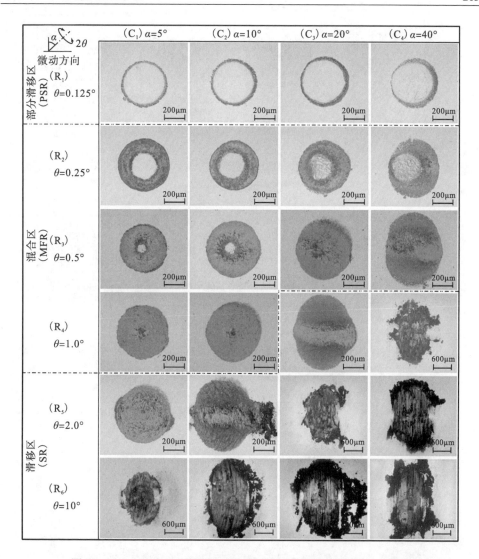

图 8-8　LZ50 钢在不同倾斜角和角位移幅值条件下的磨痕 OM 形貌

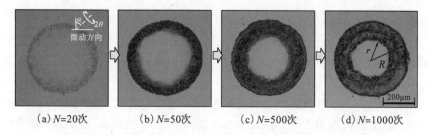

(a) N=20次　　(b) N=50次　　(c) N=500次　　(d) N=1000次

图 8-9　LZ50 钢在混合区磨痕随循环周次演变的 OM 形貌

($\alpha=5°$，$\theta=0.25°$)

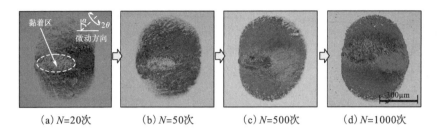

(a) N=20次　　　(b) N=50次　　　(c) N=500次　　　(d) N=1000次

图 8-10　LZ50 钢在混合区磨痕随循环周次演变的 OM 形貌

(α=40°，θ=0.5°)

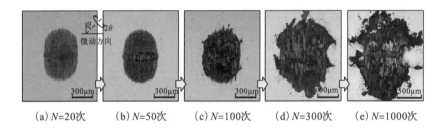

(a) N=20次　　(b) N=50次　　(c) N=100次　　(d) N=300次　　(e) N=1000次

图 8-11　LZ50 钢在滑移区磨痕形貌随循环周次演变的 OM 形貌

(α=40°，θ=1.0°)

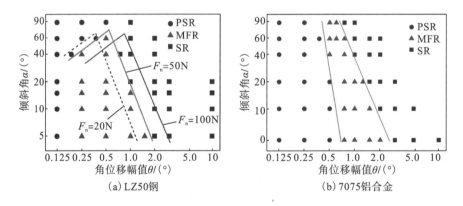

(a) LZ50钢　　　　　　　　　　　(b) 7075铝合金

图 8-12　扭转复合微动磨损的特殊运行工况微动图

区向混合区和滑移区转变，表明接触界面的相对滑移更加容易发生；随着倾斜角的增大，混合区逐渐减小甚至完全消失，说明微动分量的控制程度对微动区域有重要影响。此外，由于增加法向载荷会导致接触界面的相对滑移变得更加困难，因此，随着角位移幅值的增加，PSR/MFR 和 MFR/SR 的分界线依次往高的角位移幅值方向移动。结合图 8-12(a) 和 (b) 可总结如下结论。

(1) 随着角位移幅值的增加，微动磨损依次运行于部分滑移区、混合区和滑移区。

(2)PSR/MFR 和 MFR/SR 边界明显受到倾斜角的影响，在一定的角位移幅值下，随着倾斜角的增加，部分滑移区和混合区分别向混合区和滑移区移动，且混合区逐渐缩小甚至消失。

(3)当复合微动主要受转动分量控制时，LZ50 钢的混合区完全消失，而 7075 铝合金仍有较大区域的混合区分布，表明扭转复合微动磨损的区域特性强烈依赖于材料性质。

8.2.3　等效摩擦系数时变曲线

从严格意义上讲，扭转复合微动磨损过程中获取的 F_t/F_n 比值不完全等同于切向微动磨损的摩擦系数，但在本质上 F_t/F_n 比值和摩擦系数一样都能直观反映接触界面间摩擦学行为的演变，也为评判复合微动摩擦磨损提供了重要的信息。本章统一将 F_t/F_n 的比值定义为等效摩擦系数。

如图 8-13 所示，扭转复合微动磨损下的等效摩擦系数时变曲线演变特性可归纳如下。

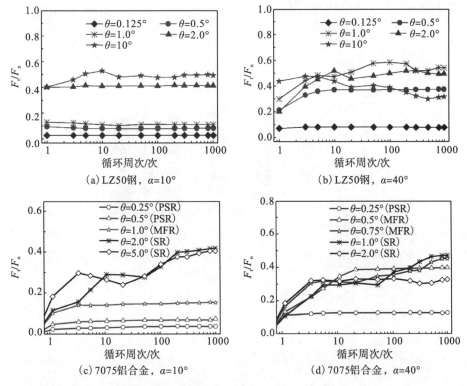

图 8-13　不同倾斜角和角位移幅值下的等效摩擦系数随循环周次的时变曲线

(F_n=50N)

（1）在部分滑移区，由于微动主要通过弹性变形协调，等效摩擦系数曲线经历几个微动周期爬升（表面膜和污染膜去除）后，迅速保持较低的稳定值（稳定的部分滑移状态建立）。

（2）在混合区，由于微动由完全滑移状态向部分滑移状态转变，等效摩擦系数曲线经历数百个微动周期不等的爬升阶段（处于完全滑移状态，该阶段塑性流动明显）后保持相对稳定的状态（进入部分滑移状态）。

（3）在滑移区，等效摩擦系数曲线波动明显，随着循环次数的增加依次出现跑合、下降、上升和稳定几个阶段。这些阶段的出现与摩擦界面表面膜和污染膜的破坏、接触表面的变形协调、黏着、犁沟效应以及接触区磨屑形成与排出密不可分。

值得注意的是，稳定阶段等效摩擦系数的最大值总是出现在滑移区较小角位移幅值下。此外，研究发现：在相同的角位移幅值下，稳定阶段等效摩擦系数的最大值往往出现在倾斜角 $\alpha=40°\sim60°$ 附近，也就是说等效摩擦系数的最大值总是随着倾斜角的增加经历一个上升再下降的过程。例如，当角位移幅值 $\theta=0.5°$ 时，等效摩擦系数的最大值出现在倾斜角 $\alpha=60°$ 时，其值约为 0.6 左右；而 $\theta=2.0°$ 时，最大值又出现在 $\alpha=50°$ 时，如图 8-14 所示。上述现象可能与磨屑的形成快于排出从而导致接触区磨屑堆积挤压有关。

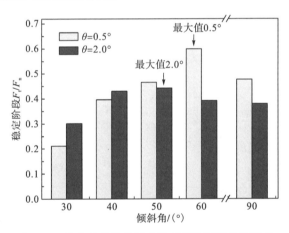

图 8-14   稳定阶段的等效摩擦系数随倾斜角的演变

(7075 铝合金)

8.2.4   摩擦耗散能的变化

1.角位移幅值对摩擦耗散能的影响

图 8-15 示出了两种倾斜角、不同角位移幅值下的摩擦耗散能随循环周次的演变曲线，可以看出，在相同的微动磨损运行区域，两种倾斜角下摩擦耗散能曲线

的演变规律相似。在部分滑移区，摩擦耗散能始终保持较低水平且波动不明显，它的变化趋势与等效摩擦系数曲线相似；在滑移区，摩擦耗散能曲线呈现爬升—峰值—下降—稳定的 4 个阶段特征，它的演变也与等效摩擦系数曲线基本一致；而在混合区，摩擦耗散能曲线呈现爬升—峰值—下降的 3 个阶段特征，前两个阶段的形成原因与滑移区相似，而第 3 阶段(即下降阶段)通过对比 F_t-θ 曲线可知，主要是由于微动磨损由完全滑移状态向部分滑移状态转变，从而导致摩擦耗散能的迅速下滑，而这部分损失的能量可能用于混合区疲劳裂纹的萌生与扩展。

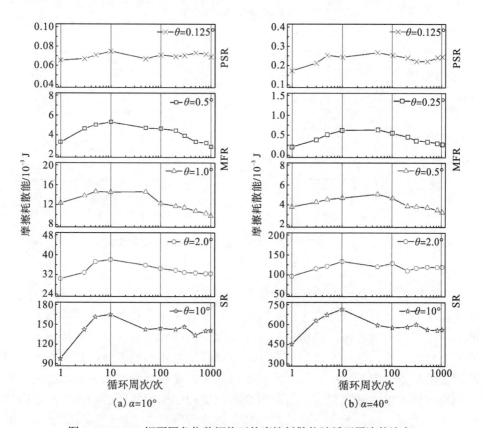

图 8-15　LZ50 钢不同角位移幅值下的摩擦耗散能随循环周次的演变

2.倾斜角对摩擦耗散能的影响

图 8-16 分别示出了相同角位移幅值下 3 个微动运行区域的摩擦耗散能随循环次数的演变曲线。可见，在部分滑移区和滑移区，随着倾斜角的增加，平均摩擦耗散能在对数坐标上几乎线性递增。而混合区的摩擦耗散能曲线呈爬升—峰值—下降 3 个阶段，但它们彼此交织在一起且波动明显。

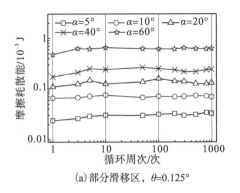

(a)部分滑移区，$\theta=0.125°$

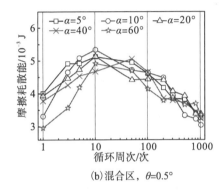

(b)混合区，$\theta=0.5°$

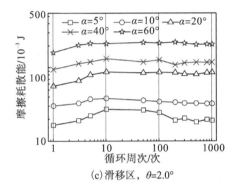

(c)滑移区，$\theta=2.0°$

图 8-16　LZ50 钢不同倾斜角下的摩擦耗散能随循环周次的演变

　　主要原因可能是：摩擦耗散能损失主要表现为材料磨损、微观结构转变、摩擦化学作用或转化为热能等相关消耗[12]，区别于用于裂纹萌生和扩展而消耗的能量；在部分滑移区，损伤轻微，微动磨损的相对运动主要通过接触副的弹性变形协调完成，因而摩擦耗散能始终保持较低的相对稳定值；在滑移区，微动磨损始终处于完全滑移状态，接触区的损伤主要表现为材料去除，与局部疲劳相比磨损占据主导地位，因而在整个微动过程中摩擦耗散能始终保持较高的稳定值；而混合区作为一个微动磨损和局部疲劳相互竞争的危险区域，两者的竞争过程实质上是一个此消彼长的动态过程，因而摩擦耗散能的波动较大。微动磨损中大部分能量可能被疲劳裂纹的萌生与扩展吸收，而以磨损消耗作为主要能量损失的摩擦耗散能在各个倾斜角下相当，因而倾斜角的改变对混合区摩擦耗散能的数值影响不大。相反，用于疲劳裂纹萌生与扩展的那部分被耗散的能量可能随倾斜角的改变具有明显的变化，也就是说倾斜角的改变可能导致裂纹萌生与扩展行为的差异。

8.3 扭转复合微动磨损的损伤机理

8.3.1 两种复合微动磨损的典型形貌对比

扭转复合微动磨损是扭动和转动微动磨损复合作用的结果，因此与双向复合微动磨损类似，在一定条件下扭转复合微动磨损在损伤形貌上也必定表现出一些特殊的损伤特征。图 8-17(a) 和(b) 分别示出了扭转复合微动磨损和双向复合微动磨损典型的损伤形貌，对比发现两种损伤形貌均呈中心黏着、边缘微滑的偏心非对称性分布。从表面损伤形貌来看，扭转复合微动磨损也有明显的特殊性。图 8-17(a) 为 $\alpha=20°$ 和 $\theta=0.25°$ 时 LZ50 钢在 1000 次微动循环后的损伤形貌，可以看出：磨痕呈现明显的偏心现象，其黏着区中心 O_2 与边缘微动区中心 O_1 存在偏距 δ，且磨痕的右侧明显比左侧磨损得严重。这一特征与双向复合微动磨损中一定条件下得到的非对称形貌非常相似，属典型的复合微动磨损损伤形貌。出现这种损伤形貌的主要原因是扭转复合微动磨损中接触区内每个点的相对滑移量是不同的，图 8-17(a) 中由于磨痕右侧的滑移量高于左侧，所以表面损伤也相对严重。另外，在微动磨损过程中接触区两侧的应力分布存在差异，随着微动磨损的不断进行，非对称的塑性变形和磨损不断持续，塑性流动不断累积，促使接触中心往低应力一侧移动，便形成了类似于图 8-17(a) 的非对称形貌。此外，中心黏着而四周环状磨损的损伤形貌表明此时的微动磨损主要受扭动分量控制。

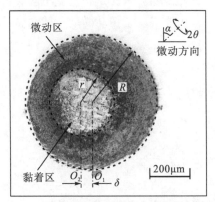

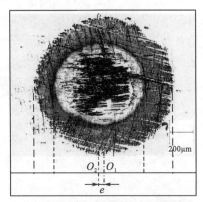

(a) 扭转复合微动磨损典型形貌
(LZ50钢，F_n=50N，α=20°，θ=0.25°，N=1000次)

(b) 双向复合微动磨损典型形貌[4]
(45#钢，F_{max}=400N，θ=60°，N=5000次)

图 8-17 两种复合微动磨损的典型形貌

扭转复合微动磨损的另一个特性表现在：控制微动损伤的微动分量会随试验参数(如循环次数、角位移幅值)的变化而变化。图 8-18 示出了 LZ50 钢在滑移区磨痕随循环次数演变的 OM 形貌，可以看到：在微动磨损初期，主要受转动分量控制，而随着循环次数的不断增加，磨屑开始形成并不断累积，但由于两侧应力分布的不同，磨屑被迫往右侧排出，在此过程中转动分量有略微削弱的趋势，磨痕的非对称性逐渐突显。此外，在低倾斜角、高角位移幅值下，微动磨损的损伤痕迹呈圆弧形，表明随着角位移幅值的增加，转动分量效应逐渐增强。

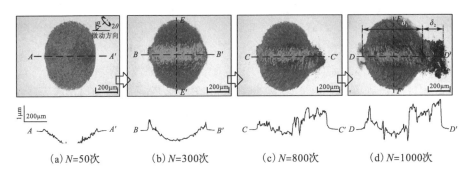

(a) N=50次   (b) N=300次   (c) N=800次   (d) N=1000次

图 8-18　LZ50 钢在滑移区磨痕随循环次数演变的 OM 形貌

(α=10°，θ=2.0°)

以上这些非对称的损伤形貌都是复合微动磨损中特有的现象，它们是两种单一的基本微动模式耦合作用的结果。由此可见，扭转复合微动磨损的损伤形貌存在不同于单一扭动或转动微动磨损的损伤形貌的特征，它们分别由两种不同微动分量所控制；此外，随着微动磨损的进行，两种微动分量又是相互竞争的关系。当然，这也从损伤形貌上进一步证实了本书真正地实现了扭动微动和转动微动磨损的复合。

8.3.2　磨痕形貌及损伤的影响因素

1.在部分滑移区

由图 8-8 可以看出：在部分滑移区，磨痕中心黏着、外侧发生轻微磨损；而当角位移幅值更小时，接触表面几乎没有任何损伤的痕迹。这是因为在部分滑移区，接触界面的相对扭转运动主要通过弹性变形协调。随着倾斜角的增加，磨痕的非对称性逐渐增加，且中心黏着区的碾压痕迹明显，表明微滑更容易发生在转动分量控制下的接触界面。

图 8-19(a)示出了 LZ50 钢在 α=20°、θ=0.25° 下磨痕形貌局部放大 OM 形

貌，可以看到一些轻微的犁沟和疲劳磨损作用下的颗粒剥落导致的点状剥落坑（图 8-19(a) 中深色区域，如 A 所示），EDX 能够侦测到损伤区域有氧峰存在，并且 A 的氧峰高度介于 B 和 C 之间（图 8-19(c) 和 (d)），说明在此处发生了类似于点蚀的疲劳磨损。因此，部分滑移区的磨损机制主要是磨粒磨损、氧化磨损和疲劳磨损。

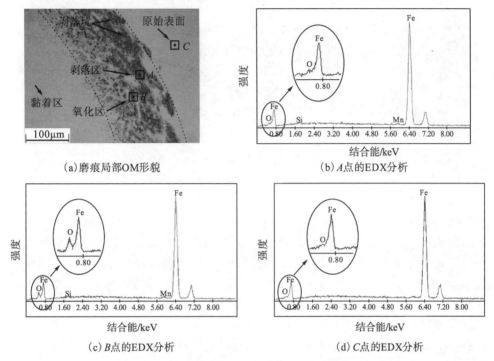

(a) 磨痕局部OM形貌 　　　　(b) A点的EDX分析

(c) B点的EDX分析 　　　　(d) C点的EDX分析

图 8-19　部分滑移区磨痕的局部放大 OM 形貌和 EDX 分析

(LZ50 钢，F_n=50N，α=20°，θ=0.25°，N=1000 次)

值得一提的是：在部分滑移区，扭动和转动两种微动分量耦合作用下的复合微动磨损比单一模式的扭动或转动微动磨损更易导致材料失效。从图 8-20 可以看出，明显的剥落出现在非对称形貌的上下两端（图 8-20(b) 和 (c)），但在更高或更低的倾斜角（包括纯扭动微动磨损[10]和纯转动微动磨损[5]）下，磨痕外侧的磨损区均未出现更严重的损伤。

2.在混合区

当复合微动进入混合区后，非对称的损伤形貌更加明显。磨屑开始形成并分布于接触区内外，随着角位移幅值和循环次数的增加，中心黏着区内的摩擦副二体接触逐渐转变为整个接触区的三体接触，在这个过程中，中心黏着区将逐渐减小并最终消失。

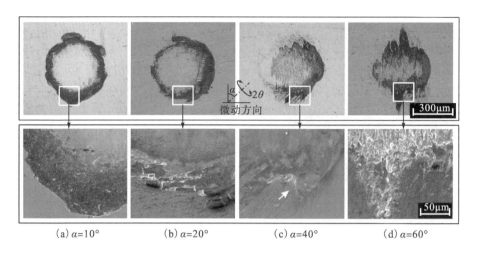

(a) $\alpha=10°$ (b) $\alpha=20°$ (c) $\alpha=40°$ (d) $\alpha=60°$

图 8-20　部分滑移区不同倾斜角下的表面磨痕形貌

(7075 铝合金，$\theta=0.375°$，$N=1000$ 次，$F_n=50N$)

值得一提的是，混合区磨痕形貌可以表现出两种不同的局部隆起特征[12]。当倾斜角较低时，微动主要受扭动分量控制，此时由于磨屑从接触区排出较困难，磨屑不断在磨损区堆积、压实形成隆起形貌。如图 8-21(a) 和 (b) 所示，可以看到约 6μm 高的明显环状隆起形貌。而随着倾斜角或角位移幅值的增加，转动分量逐渐增加，在高的表面剪应力和摩擦扭矩作用下，接触界面的塑性流动明显加剧，同时导致材料在接触中心堆积、两侧大块剥落并表现出局部的深坑。此时，磨痕轮廓已由环状隆起转变为典型的转动分量控制的 W 形特征，如图 8-21(c) 和 (d) 所示。

此外，混合区的扭转复合微动磨损损伤更加剧烈，在一定程度上比单一模式的扭动或转动微动磨损更危险。如图 8-22(a) 所示，试样经丙酮超声波清洗后发现经 1000 次微动循环后，磨痕表面早已布满了许多表面微裂纹（从严格意义上讲，

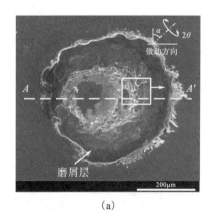

(a)

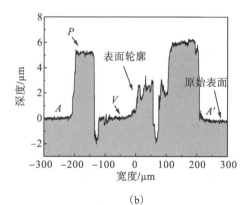

(b)

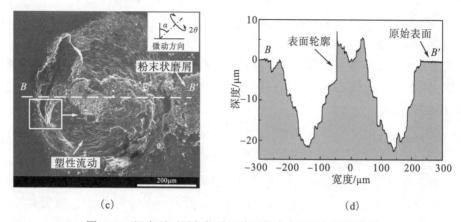

（c）　　　　　　　　　　　　　　　　　（d）

图 8-21　混合区不同角位移幅值下的磨痕形貌与截面轮廓

（$\alpha=10°$，$N=1000$ 次）

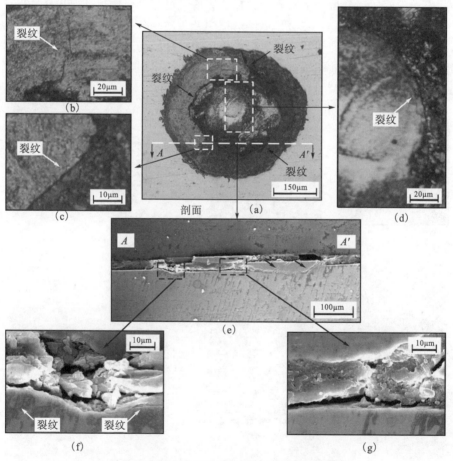

图 8-22　LZ50 钢典型扭转复合微动磨损形貌

（$\alpha=10°$，$\theta=1.0°$，$F_n=50N$，$N=1000$ 次）

这种表面缝隙不能确认为裂纹，为便于叙述暂且称为"表面裂缝"），并且环状隆起内侧与中心黏着区交界处也已形成环状的"表面裂缝"，剖面观察发现这些"表面裂缝"实质上是磨屑被压溃后的缝隙(图 8-22(e))，但也观察到了局部微小的横向微裂纹(图 8-22(f))，而在纯扭动或转动微动磨损下仅 1000 次微动循环并未发现类似裂纹。

3.在滑移区

当微动磨损进入滑移区后，随着相对滑移的大大增加，材料被快速地去除，大量的磨屑从接触区内排出。从表面形貌可以看出，在低的倾斜角下(图 8-23)，微动主要由扭动分量控制，磨痕轮廓呈现较浅的 U 形，由于相对滑移量不足够大，排屑能力有限，少量的粉末状磨屑被甩在接触区四周，而厚厚的磨屑层分布在接触区内，说明扭动分量控制的微动磨损的磨屑经过充分研磨后才排出接触区；相反，在高的倾斜角下(图 8-24)，微动磨损主要由转动分量控制。由图 8-24 可见，磨损形貌已非常接近纯转动微动磨损形貌，大量片状的磨屑沿微动方向排出并在磨痕两端堆积且磨屑被碾压得非常严重，磨痕中心出现明显的剥落。此时，磨痕的二维轮廓往往呈较深的 U 形，3D 轮廓表现为凹坑。

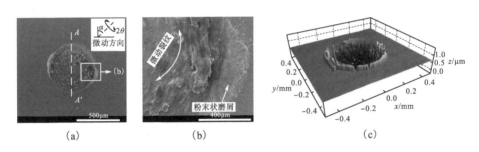

(a)   (b)   (c)

图 8-23　LZ50 钢在滑移区的 SEM 和 3D 形貌

($\alpha=5°$，$\theta=2.0°$，$N=1000$ 次，$F_n=50$N)

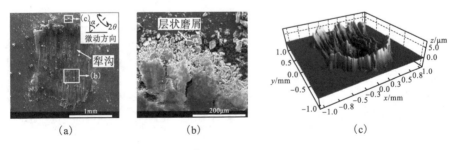

(a)   (b)   (c)

图 8-24　LZ50 钢在滑移区的 SEM 和 3D 形貌

($\alpha=40°$，$\theta=2.0°$，$N=1000$ 次，$F_n=50$N)

　　研究表明，转动微动分量控制下的微动损伤的排屑和材料去除能力明显强于扭动微动分量控制下的微动损伤。当倾斜角处于一个适中的位置时，在微动磨损过程中，两种微动分量在竞争过程中势均力敌，在此过程中塑性变形不断累积、接触区的应力分布也存在非对称性，从而导致排屑行为又明显不同于前面两个微动区。

8.3.3　微动磨损模式的转变

1.倾斜角的影响

　　倾斜角是影响微动磨损分量作用大小和损伤表现形式的最直接因素，从图 8-8 可以看出，在部分滑移区，各个倾斜角下的微动磨损主要受扭动分量控制，倾斜角的改变对微动模式影响并不明显，微动损伤主要表现为扭动微动磨损特征。在混合区，随着倾斜角的增大，磨痕的非对称性开始显现，并且微动损伤从受扭动分量控制逐渐转变为受转动分量控制。在滑移区，随着角位移幅值的增加，即使在很低的倾斜角下，微动也会逐渐转向受转动微动分量控制，这说明在复合微动磨损过程中存在微动磨损模式的转变。

2.角位移幅值的影响

　　一般来说，小倾斜角下的微动磨损主要受扭动分量控制，但是即使在较小的倾斜角下，一旦角位移幅值达到一定程度，两接触体的相对位移大大提高，材料因磨损而导致实际接触面积扩大，微动也因此逐渐转变为类似于纯转动微动磨损的损伤形貌（图 8-8（R_5）～（R_6）和图 8-25（a）)；另外，随着角位移幅值的增大，接

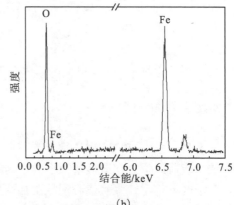

(a)　　　　　　　　　　　　　　　　　(b)

图 8-25　LZ50 钢在滑移区的 SEM 形貌和 EDX 分析

（$\alpha=20°$，$\theta=10°$，$N=1000$ 次，$F_n=50N$）

触界面更易与空气中的氧接触，磨屑氧化的程度更严重(图 8-25(b))。因此，角位移幅值的大小可以明显地影响微动磨损的损伤程度和微动损伤形貌的转变，角位移幅值越大，微动磨损越容易表现出转动微动控制的损伤形貌。

3.循环次数的影响

随着循环次数的增加，接触表面的损伤逐渐加重，两接触体的实际接触面积扩大，控制微动损伤的分量也呈现扭动分量削弱、转动分量增强的趋势(图 8-11)。图 8-26 示出了对应图 8-11 的两个循环次数下的磨痕纵向截面轮廓。由图 8-26 可见，在 N=300 次时，磨痕大致呈 U 形，形貌接近于扭动微动磨损，而当循环次数增加至 N=1000 次时，截面形貌又转变为 W 形。这种中心隆起往往是在转动分量的作用下，接触两侧材料由于塑性流动不断往中心堆积的结果，说明微动磨损后期已转变为受转动分量控制为主。但是，纯转动微动磨损中的中心隆起往往在微动初期就开始出现，它会伴随微动的始终或随着循环次数的增加而逐渐消失，这与图 8-11 的损伤形貌不同，这说明在该状态下，随着循环周次的增加，伴随着扭动分量逐渐削弱的同时转动分量增强，这一观点在图 8-27 中也得以证实。

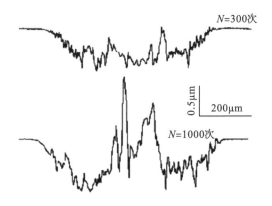

图 8-26　LZ50 钢在不同循环周次下的截面轮廓(对应图 8-11)

4.法向载荷的影响

图 8-28 示出了 LZ50 钢在部分滑移区 3 种不同法向载荷下的磨痕形貌。可见，随着法向载荷的增大，磨痕依次增大，这与 Hertz 理论吻合。在较小的法向载荷下，微滑区域相对较大且偏心现象更加明显，表明低法向载荷下接触副更容易产生相对滑移。上述现象在混合区也同样存在(图 8-29)。

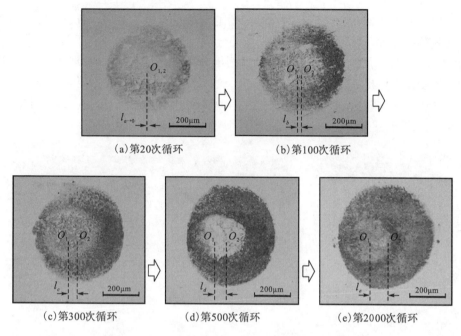

(a)第20次循环　　　　　　　　(b)第100次循环

(c)第300次循环　　　　　(d)第500次循环　　　　　(e)第2000次循环

图 8-27　LZ50 钢在混合区磨痕形貌随循环周次的演变

($\alpha=40°$，$\theta=0.25°$，$F_n=50N$)

(a)$F_n=20N$　　　　　　(b)$F_n=50N$　　　　　　(c)$F_n=100N$

图 8-28　LZ50 钢部分滑移区不同法向载荷下的磨痕损伤形貌

($\alpha=40°$，$\theta=0.125°$)

(a)$F_n=20N$　　　　　　(b)$F_n=50N$　　　　　　(c)$F_n=100N$

图 8-29　LZ50 钢混合区不同法向载荷下的磨痕损伤形貌

($\alpha=40°$，$\theta=0.25°$)

　　由于变形协调，法向载荷对微动分量的支配也有显著影响。研究发现，随着法向载荷的增大，微动磨损更容易受扭动分量控制。如图 8-30(a) 所示，在法向载荷 F_n=20N 时，损伤形貌与转动微动磨损十分相似；而随着法向载荷的增加，接触副的变形程度提高，损伤形貌更加接近于扭动微动磨损特征，如图 8-30(c) 所示。也就是说，法向载荷越大，微动磨损更容易受到扭动分量控制，其原因大致可用图 8-31 的示意图来描述，该过程中塑性变形扮演了重要角色。

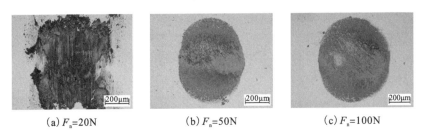

(a) F_n=20N   (b) F_n=50N   (c) F_n=100N

图 8-30　混合区不同法向载荷下的磨痕损伤形貌

(α=40°，θ=0.5°)

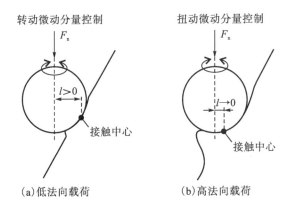

(a) 低法向载荷   (b) 高法向载荷

图 8-31　法向载荷对微动控制分量的影响

5.配副材料的影响

　　微动磨损行为与材料的力学性能关系密切。材料的弹性模量、塑性行为、硬度和强度等力学性能的差异较大，摩擦副的接触刚度差异也较大，摩擦过程中表层材料的弹性和塑性变形、加工硬化程度各异。复合微动磨损的扭转特性受接触副材料特性的影响也较大。例如，LZ50 钢、7075 铝合金和 PMMA 三种材料的弹性模量、硬度等相差较大，因此磨痕形貌差异显著，从损伤形貌上不难发现：LZ50 钢表面损伤受转动分量影响最为明显，而 PMMA 受扭动分量影响最为明显 (图 8-32)。表明接触副材料性能对支配扭转复合微动损伤的微动分量影响较大。

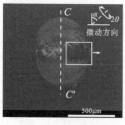

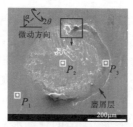
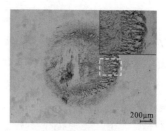

<table>
<tr><td>（a）LZ50钢</td><td>（b）7075铝合金</td><td>（c）PMMA</td></tr>
</table>

图 8-32　不同接触副材料/GCr15 钢球的磨痕形貌对比

（α=40°，θ=0.5°，N=1000 次）

6.润滑介质的影响

流体介质或表面涂镀层可以降低接触副表面切应力，提高接触界面发生相对滑移的能力。因此，润滑介质对微动分量控制程度的影响也较为明显。从图 8-33（a）可以看出，在油润滑状态下微动磨损主要由转动微动分量控制；而在水介质（图 8-33（b)）和干态（图 8-33（c)）下，转动微动分量控制程度依次减弱，而扭动微动磨损的特征逐渐变得明显。说明流体介质能够明显地改变微动分量的控制程度，油润滑状态下微动磨损更容易受转动微动分量控制。

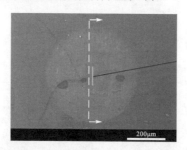

（a）润滑油中

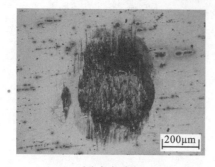
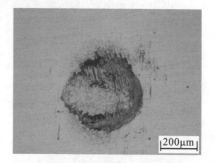

<table>
<tr><td>（b）水介质中</td><td>（c）干态</td></tr>
</table>

图 8-33　不同润滑条件下微动磨痕的 OM 形貌

（α=40°，θ=0.5°）

　　通过对 LZ50 钢、7075 铝合金和 PMMA 等不同材料扭转复合微动磨损的主要影响因素和损伤行为的系统研究，可建立表面损伤物理模型，如图 8-34 所示。可以看出：在部分滑移区，微动磨痕呈中心黏着、边缘微滑的损伤形貌；随着倾斜角的增加，磨痕逐渐呈非对称分布；中心黏着区不会随着角位移幅值的增加而缩小，但随着角位移幅值的增加，磨痕的非对称性减弱。在混合区，在较少的微动循环次数下，磨痕仍呈中心黏着、边缘微滑的损伤形貌；但随着循环周次的增加，中心黏着区逐渐缩小直至消失；随着倾斜角的增加，磨痕的非对称性增强，转向转动分量控制并逐渐增强。在滑移区的微动磨损初期，磨痕就已进入完全滑移状态，随着循环次数的增加，大量的磨屑开始形成；相比前两个运行区域，微动损伤更早地受转动分量控制。

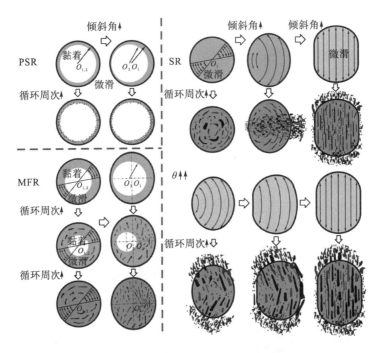

图 8-34　扭转复合微动磨损表面损伤的物理模型

8.4　扭转复合微动条件下的局部疲劳与磨损行为

8.4.1　微动运行区域的影响

　　如前所述，微动损伤主要包括表面磨损和疲劳裂纹萌生与扩展两种破坏机制。本节重点研究角位移幅值、倾斜角和循环周次等试验参数对微动磨损和疲劳行为的影响，分析扭转复合微动磨损的裂纹萌生和扩展行为，进一步揭示扭转复合微动磨损条件下的局部接触疲劳和磨损行为的竞争关系。

1.在部分滑移区

当角位移幅值较小时，微动主要通过接触界面的弹性变形协调完成，磨痕损伤轻微，没有疲劳裂纹出现。而当角位移幅值较大时，较低的循环周次下磨损表面损伤已十分明显，但磨痕剖面未见明显的裂纹。随着循环周次的增加，局部接触疲劳开始显现，如图 8-35 所示。当循环周次增大到 $N=10^5$ 次时 (图 8-36)，疲劳裂纹已经萌生并分布于接触区两侧，从图中可以看出：磨痕两侧的疲劳裂纹数量及其分布呈现明显的非对称性，这可能是由扭转复合微动磨损中右侧相对滑移量高于左侧造成的。

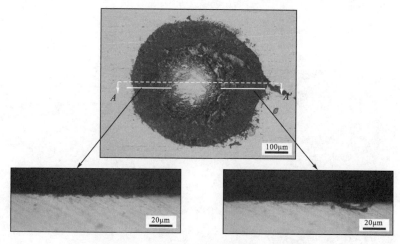

图 8-35　部分滑移区磨痕表面及剖面形貌

($\alpha=10°$，$\theta=0.5°$，$N=10^4$ 次)

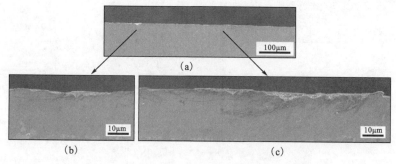

图 8-36　部分滑移区磨痕表面及剖面形貌

($\alpha=10°$，$\theta=0.5°$，$N=10^5$ 次)

2.在混合区

大量的研究表明：无论哪种微动磨损模式，疲劳裂纹主要分布于混合区，它是微动运行最危险的区域，扭转复合微动磨损也是如此。相比部分滑移区，混合区的裂纹数量明显增多、裂纹扩展速率提高。图 8-37 示出了 $\alpha=10°$、$\theta=1.0°$ 和 $N=10^5$ 次时混合区的磨痕表面及剖面形貌，磨痕二维轮廓显示磨痕两侧明显隆起，中心高度接近初始表面的截面形貌(图 8-37(b))；剖面观察发现：磨痕剖面形貌呈现明显的非对称性，大量细而密集的疲劳裂纹分布于接触区右侧(即相对滑移量较大一侧)，裂纹尖端离原始表面约85μm(图 8-37(c))，而在接触区左侧仅见少量疲劳裂纹，其中一条主裂纹($N=10^5$ 次下裂纹长度约为 36.8μm)往基体内部扩展(图 8-37(e))，裂纹扩展角约为 40°。该状态下，疲劳裂纹的萌生和扩展主要受扭动分量控制。

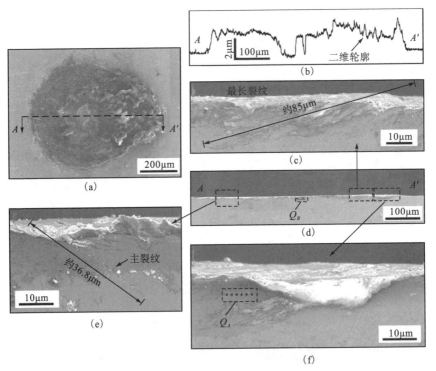

图 8-37　混合区磨痕表面及剖面形貌

(剖面平行于旋转轴方向，7075 铝合金，$\alpha=10°$，$\theta=1.0°$，$N=10^5$ 次)

为进一步揭示上述裂纹的扩展行为，对 $\alpha=10°$、$\theta=1.0°$ 和 $N=10^4$ 次时的磨痕形貌进行剖面分析，结果发现仅 $N=10^4$ 次微动循环下，左侧分布的主裂纹长度已达 30μm(位于剖面左侧)，而右侧尽管裂纹的数量较多，但主裂纹长度仅为 28μm 左右(位于剖面右侧)。同时，剖面右侧也有类似剖面左侧的主裂纹(图 8-38(d))，但在高循环次数下，并没有看到这些长裂纹的扩展(图 8-37(e))。对比两种不同微动磨损周期的裂纹长度可以看出，图 8-37(e)中(即剖面左侧)的裂纹扩展速率极慢，该裂纹可能在更早的微动循环下就已形成；但图 8-38(d)中的疲劳裂纹扩展较快，循环周次从 $N=10^4$ 次增加到 $N=10^5$ 次时，最长裂纹从 28μm 增加到 85μm，但未发现类似图 8-38(d)中的主裂纹存在，这可能是由于材料受扭矩作用时受力方向是不断改变的，因此在裂纹的扩展过程中，承受交变的应力使主裂纹沿不同的方向扩展，裂纹不断地分叉，这样大量细而密集的疲劳微裂纹便分布于该区域内。

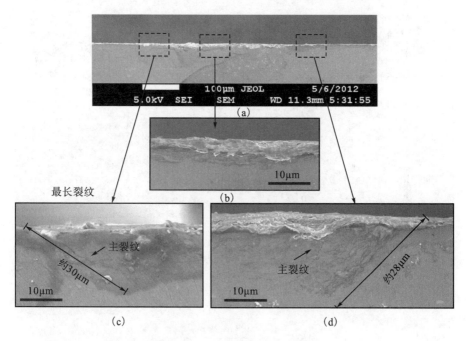

图 8-38　混合区磨痕剖面形貌

(剖面平行于旋转轴方向，7075 铝合金，$\alpha=10°$，$\theta=1.0°$，$N=10^4$ 次)

当微动磨损主要受转动微动分量控制时，磨痕呈中心隆起、两侧低洼的形貌(图 8-39(a)和(b))，疲劳裂纹主要沿接触区内两侧往中心基体扩展(图 8-39(d)～(g))，图 8-39 示出了倾斜角 $\alpha=60°$ 时混合区的裂纹形貌分布，由图可见，在没有外加疲劳载荷的情况下最大裂纹长度可达约 150μm(图 8-39(c))。研究发现，这些沿基体内侧扩展的大量倾斜疲劳裂纹主要在微动后期($N=10^4$～10^5 次)萌生；这些裂纹在快速扩展过程中会分叉形成新的裂纹并沿不同方向扩展，可对比图 8-39 和图 8-40 分析。

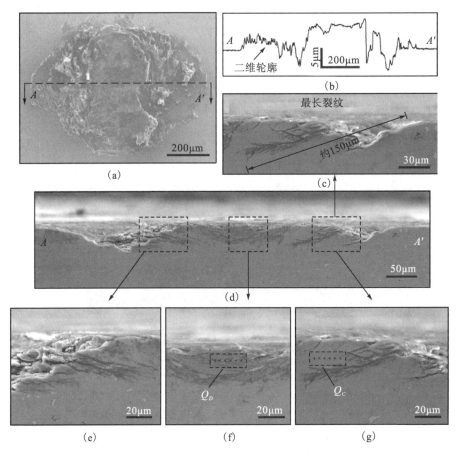

图 8-39　混合区磨痕表面及剖面形貌

(剖面垂直于旋转轴方向，$\alpha=60°$，$\theta=0.5°$，$N=10^5$ 次)

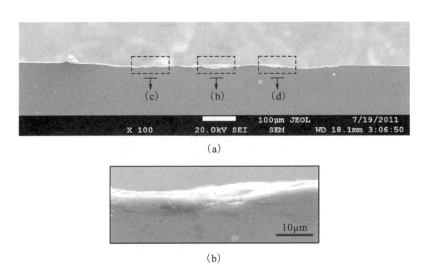

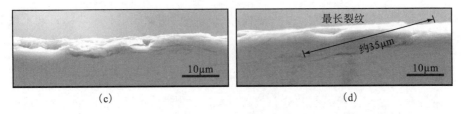

(c)　　　　　　　　　　　　　　　　　(d)

图 8-40　混合区磨痕剖面形貌

(剖面垂直于旋转轴方向，$\alpha=60°$，$\theta=0.5°$，$N=10^4$ 次)

　　总之，在混合区，大量的疲劳裂纹在该区域内形成并扩展，微动分量对裂纹的萌生行为有重要影响。即使在相同的试验参数下，不同位置的疲劳裂纹行为也存在明显差异，随着循环周次的增加，有的裂纹萌生并扩展到一定长度后扩展速率变慢，有的裂纹在较短的微动周期内快速增长，这可能与微动磨损过程中发生微动模式的转变有关。在混合区，最典型的裂纹形态为倾斜裂纹，且这些裂纹极易往基体内部扩展。一旦服役的零部件承受外部疲劳载荷作用，这些裂纹可能会更快地扩展并导致构件过早地失效。

3.在滑移区

　　当复合微动磨损进入滑移区后，材料磨损速率迅速提高，材料被快速地去除，微动导致的疲劳效应逐渐减弱。尽管如此，剖面分析发现在不同倾斜角和角位移幅值下，磨痕的剖面形貌也表现出不同特征。图 8-41 示出了 $\alpha=10°$、$\theta=2.0°$ 和

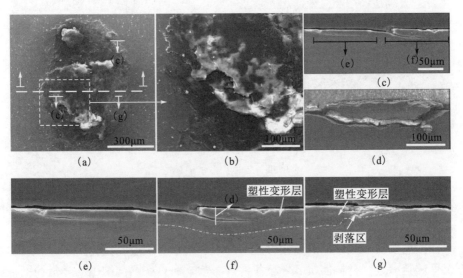

(a)　　　　　　　　　　　　(b)　　　　　　　　　　　　(d)

(e)　　　　　　　　　　　　(f)　　　　　　　　　　　　(g)

图 8-41　滑移区磨痕表面及剖面形貌

($\alpha=10°$，$\theta=2.0°$，$N=10^4$ 次)

$N=10^4$ 次时的磨痕剖面形貌，在接触区边缘观察到明显的平行于表面方向扩展的疲劳裂纹(图 8-41(e)和(f))。这些横向裂纹一旦与垂向裂纹相交(图 8-41(e))，便会形成大块的剥落(图 8-41(d))。

当倾斜角增大到 $\alpha=40°$ 时，微动磨损从主要受扭动分量控制转变为主要受转动分量控制，这些横向裂纹的分布位置也相应地从接触区边缘附近迁移到接触中心。相比扭动分量控制下的损伤形貌，受转动分量控制的裂纹更长。疲劳裂纹分布于微动白层与基体的交界处(图 8-42)，此时疲劳裂纹行为与微动白层的演变密切相关。而随着角位移幅值的继续增大，即使在较小的倾斜角下，材料磨损速率也大于疲劳裂纹的萌生和扩展速率。此时，次表层的平行长裂纹完全消失，剖面仅见磨粒磨损导致的表面犁沟或两犁沟间形成的片状剥落。

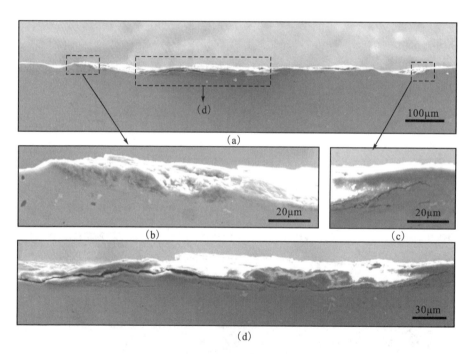

图 8-42　滑移区磨痕剖面形貌

($\alpha=40°$，$\theta=1.0°$，$N=10^5$ 次)

8.4.2　微动分量控制程度对疲劳裂纹行为的影响

在微动磨损过程中，局部接触疲劳与表面磨损有一个复杂的竞争过程，它们不仅受试验参数、材料性质、环境条件等影响，而且在不同的微动分量控制下，由于接触应力分布的差异，其损伤行为会出现明显的不同。

当微动磨损主要受扭动分量控制时，磨痕截面呈现近似左右对称的损伤形貌

(对于纯扭动微动磨损,沿直径方向上的任意剖面形貌应该表现出相近的特征,且左右完全对称分布),接触区边缘和靠近接触中心内侧的裂纹均向接触中心方向沿基体内部扩展。图 8-43 示出了倾斜角 $\alpha=10°$、$\theta=0.75°$ 时的剖面形貌。

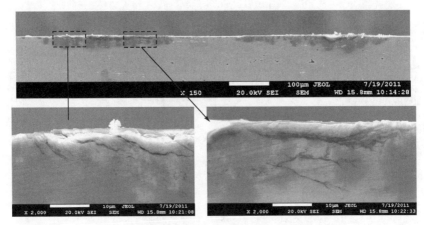

图 8-43 扭转复合微动磨损条件下的疲劳裂纹行为

($\alpha=10°$, $\theta=0.75°$, $N=10^5$ 次)

随着倾斜角的增加($\alpha=20°$),转动分量的作用开始显现,因而磨痕出现明显的非对称性。由图 8-44 可见,右侧出现较多的裂纹并向基体内部扩展,左侧裂纹主要分布于表层,裂纹区与基体之间又有横向裂纹贯通,形成块状剥落。

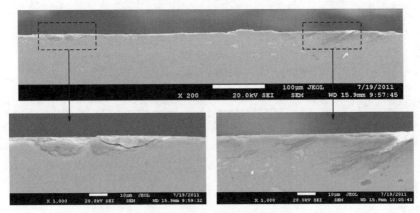

图 8-44 扭转复合微动磨损条件下的疲劳裂纹行为

($\alpha=20°$, $\theta=0.75°$, $N=10^5$ 次)

当倾斜角继续增大时(如 $\alpha=90°$),扭动分量减弱、转动分量逐渐增加,此时剖面形貌逐渐接近纯转动微动磨损(对比图 8-37 和图 8-45),但由于尚有部分扭动分量支配微动损伤，磨痕中心的横向裂纹及两侧主裂纹上的分支较多。

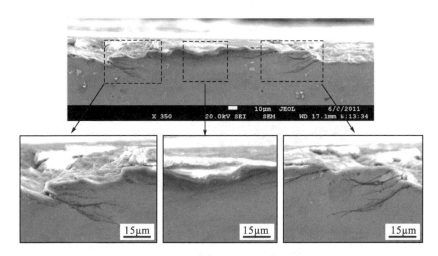

图 8-45　扭转复合微动磨损条件下的疲劳裂纹行为

($\alpha=90°$，$\theta=0.5°$，$N=10^5$ 次)

　　根据以上分析可以看出：微动分量控制程度对疲劳裂纹的萌生与扩展行为有重要的影响，依据前面的剖面分析可以建立疲劳裂纹随微动分量增加的演变行为示意图，如图 8-46 所示。

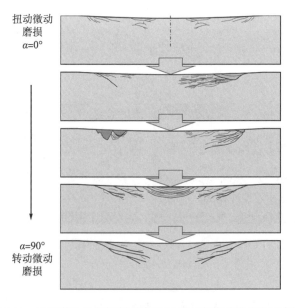

图 8-46　不同微动分量控制程度下混合区疲劳裂纹分布示意图

8.5　两类不同的局部隆起

8.5.1　两类隆起的形貌特征

当复合微动磨损主要受扭动分量控制时，接触区会形成环状的 M 形隆起形貌；而微动磨损进入转动分量控制时，接触中心又会呈现两侧轻微磨损中心明显隆起的 Λ 形形貌。为便于描述，将扭动分量控制下形成的隆起定义为第 I 类隆起(Type I -隆起形貌)，而后者定义为第 II 类隆起(Type II -隆起形貌)，如图 8-47 所示。

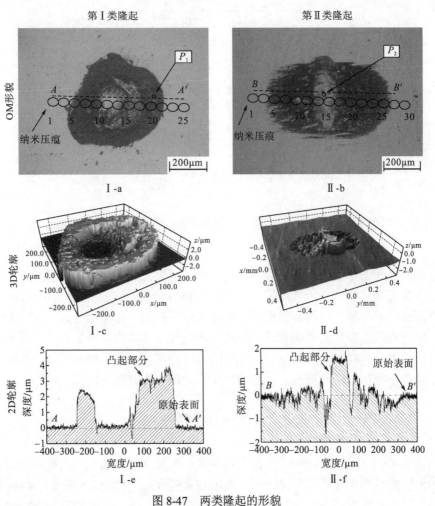

图 8-47　两类隆起的形貌

I：$\alpha=10°$，$\theta=1.0°$，$N=1000$ 次　II：$\alpha=60°$，$\theta=0.5°$，$N=500$ 次

8.5.2   两类隆起的影响因素

研究发现：扭转复合微动磨损条件下，两类隆起随循环周次的变化而变化（图 8-48）。对于第 I 类隆起，接触区隆起随着循环周次的变化可分为 4 个阶段：阶段 A，无损伤阶段；阶段 B，下降阶段（磨损阶段）；阶段 C，快速上升阶段；阶段 D，缓慢上升阶段。对于第 II 类隆起，接触区隆起随着循环周次的变化可分为 3 个阶段：阶段 a，平稳上升阶段；阶段 b，下降阶段；阶段 c，稳定上升阶段。

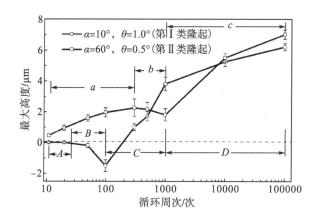

图 8-48   大气环境下两类隆起形貌的最大高度随循环周次的演变

局部隆起的形貌也受到外界环境的影响。研究发现：对于第 I 类隆起，氧气环境下隆起高度略高于大气环境下，表明摩擦氧化对隆起高度有一定的促进作用。而在润滑介质环境下，没有出现第 I 类隆起特征；对于第 II 类隆起，相比大气环境，氧气对隆起高度的影响甚微，润滑介质条件下也可以出现第 II 类隆起特征。此外，两类隆起经超声波清洗均未能去除，隆起高度几乎未受到影响。表明超声波清洗并不能影响隆起形貌，隆起的部分并非疏松的磨屑堆积。

8.5.3   两类隆起的硬度和化学成分分布特性

图 8-49 示出了对应图 8-47 的磨痕表面纳米硬度，从图中可以看出磨痕表面的纳米硬度与基体有明显差异。可以发现纳米硬度的变化趋势与隆起的截面形貌相似，即隆起高度越高该处附近的纳米硬度越大。此外，弹性模量的变化也有类似的结果。

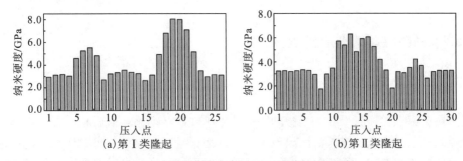

图 8-49　两类隆起形貌在不同位置的纳米硬度

图 8-50(a)和(b)分别示出了两类隆起处沿深度方向的 XPS 谱图(对应图 8-47 中 P_1 和 P_2 位置,图 8-50 中(1)～(5)依次为离磨损表面 P_1 或 P_2 处 0.25nm、1.26nm、14.4nm、70nm 和未磨损基体 70nm 深处)。可以看出,两类隆起的 XPS 分析表现出相同的特征,即随着深度的增加,76.5eV 附近的 Al^{3+} 峰逐渐降低,而 Al^0 峰逐渐升高,表明随着深度的增加,材料的氧化作用依次减弱;另外,随着深度的增加,在 76～77eV 的 Al^{3+} 峰逐渐向高能量区发生偏移(图 8-50(a)和(b))。这可能是由于在微动磨损过程中,表层材料易与 H_2O 分子发生作用,随着微动的进行,铝合金表面生成 $Al(OH)_3$,但 $Al(OH)_3$ 并不稳定,它将进一步分解成 Al_2O_3[12]。不同的是,在相同的深度下第 I 类隆起的氧化程度明显高于第 II 类隆起。此外,如图 8-50(b)中(4)所示,对于第 II 类隆起,在 70nm 深处几乎没有氧化态的铝元素,单质铝的含量几乎等于未磨损基体,这充分表明了此时的第 II 类隆起并非氧化磨屑的堆积,而是塑性变形的结果。

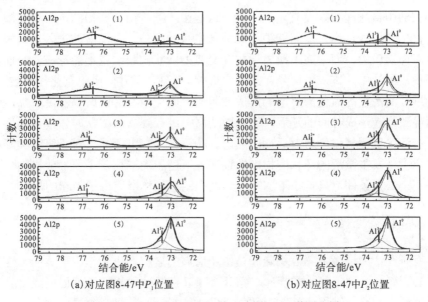

(a)对应图8-47中P_1位置　　　　　　　　(b)对应图8-47中P_2位置

图 8-50　两类隆起处沿深度方向的 XPS 谱图分析

8.5.4　两类隆起的形成机理

1.第Ⅰ类隆起

对于第Ⅰ类隆起形貌，当微动磨损处于 100 次微动循环前后时，磨痕并未出现隆起现象。相反，在微滑区出现了明显的因材料磨损导致的凹坑($h<0$)。而随着循环次数的增加，隆起产生，经 XPS 检测发现这种隆起处的氧含量沿深度方向均明显高于基体。因而隆起的形成可以用如下的过程进行描述：①由于表面膜的存在，在数十次循环前，磨痕表面没有产生明显的损伤，该阶段对应图 8-48 中的阶段 A；②微滑作用使得周围材料被去除，导致接触区呈环状磨损（图 8-48，$N<$ 200 次），磨痕呈环状凹坑、无隆起形成，该阶段对应图 8-48 中的阶段 B；③微滑区的材料被反复碾压形成氧化磨屑并逐渐增多，环状磨损区又被填平（$N=200\sim$ 300 次），由于该状态下的微动磨损没有足够的滑移幅值，因此产生的磨屑不能被及时排出，磨屑在微滑区被压实并堆积在一起（$N>300$ 次），隆起高度快速爬升，该阶段对应图 8-48 中的阶段 C；④由于稳定的第三体层建立，磨屑的产生趋缓，隆起高度呈现出图 8-48 中的阶段 D 的缓慢上升特征。因此，堆积的磨屑成为隆起的主要贡献者；另外，随着循环次数的增加，磨屑的不断堆积进一步增加了表面及次表面的切应力，使次表层疲劳微裂纹沿不同方向快速萌生，这些布满微裂纹的材料相对基体更疏松，导致接触区局部体积增加，隆起突显。

另外，润滑介质的微动磨损试验结果也可以进一步证实上述假设的正确性，因为在油中接触区始终没有隆起现象。这是由于随着微动磨损的进行，伴随着油液的挤出和压入过程，磨屑能被及时地带出接触区外，且油液的进入大大降低了接触表面切应力，而干态下次表层相互交错的网状微裂纹也不能形成，因而不同循环周次下油中始终未出现隆起的磨痕形貌。而在氮气中，由于氧化作用被阻断，充当固体润滑层的氧化磨屑层的形成被阻碍，因而微滑区的磨损程度更加严重，从而导致隆起形成时间的延迟。但当微动磨损进行到 $N=10^5$ 次时，隆起高度与空气中接近，表明氧化作用对后期的隆起影响不大。综上所述，对于第Ⅰ类隆起，它本质上是发生微滑的环状磨损区的位置处，磨屑的堆积是主要形成机制，而氧化并不是必要条件，只是在干态空气环境中的氧化作用促进了隆起的形成。

2.第Ⅱ类隆起

有研究认为[13-15]，第Ⅱ类隆起是由于磨屑的累积、压实作用形成的，这种论断未必正确。区别于第Ⅰ类隆起，第Ⅱ类隆起在微动磨损初期就已形成，且伴随着微动循环的整个过程。在微动磨损初期（$N<300$ 次），随着循环次数的增加，隆

起高度几乎线性递增(对应图 8-48 中的阶段 a)。这种隆起不可能是磨屑的堆积,因为在几次甚至 100 次微动循环内磨屑不可能过早形成。在转动分量控制下形成的隆起的表面塑性流动显著,并且两侧材料往中心累积迹象明显。从 XPS 刻蚀分析发现,隆起处离表层 70nm 附近 Al 和 O 元素的含量就与原始基体接近,进一步证实了隆起并非磨屑的堆积。

因此,在微动磨损前期,材料的隆起是由于随着微动磨损的持续进行,接触区内两侧材料往中心不断累积形成的。但由于磨屑的形成,接触界面间的相对运动更加容易,从而部分的隆起被去除(N=300~1000 次),隆起高度逐渐降低(对应图 8-48 中的阶段 b)。此后,随着磨屑的增多,磨屑又被滚压至接触中心,隆起高度快速上升。此外,氧化作用在微动的后期对隆起有一定的促进作用。换言之,在微动磨损后期,氧化磨屑对隆起有一定的贡献但并不是主要原因。而在润滑油液中,由于接触界面间存在的油膜具有润滑作用,有效降低了接触表面的剪应力,从而缓减了塑性变形。因此尽管在微动磨损前期形成了隆起,但隆起的高度明显低于在空气和氮气中形成的高度,一方面,润滑油液被挤入微裂纹导致裂纹扩展后隆起部分以剥层方式去除;另一方面,接触表面的剪应力对隆起的形成有重要影响,润滑油液中接触界面间的相对运动更加容易发生,隆起材料易被去除,微动磨损作用形成的磨屑也伴随着润滑油液的压入和挤出被及时排出,磨痕呈 U 形。综上所述,对于转动分量控制下的第 II 类隆起,在微动磨损前期(如 N<1000 次),隆起主要由接触区内材料因塑性流动而不断累积所造成;随着循环次数的增加,磨屑不断增多、压实并往中心堆积,隆起可能进一步增高(对应图 8-48 中的阶段 c)。此外,从氮气和空气中的试验结果对比发现,氧化作用对两种不同隆起的影响并非占主导作用。因此,第 II 类隆起的主要形成机制是材料塑性流动的不断累积。

参 考 文 献

[1] Shen M X, Xie X Y, Cai Z B, et al. An experiment investigation on dual rotary fretting of medium carbon steel. Wear, 2011, 271(9-10): 1504-1514.

[2] 沈明学, 谢兴源, 蔡振兵, 等. 扭转复合微动模拟及其试验研究. 机械工程学报, 2011, 15: 89-94.

[3] 周仲荣, Vincent L. 微动磨损. 北京: 科学出版社, 2002.

[4] 周仲荣, 朱旻昊. 复合微动磨损. 上海: 上海交通大学出版社, 2004.

[5] Cai Z B, Zhu M H, Zhou Z R. An experimental study torsional fretting behaviors of LZ50 steel. Tribology International, 2010, 43(1): 361-369.

[6] Mo J L, Zhu M H, Zheng J F, et al. Study on rotational fretting wear of 7075 Aluminum alloy. Tribology International, 2010, 43(5): 912-917.

[7] Zhu M H, Zhou Z R, Kapsa P, et al. An experimental investigation on composite fretting mode. Tribology

International, 2001, 34(11): 733-738.

[8] Zhou Z R. Cracking induced in small fretting: Application to the case of aeronautical Aluminum alloys. Lyon: Ph. D. Thesis Ecole Centrale de Lyon, 1992.

[9] Zhou Z R, Vincent L. Mixed fretting regime. Wear, 1995, 181-183: 531-536.

[10] Zhou Z R, Nakazawa K, Zhu M H, et al. Progress in fretting maps. Tribology International, 2006, 39(10): 1068-1073.

[11] Cai Z B, Zhu M H, Shen H M, et al. Torsional fretting wear behaviour of 7075 Aluminium alloy in various relative humidity environments. Wear, 2009, 267(1): 330-339.

[12] Fouvry S, Liskiewicz T, Kapsa P, et al. An energy description of wear mechanisms and its applications to oscillating sliding contacts. Wear, 2003, 255(1-6): 287-298.

[13] Shen M X, Cai Z B, Zhou Y, et al. Characterization of friction-induced local convex topography under dual-rotary fretting. Tribology International, 2015, 90: 67-76.

[14] Briscoe B J, Chateauminois A, Lindley T C, et al. Contact damage of poly(methylmethacrylate) during complex microdisplacements. Wear, 2000, 240(1-2): 27-39.

[15] Chateauminois A, Briscoe B J. Nano-rheological properties of polymeric third bodies generated within fretting contacts. Surface and Coatings Technology, 2003, 163-164(none): 435-443.

第9章 微动白层

白层的概念最早出现于 1912 年[1]。此后，人们在不同状态下观察到了白层，白层不仅是两接触面摩擦的结果[1-53]，在模压、锻造和切削加工等大变形条件下也会产生[54, 55]，甚至一些急冷表面，如电火花切割[24, 56, 57]、激光处理表面[24]也有白层组织。

摩擦学中的白层(后简称摩擦学白层或白层)是指摩擦过程中产生的重要特征组织，通常是在摩擦副表面形成的一种相对于基体材料不易浸蚀，在光学显微镜下无明显特征的硬化层，是摩擦导致的组织结构转变的产物，也是产生磨屑和疲劳裂纹的起源地，对材料的摩擦、磨损性能有十分重要的影响[19-21, 28]。在其研究历史中，使用过十几个不同的名称，有代表性的如白层(white layer)、白色浸蚀层(white-etching layer)、绝热剪切带(adiabatic shear bands，ASB)、迁移层(transfer layer)、再结晶层(recrystalline layer)、摩擦学转变组织(tribologically transformed structure，TTS)等，在滚动轴承中还有的称为"蝴蝶组织"，但应用最多的还是白层，在微动摩擦学领域也常用"摩擦学转变组织"一词。

本章介绍在摩擦学白层的主要特征、形成条件、形成机制等方面存在的争论，以及近十余年来的研究进展。重点介绍微动磨损条件下的白层(后简称微动白层)，在不同运行模式下的形成机理，以及微动白层的演变和对材料损伤过程的影响。

9.1　摩擦学白层研究中的争论

大量的研究表明，白层是一种形成条件极宽、表现形式各异的磨损表面形成的特殊组织。它对不同材料(如各种钢、铸铁[3, 4, 7, 12, 17]以及有色金属[6, 9, 15, 16, 25, 32, 46, 47, 50, 51]等)，可以在不同的磨损条件(如滑动磨损[2-32]、冲击磨损[9, 16, 22, 25, 33-38]、滚动磨损[39-41]、微动磨损[42-53]等)下，在不同的部件中(如钢丝绳[1]、活塞环与汽缸套[3-17]、挖掘机齿[18, 28, 29]、粉碎机衬板[22]、枪膛[33]、磨球[30]、汽锤[34]、滚珠轴承[39]和钢轨[40, 41]等)出现；此外，有无润滑并不影响白层产生[5]；白层也可以在各种加工过程的摩擦中形成[8, 9, 22]。这种涉及面很广，以及摩擦运行条件和材料各异的特点，使不同的研究者获得了相异的结果。目前，关于白层的研究存在着很大的分歧与争论，主要集中在四个方面：①白层的形成条件；②白层的组织结构；③白层的形成机制；④白层对磨损过程的影响。

9.1.1 摩擦学白层的特征

无论是微动还是其他磨损形式，白层具有明显的共性特征。

1.不易被常规浸蚀剂浸蚀

钢铁材料的白层，通常在常规浸蚀剂下不易浸蚀，在光学显微镜下呈现白色，这也是它被称为白层的原因。有人认为在光学显微镜下呈白色是晶粒尺寸非常细以至于不能分辨的原因[7]。对铝、钛合金等有色金属材料，浸蚀后通常呈现暗色[47, 50]，但习惯上仍称为白层。

2.高硬度

白层具有高硬度，通常在 800～1200HV，比基体材料高许多，甚至是基体的数倍，例如，钛合金基体硬度为 300HV，而微动白层硬度为 1100HV[50]。通常，基体硬度越高，白层硬度越高。图 9-1 是硬度从白层到基体的变化曲线，图 9-1(b)示出在次表层有软化现象，这可能是摩擦热造成的过回火的结果[13, 27]。造成白层高硬度的原因还有争议，这涉及形成机制的争论。支持白层是马氏体转变产物的研究者认为白层的高硬度可能是极细晶粒马氏体的贡献；别的观点却认为硬度受磨损区塑性变形程度的影响，高硬度来源于闪温、表面层的高密度位错等。

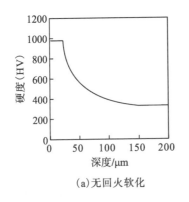
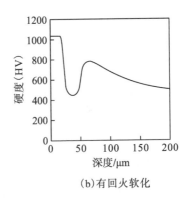

(a)无回火软化   (b)有回火软化

图 9-1　从摩擦表面到基体的硬度变化

3.超细晶粒度

白层通常为具有超细晶粒度的多晶,晶粒尺寸在纳米量级,通常为几十纳米至数百纳米,例如,枪膛的冲击磨损白层晶粒尺寸<0.1μm[33];钢轨白层的晶粒尺寸只有未变形材料的20%[40];在钛合金微动试样表面层有非常细小呈随机取向的直径为20~50nm的晶粒[50]。Perry和Eyer[7]、Torrance[8]认为白层是由表面塑性应变积累造成的。对超细晶粒成因也还有争议,有人认为是快速加热和淬火的马氏体转变的结果[4],也有人认为是纯机械加工硬化的结果[39],还有人认为是表面在摩擦热的影响下发生再结晶的结果[6, 15, 26]。

4.高塑性变形

显著的塑性变形是其重要特征之一[5, 6, 8, 21, 30, 35]。Scott等[4]指出,白层的非常规马氏体是在复杂的过程中产生的,其中最重要的是塑性变形。Buckley[15]、Newcomb和Stobbs[40]的研究显示表面层具有高应变和极高的位错密度;Fayeulle等[50]在微动表面层观察到了马氏体转变,以及白层内变形晶粒中存在孪晶和滑移线,这从微观上证明了塑性变形的存在。还有人指出白层的塑性流变有明显的方向性,流变方向平行于摩擦表面,具有明显的形变织构特征[7, 24]。塑性变形可以在距表面很远的地方持续进行,Hsu等[10]认为这是表层下没有高硬度基体支持的原因。

5.存在微观裂纹

白层中有微观裂纹是较普遍的现象。Torrance[8]观察到与表面呈不同角度的显微裂纹;Yang等[36]也指出白层中有垂直于表面的裂纹。白层中裂纹对进一步的磨损行为有非常重要的影响。

6.白层厚度取决于形成条件和原始组织

白层在不同磨损条件下,表现的形貌有很大差别。白层通常为有一定厚度(一般<100μm)的薄层,较薄时仅有0.1μm厚,最常见的厚度在10~50μm,但也有报道称白层厚度甚至可达1~3mm[22]。Fayeulle等[50]指出增大白层厚度将削弱应力从表面层向基体的传递。人们通常认为白层厚度取决于形成条件和原始组织。Xu和Kennon[26]认为钢的含碳量增加,白层厚度增加,析出的碳化物越多,白层厚度越大,改变外加载荷并不影响白层厚度;Molinari等[32]得出了相反的结论,即形成的表面层厚度只受载荷影响。微动试验表明微动频率不影响白层的厚度[50]。

7.多层结构中的核心部分

摩擦导致的材料表层组织结构呈层状特征，而白层是多层结构的核心部分。磨损过程中，表面会因摩擦热和塑性变形发生组织结构变化，不同的研究发现，白层在磨损影响区的位置是不同的。最常见的白层位置在外表面，如图 9-2 所示[13]，其组织结构随材料和摩擦条件的差异有很大不同。对次表层的 B 区和 C 区有不同的认识，有人认为 B 区是二次回火造成的回火马氏体层，光学显微镜下呈暗色[13]；而另有人认为 B 区是亚表层塑性切变区[29]；此外，还有人将两个区作为一个区来讨论[9, 16, 25]。也有结果显示白层出现在次表层[8, 40]，还有研究显示白层在表面和材料内部均能形成[37, 38]。在微动磨损条件下，往往在白层上覆盖一层磨屑层[51, 53]。

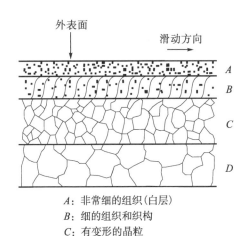

A：非常细的组织(白层)
B：细的组织和织构
C：有变形的晶粒
D：基体材料

图 9-2   白层在磨损表面的位置

9.1.2   白层的形成条件

大量研究表明，影响表面层组织转变的主要因素有滑动速度、滑动距离、法向载荷(接触应力)、材料性质、摩擦磨损类型、环境和磨损过程等，下面讨论几个主要参量。

1.滑动速度

从大量研究中可以发现滑动速度不是白层形成的控制参数。例如，Rice 等[9, 16, 25]的结果显示在很低的滑动速度下，在滑过 0.3m 后就可检测到几微米厚的表面转变层；Torrance[8]、Molinari 等[32]的研究表明滑动速度对白层影响很小，形成的表面层厚度只受载荷影响。又如，微动磨损滑动速度比正常滑动磨损要低 2～3 个量级，但仍有微动白层形成。在球/销盘对磨试验中，球与销盘界面的滑动速度对于白层的形成有影响，滑动速度较大时更易形成白层。可见，滑动速度对于白层形成条件影响的结论尚不一致。

2.滑动距离

白层可以在磨损发生后很快形成。例如，Yang 等[36]在冲击磨损试验中发现，仅 5 次冲击就可形成厚 30μm 的均匀白层；Fayeulle 等[50]用 TEM 观察到仅 3 次微动循环，表层显微组织就已发生变化。滑动距离对白层的影响结果显示，在滑动 10m 后就有较薄的白层形成，在滑动距离达到 500m 时，白层厚度明显增大，且组织也较均匀[30]。

3.法向载荷（接触应力）

这是白层形成的必要条件，因为从摩擦磨损的外部条件来看，白层可在滑动速度和滑动距离非常低时形成。不论白层以何种机制形成，表面的塑性变形和摩擦热的来源只能是外加载荷。Beard[52]指出随滑移振幅和载荷的增加，白层的数量和尺寸增加，可能是因为增加滑移量和载荷有效提高了表面切变程度。以微动磨损来看，对比其他磨损条件，法向载荷大是其白层形成的一个重要条件。虽然，有研究认为改变外加法向载荷并不影响白层厚度[26, 29]，但不能否定它在白层形成过程中的重要作用。

4.材料性质

白层可广泛存在于各种材料中，但随材料的原始组织不同，白层的组织、形态、性能等都不相同。例如，Xu 等[26, 29]对一系列碳钢和合金钢的研究表明，随含碳量增加，白层厚度增加，白层的形成都在含有残余奥氏体、贝氏体、低温回火马氏体等组织的材料中，说明含有一定量奥氏体对白层形成有重要意义。此外，材料的合金化程度对白层的形成也有影响[27]。Bill 和 Wisander[6]对面心立方金属的研究发现，对低层错能材料，再结晶形核速度能超过磨损过程并成为磨损的控制因素，使表面层为再结晶层；而对高层错能材料，再结晶不能进行，导致在磨损表面产生冷加工效应。所以，材料的层错能对白层的组织结构有重要影响。

9.1.3　白层的形成机制

有关白层的形成机制是目前学术界的主要争论所在，主流的学术观点有三个[18, 19, 20]，即摩擦热作用机制、塑性变形机制和热-机械作用机制，下面分别综述。

1.摩擦热作用机制

Stead[1]在最早的白层研究中提出，白层是摩擦热使表面迅速加热并快速淬火而形成的马氏体。这成为一种经典模型，此模型的基础在于摩擦过程中局部区域摩擦热导致高温，不少文献均指出摩擦、加工和变形过程温度足以达到或超过平衡相变温度，使表面局部区域发生奥氏体化[3-5, 12, 18, 19, 28, 43, 57, 58]。例如，Suzuki和Kennedy[58]测量到滑动接触表面存在持续时间不足2μs且超过1000℃的闪温；Eyre等[5, 12, 19]发现表面闪温可达到产生马氏体的800℃，并使次表层足以达到回火温度600℃。

对滑动位移很小的微动试验，Dobromirski和Smith[43]、Waterhouse[49]认为微动过程表面的高温峰值至少达850℃；Alyab'ev等[59]、Attia和Ko[60]的测量都表明微动可产生较高的温升。支持微动过程温升的事实是微动产生的棕红色氧化粉末为α-Fe$_2$O$_3$（α-Fe$_2$O$_3$的形成温度在300~600℃），而通常室温铁的氧化物为γ-Fe$_2$O$_3$[61]，还有的研究指出微动粉末有30%的FeO，它是温度在570℃以上形成的产物。

摩擦热作用机制的另一个核心问题是白层的组织结构是否是马氏体相变的产物。由于整个进程很快，且白层硬度相当高，可以排除是常规马氏体的可能。Glenn和Leslie[33]认为由于没有足够的时间进行奥氏体重结晶，所以马氏体在严重变形的奥氏体中形成，所得马氏体不同于常规马氏体。通常认为白层是由奥氏体、马氏体和碳化物组成的。

摩擦热作用机制必须具备四个条件：①摩擦热形成的瞬时高温（即闪温）；②在极短时间内实现$\alpha \rightarrow \gamma$的奥氏体化转变；③因基体的快速冷却作用，以很大冷速实现二次淬火；④摩擦热的影响使次表层马氏体基体发生二次回火。

2.塑性变形机制

许多研究表明，在不同材料和试验条件下，摩擦温升很有限，甚至较环境温度只有微弱变化。Kennedy[62]的研究表明，不同材料和运行条件下摩擦温升在0.5~1000℃变化。Newcomb和Stobbs[40]指出钢轨在1%滑移量下表面温度难以达到400℃。

在微动条件下，大量的结果不支持摩擦热作用机制。Higham等[63, 64]的计算结果表明微动产生的温升不超过100℃；Colombie等[42]认为微动产生的热量只有3W，温度增加<100℃；Wright[65]在对钢与熔点仅80℃的聚甲基丙烯酸甲酯的微动研究中发现微动产物中无熔化的塑料，说明温升并不高。此外，一些结果也不支持由闪温导致白层形成的假设[35, 60, 66-68]。

　　不少研究认为,摩擦表面的严重塑性变形在白层的形成过程中占有重要地位。Rice 等[9, 25]的研究显示表面塑性应变可达 6 以上;Fayeulle 等[50]指出一些未相变区应变水平可达 4,说明白层的应变可能更高。Newcomb 和 Stobbs[40]的 TEM(透射电子显微镜)研究显示,一些晶粒的铁素体变形带有很高的位错密度,白层组织是发生严重塑性变形的马氏体结构,马氏体出现孪晶也更多地表明了塑性变形的作用。

　　在微动条件下,Fayeulle 等[50]研究表明表面层只有 α 相,钛合金表面层 $\alpha \rightarrow \gamma$ 相的转变以应力-应变机制进行;在奥氏体不锈钢的连续滑动试验中也观察到相似的马氏体转变[14];Beard[52]也认为微动白层以应力导致机制形成。

　　综上所述,塑性变形机制的核心内容是摩擦在表面产生显著塑性变形,且应力-应变是白层形成的控制参数,白层中的马氏体是应变诱导相变的结果。

3.热-机械作用机制

　　上述机制各有自己的理论和试验基础,但又有彼此难以解释的试验结果,例如,塑性变形机制不能解释次表层的回火层,而摩擦热作用机制不能解释温升十分有限时也可形成白层。因此,就形成了摩擦热和塑性变形共同作用的机制。

　　有人认为白层是反复的热-机械加工过程使基体和碳化物都得到细化的产物[4];Xu 等[26, 29]的研究表明白层是热和严重塑性变形共同作用的结果;Bulpett 等[28]的 TEM 和 SEM 分析结果表明,白层形成是热-机械转变的结果,硬化来自热-机械过程产生的晶粒细化,白层的形成相似于绝热剪切带(ASB);Bedford 等[69]认为塑性变形过程中局部区域热的生成速度大于向周围散发的速度,因此白层是形成 ASB 的结果。此外,其他一些研究也表明白层形成与 ASB 有关[22, 30, 36, 38]。

　　热-机械作用机制可归纳为:高应变作用下,在表面下的一定距离内,由于局部变形速度高,摩擦热生成的速度要大于向周围基体散发的速度,使邻近表面的局部区域保留较高温度,变形抗力随之下降,材料塑性变形失稳而产生 ASB。ASB 是一种在动态载荷作用下热辅助切变而形成的窄带,其存在范围远超出摩擦磨损所涉及的领域[56, 69, 70],白层是否等同 ASB 还有待进一步证实。

　　此外,也有研究认为塑性变形在表面层产生非常高的压力,高压力可能使 $\alpha \rightarrow \gamma$ 的临界转变温度降低,从而可在温升不是很高的情况下发生二次淬火,形成白层[19, 31]。

9.1.4　白层对磨损过程的影响

　　白层产生对后续的磨损行为有两方面的影响:一方面,由于白层的硬度高,可提高磨损抗力[3, 18, 20, 23];另一方面,由于其脆性很大易形成裂纹,材料大块地剥落或成为疲劳源[49, 52]。

　　Tomlinson 等[23]等研究了两种厚度的白层，磨损过程基本为磨粒磨损，磨损抗力依赖于白层的厚度，厚度越大，磨损抗力越好。Eyre 等[3,18]、Griffiths 和 Furze[20]也认为白层增加了表层硬度且具有高热稳定性，降低了磨粒磨损的程度，增加了磨损抗力。

　　但也有相反的结果：Gangopadhyay 和 Moore[22]观察到在白层处有大裂纹平行于表面形核并快速扩展；Xu 等[26, 29]的研究表明白层磨损速率与白层厚度和硬度有关，与对偶的硬度和环境有关，第三体比白层硬时，磨损抗力下降，比白层软时，白层硬度增加，磨损抗力上升。Yang 等[30]的研究表明白层与基体之间产生很大变形，导致微裂纹产生，裂纹在外力作用下沿白层和基体间界面扩展，最终导致颗粒的剥离；高应力条件下，白层轻微地降低磨损抗力，在低应力磨粒磨损试验中，白层对磨损速率的影响很小，其失效是按剥层理论进行的。在冲击磨损试验中，冲击次数增加，磨损量上升，大于滑动磨损中的微观切削和微观剥离两种模型的磨损量。白层由于裂纹扩展而失效，其扩展按剥层和开裂两种方式进行[36]。

　　微动条件下，白层对材料损伤有两种影响：①裂纹在白层/基体界面上扩展，导致大块的颗粒按剥层方式脱落[45, 50]。Vincent 等[50, 51]指出白层在三体形成过程中起着重要的作用。②形成新相时同时伴随着裂纹的萌生，因此白层导致疲劳裂纹的形核。Waterhouse[49]、Beard[52]均指出微动疲劳裂纹的形核与长大是白层形成的后果。

9.2　摩擦学白层的最新研究进展

　　9.1 节及文献《摩擦学白层的研究现状》[71]概述了 21 世纪 60～90 年代关于白层的研究。可见分歧与争论主要集中在白层的形成条件、组织结构、形成机制和对磨损过程的影响等方面。此外，针对不同对象，如矿井起重钢丝绳[72]、列车轮轨表面[73-75]、高速切削[76]、滚动轴承[77-79]、微动磨损[80]等开展了白层相关研究，尤其随着表征手段的提高，在白层结构表征方面取得了很大进展，例如，利用纳米硬度测试对其力学性能进行精细描述，利用聚焦离子束技术进行定点定位分析，利用电子背散射衍射(electron backscattered diffraction，EBSD)技术研究晶粒细化及其动态再结晶机制，利用原子探针层析(atom probe tomography，APT)技术获取元素的原子尺度分布，但表征的重点还是在白层中的纳米结构上，并进一步探讨白层中纳米晶的形成及机制，本节重点以滚动接触条件下的摩擦学白层为例进行讨论。

9.2.1　磨屑层与白层的区别

微区分析表明珠光体钢轨白层组织中既不含有 N 元素也不含 O 元素[75]。利用 X 射线波谱分析钢轨白层截面样品，元素分布中并未检测到 C 元素、N 元素以及 O 元素的差异性[81]。研究表明白层结构中 O 元素不是形成白层组织的主要因素[80]。在钢轨白层组织表面会发现表层存在覆盖层(covering layer)，如图 9-3 所示，通过 EDX 测试会发现该覆盖层中含有氧化物和 Al 元素[81]，实际上，该覆盖层为磨屑层(第三体层)。

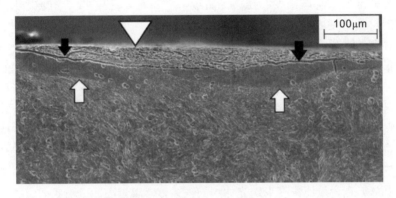

图 9-3　扫描电镜下珠光体钢轨表层的磨屑层与白层组织

概括来说，磨屑层与白层最大的差异性在于：①磨屑层中含有氧化物，二者 O 元素含量上存在明显差异；②若发生黏着磨损，则磨屑层中会含摩擦副材料的元素，例如，在纯铜的高速摩擦过程中，发现表面覆盖层中含有 O 和 W 元素，说明该层为磨屑层[82, 83]。

9.2.2　摩擦学白层的纳米结构

球磨试验机对 S54 珠光体钢进行 50h 球磨摩擦试验后，对摩擦产生的粉末进行物相检测，发现该晶粒尺寸约为 7nm[84]，表明白层组织中的纳米结构可能是机械合金化作用的结果。对纯铁样品进行不同角度的冲击磨损试验后，发现白层组织的晶粒度约为 700nm[85, 86]。轮轨摩擦界面的接触压力在 1GPa 左右，在钢轨表面发现的白层组织为纳米晶结构[40]，TEM 明场中珠光体钢轨表层白层组织的晶体尺寸为 20～30nm；通过衍射环的峰宽可知白层组织中晶体大小约为 20nm。也有研究指出，钢轨白层组织中的晶粒尺寸约为 100nm；可能是不同接触条件下白层组织的晶体大小会有差异性，例如，钢轨波磨的凸起区晶粒尺寸为 10nm，凹陷区则为 80nm，而白层中的渗碳体颗粒的尺寸为 4～10nm。

摩擦学白层组织表现为纳米晶结构，其结构的电子选区衍射花样呈连续或非连续环状[40, 74, 87-89]，具有多晶体的衍射特征；其中珠光体钢在滚动接触摩擦条件下的白层晶粒尺寸通常在几十到数百纳米，这可能由表面塑性应变累积或摩擦热导致再结晶等所致。总之，摩擦界面的接触状态决定白层组织中纳米晶的尺寸。

9.2.3 摩擦学白层的化学成分

早期针对白层结构中的化学成分检测，多数采用穆斯堡尔谱、能谱仪以及微区电子探针分析，测试精度约在微米量级，而随着表征技术水平的提升，白层纳米结构的检测精度可以达到纳米量级。

针对珠光体钢，其渗碳体的塑性变形演变行为决定 C 元素或 C 原子在白层组织中的分布。C 元素的固溶导致铁素体结构的变化，固溶强化影响白层组织的力学性能。利用原子探针层析(APT)技术表征白层组织中 C、Mn、Fe 等元素原子尺度下的分布情况[73, 90]，发现白层中的 C 原子分布均匀，原子浓度为 4%～6%；而基体中未变形渗碳体的 C 原子浓度通常为 25%。在珠光体组织中，渗碳体组织所在位置会出现明显的 C 元素峰。在变形珠光体组织中由于渗碳体的溶解，渗碳体组织与铁素体组织所在位置无明显 C 元素峰出现，呈现近似相同的 C 元素分布，如图 9-4 所示。铁素体中 C 元素含量比未变形珠光体中的铁素体含碳量高，说明变形后的铁素体可以溶解更多的 C 原子。因为铁素体中碳的可溶性质量分数为 0.0218%，在白层组织中存在明显的高含碳量，即成为过饱和碳的固溶体，这与马氏体的定义是一致的。

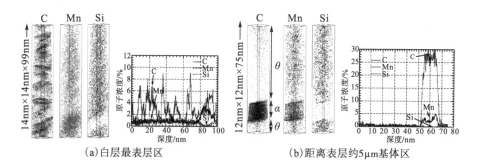

(a) 白层最表层区   (b) 距离表层约5μm基体区

图 9-4 珠光体钢白层中主要元素原子的分布

摩擦学白层组织的化学成分应与基体化学成分保持一致，即组成的化学元素种类和类别不会发生改变。但某些成分的含量会发生改变，一般表现为小尺寸元素，如 C 元素。在珠光体钢中，主要表现为 C 元素的分布变化，即珠光体中渗碳体结构的溶解，形成铁素体的过饱和碳的固溶体。

9.2.4 摩擦学白层的力学性能

1.显微硬度

当组织发生变化后，材料的基本性能也会相应变化，硬度是反映综合力学性能变化的数据。H13 工具钢高速切削条件下形成的白层组织的硬度值约为原始基体的1.4 倍(原始基体约 650HV，而白层硬度为 750~900HV)[91]。此外，高速切削摩擦学白层组织的硬度分布随着深度变化呈现不同变化趋势：一种表现为随着深度的增加，硬度值逐渐下降；另一种则表现为表面硬度值随深度增加而增加。产生此现象的主要原因可能是：①白层厚度不一致，第一种趋势的白层厚度约为 10μm，第二种趋势的白层厚度为 2~4μm；②材料不一致，前者为碳钢，后者为合金钢。珠光体钢在滚动摩擦条件下形成的白层组织的硬度值约为基体的 3 倍，显微硬度值可以高达 1000HV[74, 88]。在实际铁路线上获得的白层组织，其硬度随深度变化呈现低—高—低的现象，表层硬度会偏低，而次表层呈现最大硬度值[73, 74]，如图 9-5 所示，部分学者认为这可能由摩擦热造成的过回火(回火软化)所致。无软化现象的白层组织硬度分布由表及里逐渐递减，文献[92]指出软化现象与其形成机制有关。

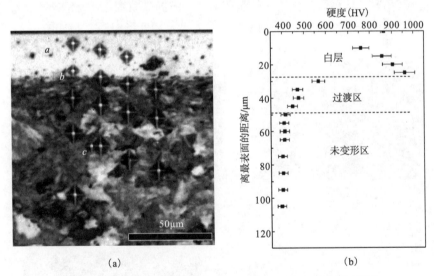

图 9-5 珠光体钢在滚动摩擦下白层组织硬度随深度的变化[74]

2.纳米硬度

纯铁在冲击工况条件下形成的白层组织硬度约为 2.3GPa，是基体硬度值1.2GPa 的 2 倍左右[85]，白层组织硬度由表面及里随着深度增加呈逐步降低的变化趋势，硬度变化符合晶粒尺寸的 Hall-Patch 理论，晶粒尺寸变小后，硬度增加。球磨试验机对 S54 珠光体钢进行 50h 的球磨试验，发现球磨试验后粉末硬度达到 12GPa，与同样材料下的白层组织硬度值相似，其中白层组织的硬度略高。白层的硬度变化可能是细晶强化、固溶强化、加工硬化(位错强化)共同作用的结果。

3.残余应力

珠光体钢轨白层组织表层残余应力测试显示，白层组织存在残余压应力，残余压应力值为-600～-200MPa，越靠近白层组织，残余压应力越大[40]。另有文献显示出相似结果，白层组织的表面应力状态呈现残余压应力，其珠光体钢轨波磨的波谷残余压应力值为-140MPa，而波峰残余压应力值约为-370MPa[81]。文献[81]也显示出钢轨白层组织的残余应力为压应力，但是在不同的相结构中数值不同，在铁素体/马氏体中的残余压应力值为-850～-700MPa，而在残余奥氏体中的残余压应力值为-280～-50MPa。白层组织中几乎不存在残余切应力，但是在白层组织邻近的基体组织中可能存在部分残余切应力[75, 81]。

近期，学者利用电子通道衬度成像(electron channeling contrast imaging，ECCI)技术清晰地表征出 2～3μm 厚的白层中相结构的变形，如图 9-6 所示[76]。电子背散射衍射(EBSD)技术可区分白层中的晶粒是进一步的晶粒细化还是动态再结晶，并且进一步指出了白层结构中的织构特征，是一种剪切变形织构[76]，如图 9-7 所示。

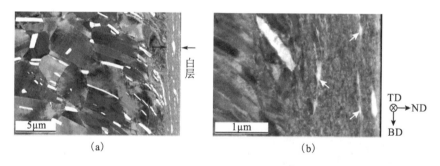

(a)　　　　　　　　　　　　　　　　　　　(b)

图 9-6　ECCI 分析的白层中变形组织结构表征[76]

(a)　　　　　　　　　　　　　　　　　　　(b)

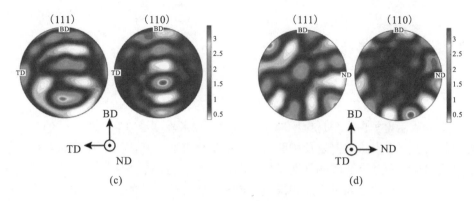

图 9-7 EBSD 分析的白层中的剪切织构特征[76]

4.耐磨性能

白层因为其组织性能发生变化，而与基体组织不同，也常常会与裂纹行为同时发生，因而被认为是疲劳磨损的一种前期现象。与此同时，因为白层组织硬度为基体的 1.4～3 倍，因而被认为可能具有潜在良好的耐磨性。文献[91]和[93]对存在白层结构的材料进行摩擦学性能测试，发现存在白层的钢在低载荷条件下具有良好的耐磨性能，随着载荷的增加，材料次表层出现裂纹，表现为疲劳磨损，白层组织的磨损主要为剥落(即剥层机制)，耐磨性降低。

5.疲劳性能

摩擦学白层的剥落与其组织中的裂纹行为相关[94, 95]，当白层中的裂纹在其浅表层形成时，会引起摩擦白层的局部剥落；当白层中的裂纹沿着材料塑性变形向内部扩展时，可引起材料组织的深层大块剥落。白层的剥落行为也与材料的纳米结构相关，当材料表面硬度随着纳米化提高时，可继续变形的强度降低，因此造成了裂纹的形成，从而使纳米结构进一步被破坏[96]。

综上所述，白层组织的硬度均比基体组织高，根据基体材料的不同，白层最高硬度甚至能达到基体材料的 3 倍以上。对比高速切削摩擦和滚动接触摩擦条件下形成的白层硬度，可发现白层与基体材料之间的变形组织的硬度急剧变化而不是呈梯度变化，白层组织中的软化现象可作为白层形成机制的判断依据之一[93]。白层组织表层残余应力为残余压应力，从几十兆帕到几百兆帕，残余压应力分布均匀，珠光体钢轨表面形成的白层组织中基本不存在残余切应力。

9.2.5 轮轨摩擦学白层

1.轮轨白层的力学性能

图 9-8 示出了白层附近组织的显微硬度和纳米硬度沿着表层到基体的变化，图中包括了压痕点的位置以及相应压痕值的变化趋势。从图 9-8 中可以观察到位于白层和塑性变形界面间的硬度压痕点，白层组织与白层下方塑性变形层在力学性能上存在差异性，同时压痕并未使白层和塑性变形层之间形成裂纹，说明白层与塑性变成层之间存在类似涂层与基体间的结合力，白层在磨损过程中也会起到一定程度类涂层的保护作用。

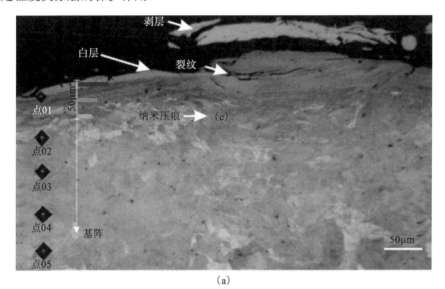

(a)

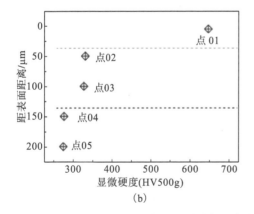

(b)

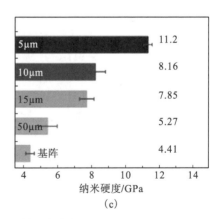

(c)

图 9-8　珠光体钢中白层组织的硬度分布

　　用纳米压痕仪对白层结构进行进一步分析，针对白层与塑性基体区域进行四组不一样的纳米硬度值的采集，与基体部位的纳米硬度进行比较(图 9-8)，证明无论从微米量级还是纳米量级，表层变形区组织性能随着深度变化而呈现梯度变化，其中表层白层组织的纳米硬度值可以高达 11.2GPa，约为基体材料的 3 倍，随着深度的增加，硬度值递减，并逐渐达到与基体材料相应的水平，说明加工硬化的程度与应力水平大小相关。

2.轮轨白层的成分分布

　　白层组织所含元素与钢轨材料中所含元素一致，为 Fe、C、Mn、Si。为了进一步了解白层组织在元素分布上是否存在差异性，针对 Fe、C、Mn 三种元素进行电子探针(EPMA)面扫描分析，其结果及元素分布如图 9-9 所示，结果显示出白层组织中 C 元素分布的不均匀性，根据背散射衍射电子图像可知，其中白色条带区域所在位置的平均原子量要比周围区域的平均原子量高。证实了白层组织中化学成分的不均匀性，进而推测表层白层组织与基体珠光体组织存在相结构的差异性。白层组织可能由多种相结构组成，是一种复杂的、非均匀的多相组织。

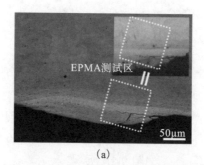

(a)

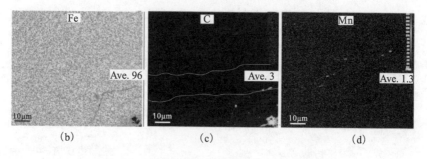

(b)　　　　　　　　　　(c)　　　　　　　　　　(d)

图 9-9　珠光体钢中白层组织的 C 元素分布

进一步对比三种元素成分在该白色条带所在区域的分布差异性，发现 Fe 元素和 Mn 元素的分布较均匀，而 C 元素的分布不均匀主要表现为：白层组织中白色条带所在区域的 C 元素含量偏低。假设因珠光体组织中的渗碳体相溶解而导致 C 元素含量偏低，形成过饱和碳的 α-Fe 固溶体均匀组织，则在周围区域应该表现出均匀的 C 元素分布，C 元素含量偏低则说明该区域存在过饱和碳的 α-Fe 固溶体，即此处含有纳米马氏体结构。

3. 轮轨白层的相结构

轮轨白层组织中的相结构中主要有以下四种被广泛提及。

1) 铁素体和马氏体相

白层铁素体相与普通钢材中铁素体的差异性体现在碳元素的含量上。文献[74]指出白层铁素体中的碳原子含量(6%)较钢基体中铁素体的含量高 0.1%。多数研究仅通过 X 射线衍射(X-ray diffraction, XRD)结果认为白层组织为马氏体[74,86,97]，实际上由于马氏体与 α-Fe 的晶体结构很相近，不能简单通过 XRD 结果说明白层组织中的相结构为 α-Fe 还是马氏体，白层中铁素体相与马氏体相的 XRD 峰的差异在于其峰型的宽度和非对称性[88]。

高速切削摩擦过程中的白层组织基本上公认为马氏体相，认为由温升淬火发生了马氏体相变所致，其中摩擦温升可以超过奥氏体转变温度；四方马氏体最大的溶碳量(质量分数)约为 0.4%±0.15%[81]。而轮轨滚动接触摩擦过程中，马氏体结构是否存在有一定争议[86]，其中马氏体结构的形成机理也存在争议。文献[98]指出严重的塑性变形使得材料发生纳米化，对于纳米晶结构，切应力使得渗碳体结构中溶解的大量碳原子通过位错运动发生迁徙，使得铁素体相变成过饱和碳的铁素体——塑性变形作用下的马氏体结构；其中四方马氏体和体心马氏体结构的 XRD 峰型存在一定的差异性，如图 9-10 所示。

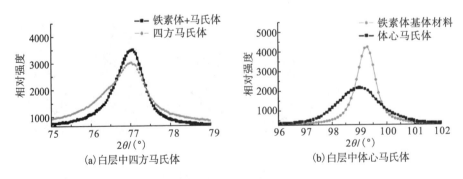

图 9-10 珠光体钢中白层组织的马氏体相

2) 残余奥氏体相

对于钢材，其磨损末期形成的奥氏体相最多，且奥氏体体积分数与速度和载荷无关[99]。对于不同牌号的钢材，其白层组织中的奥氏体不同，例如，在 UIC60 钢中可以通过 XRD 检测到，而 S54 钢中则没有。根据 XRD 的检测极限，初步给出白层组织中含有的残余奥氏体约占 5%[86]。

3) 渗碳体相

在珠光体组织中，渗碳体相所在位置会出现明显的碳元素峰。在变形珠光体组织中，由于渗碳体的溶解，在原来渗碳体与铁素体所在位置无明显碳元素峰出现，呈现近似相同的碳元素分布[90]。但也有学者指出[100]，随着渗碳体片层变薄，含碳量也存在降低趋势，碳原子大多分布在相界和晶界，因而推测，珠光体中渗碳体的溶解是由位错运动所主导的。变形后的渗碳体相不易被检测，塑性变形后的渗碳体相尺寸约为 50nm[81]。在珠光体钢的白层组织中一般不易观察到完整的渗碳体相[87]，渗碳体存在破坏和球化现象[40]，如图 9-11 所示。

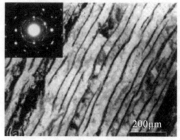

(a) 球化渗碳体　　　　　　　　　　　(b) 破裂片层渗碳体

图 9-11　珠光体钢中白层组织的渗碳体相

综上所述，摩擦白层组织的相结构主要含有原始的铁素体、马氏体(过饱和碳的铁素体)和少量奥氏体，以及极少量渗碳体。其中，珠光体钢的白层组织中一般不含完整的渗碳体相。目前，对于不同基体材料马氏体相的形成尚存在争议。

4. 轮轨白层的形成机制

摩擦学白层的形成机制中仍围绕摩擦热作用机制和塑性变形机制存在争议。

1) 摩擦热作用机制

根据传统金属学理论，摩擦热造成的马氏体转变，要求温度达到奥氏体转变温度以上，部分文献显示压应力和切应力会使得 α-γ 转变的平衡温度有所下降，大约在压应力为 100MPa 条件下奥氏体转变温度会降低 20℃。在较大打滑制动条件下，形成的白层组织由奥氏体、马氏体和铁素体组成，认为摩擦热作用机制是白层形成的主因[97, 101-103]。

2) 塑性变形机制

白层组织中存在变形珠光体，在循环塑性变形作用下，深度方向上的摩擦表层组织为白层-转变层-变形层-基体[84]；其中白层组织由细晶粒的含有过饱和碳的纳米马氏体晶，以及少量纳米量级的渗碳体组成；摩擦致使表层材料发生严重塑性变形，并发现其具有很高的位错密度。在珠光体钢的白层中可以看到球化的渗碳体相[40]，在塑性变形作用机制下形成的白层组织具有成分梯度变化，且呈现纳米-微米的多尺度变化，越接近表层体现得越明显。

作者所在课题组通过 TEM 电子衍射分析，以及高分辨 TEM 成像找到了四方结构的马氏体，直接证明了四方马氏体结构的形成由塑性作用导致。在 Fe-C 纳米晶结构中，可以存在马氏体的逆转变，通过马氏体的逆转变，可以实现体心立方 (body-centered cubic，BCC) 到面心立方 (face-centered cubic，FCC) 结构的转变，这是由于在剪应力作用下，卸载剪应力作用后，得到的 FCC 奥氏体结构存在不稳定性，因而再次逆转变回 BCC 结构，可观测到少量零星分布的奥氏体结构。实现这种转变的前提就是材料必须是纳米晶体，而白层组织是均匀的纳米晶材料，因而白层结构具有实现马氏体逆转变的基础。此外，文献指出，塑性变形过程中剪应力的作用对于相结构的形成和转变具有重要作用。而滚动摩擦过程中的摩擦力作用就是表面切应力的作用。这意味着滚-滑接触过程中形成的纳米晶白层组织，是可以在切应力作用下形成马氏体结构的。该摩擦学白层结构中马氏体的形成更多归于形变马氏体结构，由应力-应变诱导形成，而不是摩擦热作用下形成的。根据电子衍射斑，可以观察到不同的多晶衍射环呈不同的衍射强度，并且根据相关电子衍射强度算法可知，被分离出的电子衍射峰信号图显示出具有劈裂峰信号，这是典型马氏体结构的特征，说明在白层结构中是存在纳米晶马氏体结构的，如图 9-12 所示。

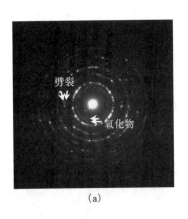

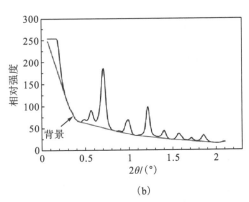

(a)   (b)

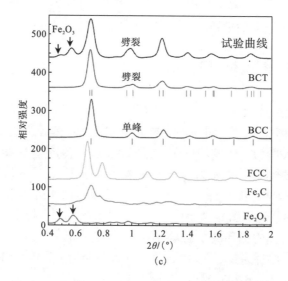

图 9-12　珠光体钢中白层组织的体心四方马氏体结构

BCT 为体心四方(body-centered tetragonal)结构

根据上述研究结果可知,在轮轨材料摩擦过程中可形成纯塑性作用机制的白层组织,切应力主导,它由破碎的渗碳体、过饱和碳的铁素体、四方马氏体纳米晶粒组成。白层是一种高度塑性变形层,其内部纳米结构的变形特征证实了白层的塑性变形机制。

3) 轮轨白层的疲劳剥落

有研究表明,碳钢在高应力冲击条件下,冲击磨损质量损失与冲击次数之间具有线性关系,韧性较好的低碳钢的耐磨性比高碳钢好,原因是硬度越高,白层在磨损过程中越容易发生剥层与剥落。Carroll 和 Beynon 研究了滚动接触条件下白层的裂纹行为[94, 104],白层结构中的裂纹形貌特征具有疲劳起源方式[105]。白层中通常可见的裂纹有两类[106]:①如果形成的白层结构足够厚且均匀,则部分裂纹扩展路径完全与白层边界有相关性,即沿着平行于白层边界的方向扩展;②如果形成的是局部白层结构,则与组织里的夹杂物性质类似,裂纹会沿着夹杂边缘萌生并且扩展。此时的裂纹沿“颗粒”白层朝着四周发散。

9.3　微动白层的形成

有关微动白层的最早报道见于 20 世纪 80 年代初,由于它在微动损伤过程中伴有极为重要的角色[48, 59],且微动磨损与其他磨损形式在运行条件上有较大差别，因此受到越来越多的重视。

9.3.1 切向微动磨损的白层

在部分滑移区、混合区和滑移区三个微动区域均可观察到微动白层。

半次微动循环后，接触表面(平面试样为35CrNi3钢，球试样为GCr15钢)一端已有轻微擦伤；4次循环后(图9-13(a))，接触边缘呈现均匀的环状擦伤(图9-14(a))，接触中心尚未发生破坏，摩擦力比第1次循环有所增加；循环次数增加，摩擦力增加，到10次循环时(图9-13(b))，不仅接触边缘的损伤继续扩大，而且接触中心迅速形成新的损伤区(图9-14(b))，但中间区域尚未发生损伤，此时，摩擦力几乎为原来的3倍。随着循环次数继续增加(图9-13(c))，以上两个损伤区域继续扩大(图9-14(c))，摩擦系数略微减小；至25次循环时(图9-13(d))，几乎整个接触区域均发生损伤(图9-14(d))。

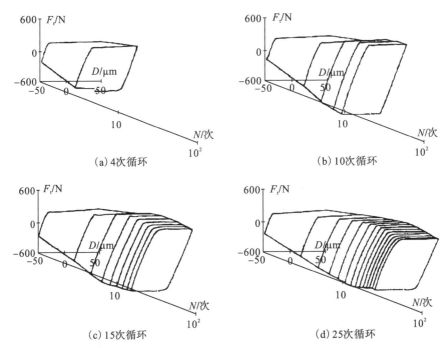

图 9-13　切向微动磨损条件下 F_t-D-N 曲线

(35CrNi3 钢, D=50μm, F_n=600N, f=1Hz)

对损伤的表面进行化学侵蚀，接触边缘的破坏区呈现白色，仅几次机械抛光后，白层就消失，表明其厚度不足 1μm；随着机械抛光不断进行，白层越来越集中到接触中心，表明接触中心处白层的厚度较大，剖面分析显示白层形状呈倒三角形，如图 9-15 所示。显微硬度测试表明硬度增加了 50%，能谱分析也显示白层成分与基体完全一致。

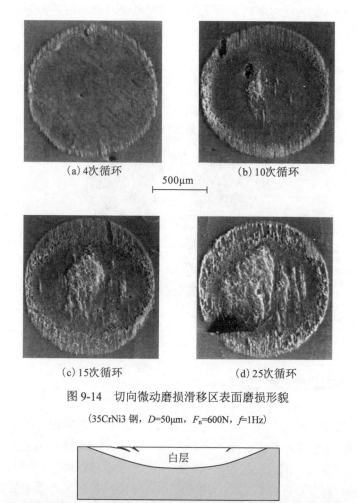

(a) 4次循环   500μm   (b) 10次循环

(c) 15次循环   (d) 25次循环

图 9-14 切向微动磨损滑移区表面磨损形貌

(35CrNi3 钢，D=50μm，F_n=600N，f=1Hz)

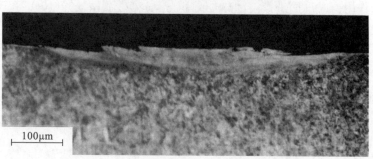

图 9-15 切向微动磨损滑移区的白层剖面形貌

(35CrNi3 钢，D=50μm，F_n=300N，f=1Hz)

滑移区内，保持微动位移幅值不变，在微动初期摩擦力随循环次数增大而增大，白层形成速度加快。频率(由 0.1Hz 增加到 12.5Hz)对白层的形成也有较大影响，但其影响似乎通过对摩擦力变化的影响来实现，并与热效应无关。

在同样法向载荷(F_n=600N)条件下，当位移幅值降低到 12μm 时，微动处于部分滑移区，除了微动初期极少数的循环，所有的 F_t-D 曲线呈封闭直线型，微滑只出现在接触边缘。白层只出现在接触边缘，而接触中心没有白层产生，如图 9-16 所示。

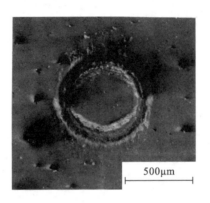

图 9-16　切向微动磨损部分滑移区的白层形貌

(35CrNi3 钢，D=12μm，F_n=600N，f=1Hz，N=100 次)

9.3.2　扭动微动磨损的白层

微动磨损运行模式从切向转变为扭动，未发现本质性的差异产生。

对 LZ50 钢滑移区的磨痕进行剖面分析，如图 9-17 所示，可见其表层有平行于表面的横向裂纹，横向裂纹与垂向裂纹沟通导致颗粒剥落(图 9-17(b)~(d))，但未见垂向裂纹向基体内扩展，说明横向裂纹可能优先扩展，垂向裂纹仅起到沟通表面的作用。对剖面进行浸蚀(3%(体积分数)硝酸酒精浸蚀 10s)后发现，剥落区不易浸蚀，呈白亮色(图 9-17(f)和(g))，说明横向裂纹沿白层与基体的界面扩展，垂向裂纹则是硬脆的白层在外加载荷下受压溃裂的结果。

图 9-18 中的 SEM 形貌显示了白层在扭动微动磨损滑移区的形态，可见白层下是塑性变形层，该层内的珠光体片层因材料的塑性流动而发生取向偏转，在较厚的塑性变形层下是基体材料。在白层/塑性变形层的分界处可观察到近似平行于接触表面的横向裂纹，有颗粒的剥落发生在白层内。

图 9-19 示出了扭动微动白层在磨损过程中的行为，可见横向裂纹形成后，垂向裂纹与之沟通，若循环周次进一步增加，大块的材料(白层组织)将剥落。白层作为高硬度的摩擦转变组织，它在反复的扭动微动磨损过程中，极易在与

塑性变形层的交界处和其内部萌生裂纹，裂纹的沟通将导致材料大块地剥落，因此，白层在剥层机制过程中扮演了重要角色，它是导致材料大块剥落的原因。图 9-20 的 SEM 形貌显示了白层与基体界面的横向裂纹形貌，以及颗粒按剥层方式剥落的形态。

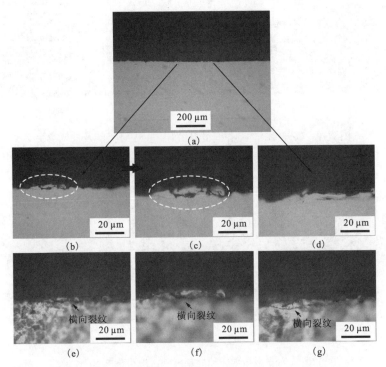

图 9-17　LZ50 钢扭动微动磨损滑移区磨痕剖面 OM 形貌

(F_n=50N，θ=5°，N=1000 次)

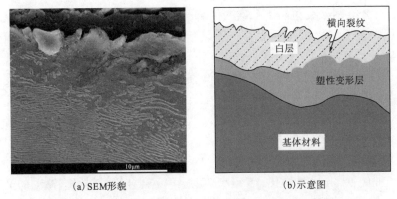

图 9-18　LZ50 钢滑移区扭动微动白层的 SEM 形貌及其示意图

(F_n=50N，θ=10°，N=10000 次)

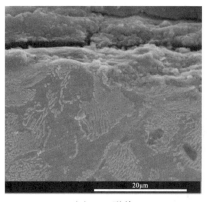 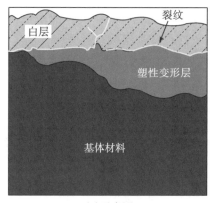

（a）SEM形貌   （b）示意图

图 9-19   LZ50 钢滑移区扭动微动白层的 SEM 形貌及其示意图

(F_n=50N，θ=10°，N=10000 次)

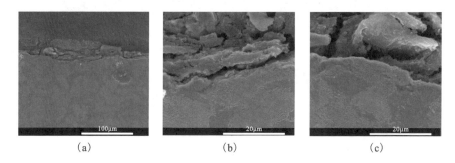

（a）   （b）   （c）

图 9-20   LZ50 钢扭动微动磨损滑移区磨痕剖面 SEM 形貌

(F_n=50N，θ=5°，N=1000 次)

对于 LZ50 钢，在扭动微动磨损的部分滑移区，损伤轻微，剖面未发现微动白层；而在混合区，接触界面存在明显塑性变形，微动白层已形成，但由于角位移幅值低，其发展不充分，在 OM 下不易观察。总之，在扭动微动磨损过程中，微动白层扮演了重要角色，疲劳磨损的剥层机制与微动白层的形成和演变密切相关。

9.3.3   径向微动磨损的白层

对工业纯铁、45#钢、GCr15 钢和 2091Al-Li 合金等材料径向微动的磨痕进行剖面分析，在不同载荷水平下，各个阶段均未发现白层形成的痕迹，循环周次甚至达到 3×10^5 次。

9.3.4　双向复合微动磨损的白层

在双向复合微动磨损条件下，对于阶段 I，仅 1 次循环，表面就产生擦伤，几至几十次循环就可观察到白层。图 9-21 是 $\theta=45°$ 和 $F_{\max}=400N$ 条件下，50 次循环的白层形貌，可见厚度约为 10μm 的白层覆盖在有明显塑性变形的基体材料上，说明塑性变形是白层形成的重要条件。此时，白层的另一个重要特征是微裂纹已形成，这与其他摩擦学白层的特征一致。

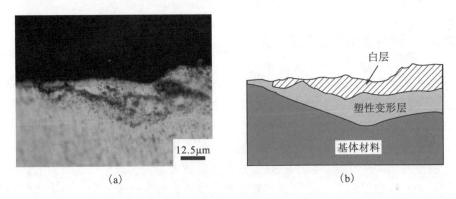

(a)　　　　　　　　　　　　　　　　　(b)

图 9-21　双向复合微动磨损阶段 I 白层剖面形貌

(OCF-1 装置，2091Al-Li 合金，$\theta=45°$，$F_{\max}=400N$，$N=50$ 次)

双向复合微动磨损进入阶段 II 后，白层的形貌如图 9-22 所示，其厚度与阶段 I 无明显变化，但可见平行于表面在白层/塑性变形层界面处的裂纹形成，因为白层是具有高硬度的摩擦转变组织，它与产生塑性变形的基材材料的性质有很大差异，使得在它们的界面产生应力集中，横向裂纹就此形成；同时也可观察到垂向裂纹的形成，垂向裂纹与横向裂纹的沟通导致颗粒剥落。

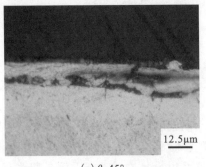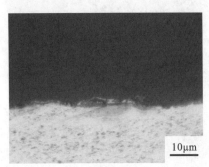

(a) $\theta=45°$　　　　　　　　　　　　　　　　(b) $\theta=60°$

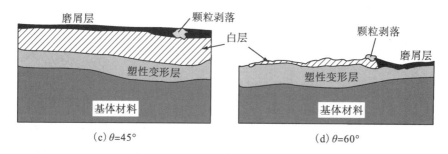

(c) $\theta=45°$ (d) $\theta=60°$

图 9-22   双向复合微动磨损阶段 II 白层剖面形貌

(OCF-1 装置, 2091Al-Li 合金, $F_{max}=400$N, $N=5000$ 次)

9.3.5   扭转复合微动磨损的白层

在扭转复合微动磨损条件下, 对 LZ50 钢在不同倾斜角下微动区域的磨痕进行剖面分析, 并用腐蚀剂浸蚀(3%(体积分数)硝酸酒精溶液浸蚀 10s)后可明显地观察到致密的白层结构分布于接触区表层(图 9-23)。在部分滑移区, 表面损伤轻微, 剖面未发现明显的微动白层。在混合区, 由于角位移幅值较小, 剖面分析显示: 接触界面间塑性变形较小, 白层分布相对薄而均匀。白层表面可以看到明显的颗粒剥落; 白层的下方往往分布着疲劳裂纹, 有些裂纹沿白层与下方塑性变形层界面方向横向生长, 有些裂纹先以一定倾斜角向基体内扩展。

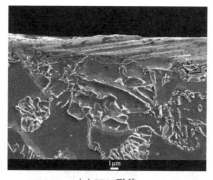
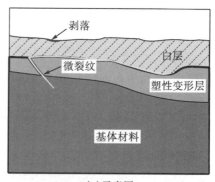

(a) SEM形貌   (b) 示意图

图 9-23   LZ50 钢扭转复合微动磨损混合区的微动白层 SEM 形貌及其示意图

($F_n=50$N, $a=10°$, $\theta=0.5°$, $N=10^4$ 次)

在滑移区, 白层的分布特征相对复杂, 低倾斜角下微动主要受扭动分量控制, 白层出现的位置往往对应扭动分量控制下的环状高剪应力区, 如图 9-24 所示。白层作为高硬度且较脆的摩擦学转变组织, 它经过反复的微动作用后在塑性变形层交界附近极易萌生内部裂纹, 即裂纹主要是平行于接触表面的横向裂纹, 该疲劳裂纹相互贯通时就会出现大块的材料(白层组织)剥落,接触表面形成明显的剥落坑(图9-25)。而在接触中心,白层的分布形态如图9-26所示,在扭动分量和转动分量联合作用下,白层呈不规则形态分布,严重的塑性变形层内可能被挤入表层材料,也可观察到白层和塑性变形层之间存在与磨损表面相互贯通的疲劳裂纹。

    随着倾斜角的增大,白层的形态分布更接近于切向微动磨损,如图9-27和图9-28所示,由表层向基体依次为:磨屑层—微动白层—塑性变形层—基体材料,分层现象十分明显,经浸蚀处理后塑性变形层呈现出已被浸蚀的严重塑性变形层Ⅰ和珠光体片层取向发生偏转的轻微塑性变形层Ⅱ。同时也可观察到因白层折断而形成的垂向裂纹(图9-27)。而白层/塑性变形层的界面也出现了平行于表面的横向裂纹,白层/基体材料界面易产生应力集中,进而引发横向裂纹和垂向裂纹沟通,一旦发生裂纹相互沟通即可导致材料的剥落。

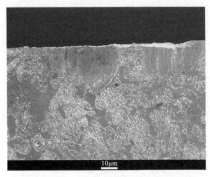 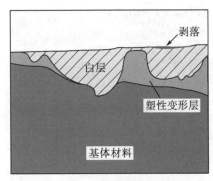

(a) SEM形貌   (b)示意图

图9-24   LZ50钢扭转复合微动磨损滑移区的微动白层SEM形貌及其示意图(1)

(F_n=50N, α=10°, θ=5.0°, N=10^{4}次)

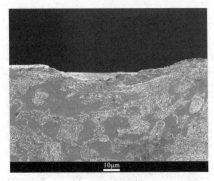 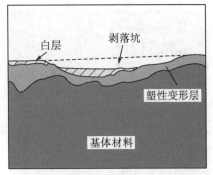

(a) SEM形貌   (b)示意图

图9-25   LZ50钢扭转复合微动磨损滑移区的微动白层SEM形貌及其示意图(2)

(F_n=50N, α=10°, θ=5.0°, N=10^{4}次)

 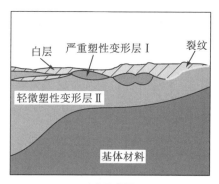

（a）SEM形貌　　　　　　　　　　（b）示意图

图 9-26　LZ50 钢扭转复合微动磨损滑移区的中心区微动白层 SEM 形貌及其示意图

（F_n=50N，α=10°，θ=5.0°，N=10⁴ 次）

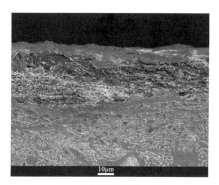 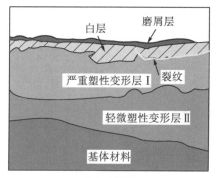

（a）SEM形貌　　　　　　　　　　（b）示意图

图 9-27　LZ50 钢扭转复合微动磨损滑移区的微动白层 SEM 形貌及其示意图（1）

（F_n=50N，α=40°，θ=5.0°，N=10⁴ 次）

 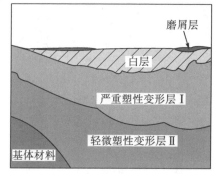

（a）SEM形貌　　　　　　　　　　（b）示意图

图 9-28　LZ50 钢扭转复合微动磨损滑移区的微动白层 SEM 形貌及其示意图（2）

（F_n=50N，α=40°，θ=5.0°，N=10⁴ 次）

9.3.6　微动白层的形成条件

从不同微动磨损模式的白层形成过程可以发现，微动白层的早期形成和长大与接触压力、表面切向力(摩擦力)、相对位移等参数紧密相关，即可引入下列表达式进行定性描述：

$$T_1(x) = A_1 \cdot P \cdot \tau \cdot \delta \qquad\qquad (9\text{-}1)$$

其中，$T_1(x)$ 代表微动白层的形核参数；A_1 是比例常数，与试验系统、材料性质和环境条件等有关；P 是接触表面的法向压力；τ 是接触表面的切应力；δ 是接触表面的相对切向位移。

微动白层形成的临界参数式(9-1)中没有与微动循环次数(时间)相关的参数，这是因为白层几乎一开始就形成。

研究发现，δ 是白层形成的基本条件。例如，在切向微动磨损的部分滑移区，白层在接触边缘形成，而不出现在接触中心。这是因为，根据 Mindlin 理论，微滑只存在于接触边缘，在接触中心处于黏着状态，即 $\delta = 0$。这就可以解释即使在滑移值很小时白层也能形成。

如图 1-6 所示，滑移区的中心切应力 τ 最大，研究结果表明，τ 越大，白层越易产生，这就可以解释图 9-15 所示的滑移区接触中心白层较厚的现象。白层在剪应力最大的区域形成，所以说明白层的形核强烈依赖于 τ。

P 同样是微动白层形成必不可少的条件，不过，由于 P 可用 τ 和摩擦系数来表示，因此白层的形核参数可用 $T_2(x)$ 替代 $T_1(x)$，即

$$T_2(x) = A_2 \cdot \tau \cdot \delta \qquad\qquad (9\text{-}2)$$

其中，A_2 是考虑摩擦系数修正的比例常数。

因此，可用图 9-29 描述切向微动磨损条件下的白层形成条件，即在部分滑移区，$T_2(x)$ 的最大值出现在环状接触的边缘，而中心黏着区和接触中心的外边缘 $T_2(x)$ 等于 0；在滑移区，$T_2(x)$ 的最大值出现在接触中心。

在双向复合微动磨损模式下，位移在试验初期处于较高水平，即一开始就有较高位移值；另外，在试验选用的倾斜角 θ 为 45° 和 60° 时，表面的切向力分量比较大，即 τ 值高。因此，在双向复合微动的阶段 I，白层迅速形成。当 θ 减小时，即意味 τ 值增大，白层形核参数 $T_2(x)$ 增大，这就可以解释图 9-22 中 θ 为 45° 时白层较厚的现象。换言之，微动白层的形核参数值 T 随 θ 的增加而明显降低。

对径向微动磨痕的剖面进行分析，找不到白层存在的迹象。因为径向微动条件下，接触表面无外加切向力，却承受了最大的法向压力，由于接触界面变形不协调而产生微滑的切应力显然要远低于复合微动条件下的外加切向力，同时微滑的相对位移也较小，因此式(9-2)中 $T_2(x)$ 值非常小，白层不能形成。

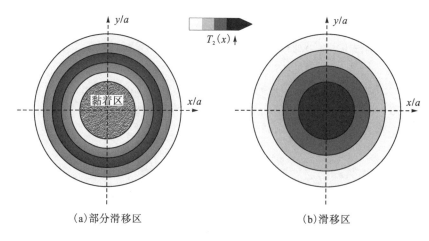

(a)部分滑移区   (b)滑移区

图 9-29 切向微动磨损条件下白层形成条件示意图

对于双向复合微动的一种极端情况，$\theta=90°$ 时为径向微动。因此，式(9-2)可考虑加入角度因子进行修正，得到统一模式条件下的白层形核参数表达式：

$$T(x) = A \cdot \tau \cdot \delta \cdot \cos\theta \qquad (9-3)$$

9.4 微动白层的演变和对材料损伤过程的影响

切向微动磨损条件下，滑移区内真实接触面积随循环次数增加而增加。例如，铝合金与铝合金接触，在 10^4 次微动循环后，接触面积为微动初期 Hertz 接触面积的 6 倍，对于如此大的接触区域，加上第三体的作用，接触应力(法向压应力或剪应力)大为降低，不仅初期形成的白层完全消失，而且再形成白层的可能性非常小，甚至连塑性变形层都难以观察到，其剖面最终成为一个凹坑状(图 9-25(a))，其最终剖面形貌可用图 9-30(a)表示。相反，对于高载荷下、较小半径的球/平面接触，虽然接触应力有所降低，但其参数 $T(x)$ 仍然有可能高于临界值，因此，白层将随着微动循环周次的进行而不断磨耗又不断产生，其剖面成为另一种常见的形式，如图 9-30(b)所示。

滑移区磨痕呈现一个大凹坑的形貌，与白层在该区的形状相吻合，这说明磨损严重的区域正是白层较厚的区域，白层对磨损过程有重要影响，白层虽然具有高硬度，但这对耐磨的贡献却很有限，因为微动磨损过程中剥层是其主要机制，而白层内的大量裂纹是导致材料剥落的重要原因。

在双向复合微动的阶段 I，伴随着显著塑性变形，白层已形成，并可观察到微裂纹(横向裂纹和垂向裂纹)的萌生(图 9-21)。进入阶段 II，白层内及其与塑性变形层界面处的微裂纹在局部疲劳应力的作用下扩展，如图 9-31 所示，而且扩展彼此独立(图9-31(a)),最终相互沟通,导致大片状颗粒以剥层方式剥落;其中贯穿裂纹可能是导致阶段Ⅲ形成长扩展裂纹的原因。

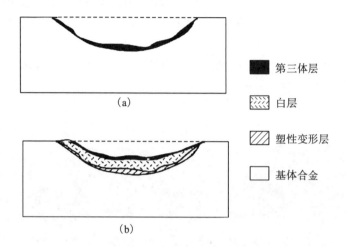

第三体层

白层

塑性变形层

基体合金

图9-30 微动白层演变的两种可能形式示意图

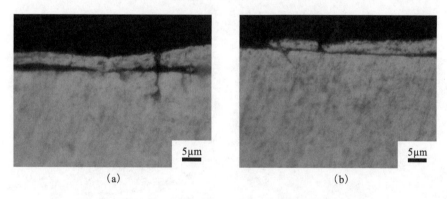

图9-31 2091Al-Li合金双向复合微动磨损磨痕剖面形貌

(OCF-1装置,F_{max}=800N,θ=60°,N=5000次)

在θ=45°和F_{max}=400N的条件下,可发现F-D曲线处于明显的波动状态(图7-22),说明微动处于混合区,此时F-D曲线的波动是颗粒剥落后,新鲜的材料又经历塑性变形、加工硬化、白层形成、裂纹萌生与扩展和片状颗粒剥落等过程的宏观响应的体现。剥落后的颗粒在接触界面间被反复地碾压而碎化,同时伴随着强烈的氧化,磨屑最终成为细氧化物;由于该阶段相对位移已降至较低水平,微动处于部分滑移区,碎化的磨屑(第三体)难以排出到接触区外,所以接触表面被厚氧化磨屑层覆盖,形成第三体床。

图9-32示出了在10^5次循环后,双向复合微动磨损试样的剖面形貌,不同阶

段的接触区域呈现不同的特征。在阶段 I 的接触区，保留有白层和塑性变形层，如图 9-32(b) 所示；在阶段 II 的接触区，明显可见裂纹在白层和塑性变形层的界面扩展，如图 9-32(c) 所示；图 9-32(a) 中阶段 III 的接触区放大形貌如图 7-42(b) 所示，可见在该阶段，除了裂纹并未观察到白层存在，这是因为双向复合微动磨损运行于该阶段时，位移降低到较低水平，而且此时接触状态向径向微动磨损转变，表面的切应力降低，同时此时的第三体层也使接触应力降低，所以在阶段 III，$T(x)$ 值很小，出现了图 9-30(a) 中的情况。

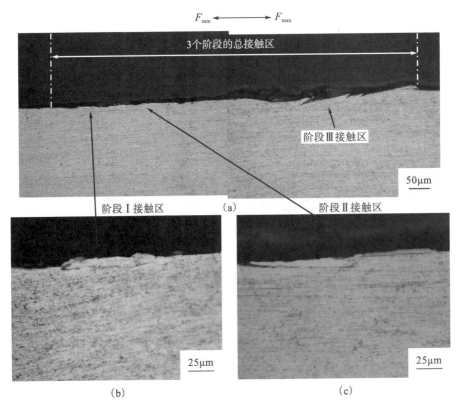

图 9-32   2091Al-Li 合金双向复合微动磨损磨痕剖面形貌

(OCF-1 装置，F_{max}=800N，θ=60°，N=10^5 次)

综上所述，不论是切向微动磨损还是复合微动磨损，不同模式微动白层影响微动磨损过程的途径有两个：①裂纹在白层/基体界面上扩展，导致大块的颗粒按剥层方式脱落；②导致疲劳裂纹的萌生。这两条途径在微动磨损的不同区域或阶段都产生影响，只是不同区域或阶段所起的作用和程度不同。

参 考 文 献

[1] Stead J W. Micro-metallography and its practical application. Journal the West Scotland Iron and Steel Institute, 1912, 19: 169-204.

[2] Suh N P. An overview of the delamination theory of wear. Wear, 1977, 44: 1-16.

[3] Eyer T S, Baxter A. The formation of white layers at rubbing surfaces. Tribology International, 1972, 5: 256-261.

[4] Scott D, Smith A I, Tait J, et al. Materials and metallurgical aspects of piston ring scuffing- a literature survey. Wear, 1975, 33: 293-315.

[5] Turley D M. The nature of the white-etching surface layers produced during reaming ultra-high strength steel. Materials Science and Engineering, 1975, 19: 79-86.

[6] Bill R C, Wisander D. Recrystallization as a controlling process in the wear of some F. C. C. metals. Wear, 1977, 41: 351-363.

[7] Perry J, Eyer T S. The effect of phosphating on the friction and wear properties of grey cast iron. Wear, 1978, 43: 185-197.

[8] Torrance A A. The metallography of worn surfaces and some theories of wear. Wear, 1978, 50: 169-182.

[9] Rice S L. A review of wear mechanisms and related topics//Suh N P, Saka N. Fundamentals of tribology. Proceedings of the International Conference on the Fundamentals of Tribology. Cambridge: the MIT Press, 1978: 469-475.

[10] Hsu K L, Ahn T M, Rigney D A. Friction, wear and microstructure of unlubricated austenitic stainless steels. Wear, 1980, 60(1): 13-37.

[11] Dyson A. Scuffing treatise on materials science and technology. Wear, 1979, 13: 176-216.

[12] Eyre T S. Wear resistance of metals, treatise on materials science and technology. Wear, 1979, 13: 363-442.

[13] Vingsbo O, Hogmark S. Wear of steels, Fundamentals of Friction and Wear of Materials. Pittsburgh: 1980 ASM Materials Science Seminar, 1980: 373-408.

[14] Hsu K L, Ahn T M, Rigney D A. Friction wear and microstructure of unlubricated austenitic stainless steel. Wear, 1980, 60: 13-37.

[15] Buckley D H. Surface Effects in Adhesion, Friction, Wear, and Lubrication. Amsterdam: Elsevier Scientific Publishing Company, 1981: 11-13.

[16] Rice S L, Nowotny H, Wayne S F. Characteristics of metallic subsurface zones in sliding and impact wear. Wear, 1982, 74: 131-142.

[17] Eyre T S, Dent N, Dale P. Wear characteristics of piston rings and cylinder liners. Lubrication Engineering, 1983, 39(4): 216-221.

[18] Mashloosh K M, Eyre T S. Abrasive wear and its application to digger teeth. Tribology International, 1985, 18: 259-266.

[19] Griffiths B J. White layer formation at machined surfaces and their relationship to white layer formations at worn surfaces. Journal of Tribology, Transaction of ASME, 1985, 107: 165-170.

［20］ Griffiths B J, Furze D C. Tribological advantages of white layers produced by machining. Journal of Tribology, Transaction of ASME, 1987, 109: 338-342.

［21］ Griffiths B J. Mechanisms of white layer generation with reference to machining and deformation processes. Journal of Tribology, Transaction of ASME, 1987, 109: 525-530.

［22］ Gangopadhyay A K, Moore J J. Effect on impact on the grinding media and mill liner in a large semi-autogenous mill. Wear, 1987, 114: 249-260.

［23］ Tomlinson W J, Blunt L A, Spraggett S. Running-in wear of white layers formed on EN24 steel by centreless grinding. Wear, 1988, 128: 83-91.

［24］ 高彩桥. 摩擦金属学. 哈尔滨: 哈尔滨工业大学出版社, 1988.

［25］ Rice S L, Nowotny H, Wayne S F. A survey of the development of subsurface zones in the wear of materials. Key Engineering Materials, 1989, 33: 77-100.

［26］ Xu L Q, Kennon N F. Formation of white layer during laboratory abrasive wear testing of ferrous alloys. Materials Forum, 1992, 16: 43-49.

［27］ 孙家枢. 金属的磨损. 北京: 冶金工业出版社, 1992.

［28］ Bulpett R, Eyre T S, Ralph B. The characterization of white layers formed on digger teeth. Wear, 1993, 162-164: 1059-1063.

［29］ Xu L Q, Clough S, Howard P, et al. Laboratory assessment of the effect of white layers on wear resistance for digger teeth. Wear, 1995, 181-183: 112-117.

［30］ Yang Y Y, Fang H S, Huang W G. A study on wear resistance of the white layer. Tribology International, 1996, 29: 425-428.

［31］ 张栋. 机械失效的痕迹分析. 北京: 国防工业出版社, 1996.

［32］ Molinari A, Straffelini G, Tesi B, et al. Dry sliding wear mechanisms of the Ti6Al4V alloy. Wear, 1997, 208: 105-112.

［33］ Glenn R C, Leslie W C. The nature of 'white streaks' in impacted steel armor plate. Metallurgy Transaction A, 1971, 2: 2945-2947.

［34］ Rice S L, Nowotny H, Wayne S F. Formation of subsurface zones in impact wear. ASLE Transactions, 1981, 24: 264-268.

［35］ Sare I R. Repeated impact-abrasion of ore-crushing hammers. Wear, 1983, 87: 207-225.

［36］ Yang Y Y, Fang H S, Zhang Y K, et al. The failure models induced by white layer during impact wear. Wear, 1995, 185: 17-22.

［37］ Zhang B F, Shen W C, Liu Y J, et al. Microstructure of surface white layer and internal white adiabatic shear band. Wear, 1997, 211: 164-168.

［38］ Zhang B F, Shen W C, Liu Y J, et al. Some factors influencing adiabatic shear banding in impact wear. Wear, 1997, 214: 259-263.

［39］ Osterlund R, Vingsbo O, Vincent L, et al. Butterflies in fatigue ball bearing-formation mechanisms and structure. Scandinavian Journal of Metallurgy, 1982, 11: 23-32.

［40］Newcomb S B, Stobbs W M. A transmission electron microscopy study of the white-etching layer on a rail head. Materials Science and Engineering, 1984, 66: 195-204.

［41］Baumann G, Fecht H J, Liebelt S. Formation of white-etching layers on rail treads. Wear, 1996, 191: 133-140.

［42］Colombie C, Berthier Y, Floquet A, et al. Fretting: Load carrying capacity of wear debris. Journal of Tribology, Transaction of the ASME, 1984, 106: 194-201.

［43］Dobromirski J, Smith I O. Metallographic aspects of surface damage, surface temperature and crack initiation in fretting fatigue. Wear, 1987, 117: 347-357.

［44］Berthier Y, Colombie C, Vincent L, et al. Fretting wear mechanisms and their effects on fretting fatigue. Journal of Tribology, Transaction of the ASME, 1988, 110: 517-524.

［45］Zhang X S, Zhang C H, Zhu C L. Slip amplitude effects and microstructural characteristics of surface layers in fretting wear of carbon steel. Wear, 1989, 134: 297-309.

［46］Berthier Y, Vincent L, Godet M. Fretting fatigue and fretting wear. Tribology International, 1989, 22: 235-236.

［47］Blanchard P, Colombie C, Pellerin V, et al. Material effects in fretting wear: Application to Iron, Titanium, and Aluminum alloys. Metallurgy Transaction A, 1991, 22A: 1535-1544.

［48］Waterhouse R B. Fretting wear//ASM Handbook, vol. 18, Friction, Lubrication, and Wear Technology. Cleveland: ASM International, 1992: 242-256.

［49］Waterhouse R B. Fretting fatigue. International Materials Review, 1992, 37: 77-97.

［50］Fayeulle S, Blanchard P, Vincent L. Fretting behavior of Titanium alloys. Tribology Transaction, 1993, 36: 267-275.

［51］Vincent L. Materials and fretting//Waterhouse R B, Lindley T C. Fretting Fatigue. London: Machanical Engineering Publications, 1994: 23-337.

［52］Beard J. Palliative for fretting fatigue//Waterhouse R B, Lindley T C. Fretting Fatigue. London: Machanical Engineering Publications, 1994: 419-436.

［53］Zhou Z R, Sauger E, Liu J J, et al. Nucleation and early growth of tribologically transformed structure(TTS) induced by fretting. Wear, 1997, 212: 50-58.

［54］Rogers H C. Adiabatic plastic deformation. Annual Review of Materials Research, 2003, 9(1): 283-311.

［55］Bai Y L. Adiabatic shear banding. Research Mechanica, 1990, 31(2): 133-203.

［56］Thomson P F. Surface damage in electro discharge machining. Materials Science Technology, 1989, 5: 1153-1157.

［57］Kruth J P, Stevens L, Froyen L, et al. Study of the white layer of a surface machined by die-sinking electro-discharge machining. CIRP Annals - Manufacturing Technology, 1995, 44(1): 169-172.

［58］Suzuki S, Kennedy F E. The detection of flash temperatures in a sliding contact by the methord of tribo-induced thermoluminescence. Journal of Tribology, Transaction of the ASME, 1991, 113: 120-127.

［59］Alyab'ev A Y, Kazimirchik Y A, Onoprienko V P. Determination of temperature in the zone of fretting corrosion. Soviet Materials Science, 1973, 6(3): 284-286.

［60］Attia M H, Ko P L. On the thermal aspect of fretting wear-temperature measurement in the subsurface layer. Wear, 1986, 111(4): 363-376.

［61］Waterhouse R B. Fretting Corrosion. Oxford: Pergamon, 1972.

［62］ Kennedy F E. Thermal and thermomechanical effects in dry sliding. Wear, 1984, 100(1-3): 453-476.

［63］ Higham P A, Bethune B, Stott F H. The influence of experimental conditions on the wear of the metal surface during fretting of steel on polycarbonate. Wear, 1978, 46(2): 335-350.

［64］ Higham P A, Stott F H, Bethune B. The influence of polymer composition on the wear of the metal surface during fretting of steel on polymer. Wear, 1978, 47(1): 71-80.

［65］ Wright K H R. An investigation of fretting corrosion. Proceedings of the Institution of Mechanical Engineers, 1952, 1B: 556-574.

［66］ Sproles E S, Duquette D J. Interface temperature measurements in the fretting of a medium carbon steel. Wear, 1978, 47(2): 387-396.

［67］ Gaul D J, Duquette D J. Cyclic wear behavior(fretting) of a tempered martensite steel. Metallurgical Transactions A(Physical Metallurgy and Materials, Science), 1980, 11(9): 1581-1588.

［68］ Zhou Z R. Fissuration induite en petits debattements: Application au cas d'alliages d'aluminium aéronautiques. Lyon: Ecole Centrale de Lyon, 1992.

［69］ Bedford A J, Wingrove A L, Thompson K R L. The phenomenon of adiabatic shear deformation. Journal Australian Institute of Metallurgy, 1974, 19: 61-73.

［70］ Manion S A, Stock T A C. Adiabatic shear bands in steel. International Journal of Fracture Mechanics, 1970, 6(1): 106-107.

［71］ 朱旻昊, 周仲荣, 刘家浚. 摩擦学白层的研究现状. 摩擦学学报, 1999, 19(3): 281-287.

［72］ 刘云旭, 赵振波, 季长涛, 等. 钢丝绳摩擦白层的研究. 金属热处理学报, 1996, (1): 49-53.

［73］ Takahashi J, Kawakami K, Ueda M. Atom probe tomography analysis of the white etching layer in a rail track surface. Acta Materialia, 2010, 58(10): 3602-3612.

［74］ Zhang H W, Ohsaki S, Mitao S, et al. Microstructural investigation of white etching layer on pearlite steel rail. Materials Science and Engineering A(Structural Materials: Properties, Microstructure and Processing), 2006, 421(1-2): 191-199.

［75］ Wild E, Reimers W. Residual stress and microstructure in the rail/wheel contact zone of a worn railway wheel. Materials Science Forum, 2006, 524-525: 911-916.

［76］ Chen Z, Colliander M H, Sundell G, et al. Nano-scale characterization of white layer in broached inconel 718. Materials Science and Engineering A, 2017, 684: 373-384.

［77］ Evans M H, Walker J C, Ma C, et al. A FIB/TEM study of butterfly crack formation and white etching area(WEA) microstructural changes under rolling contact fatigue in 100Cr6 bearing steel. Materials Science and Engineering A, 2013, 570: 127-134.

［78］ Su Y S, Li S X, Lu S Y, et al. Deformation-induced amorphization and austenitization in white etching area of a martensite bearing steel under rolling contact fatigue. International Journal of Fatigue, 2017, 105: 160-168.

［79］ Grabulov A, Petrov R, Zandbergen H W. EBSD investigation of the crack initiation and TEM/FIB analyses of the microstructural changes around the cracks formed under Rolling Contact Fatigue(RCF). International Journal of Fatigue, 2010, 32(3): 576-583.

［80］ Sauger E, Fouvry S, Ponsonnet L, et al. Tribologically transformed structure in fretting. Wear, 2000, 245 (1-2):
39-52.

［81］ Wang L, Pyzalla A, Stadlbauer W, et al. Microstructure features on rolling surfaces of railway rails subjected to
heavy loading. Materials Science and Engineering A (Structural Materials: Properties, Microstructure and
Processing), 2003, 359 (1-2): 31-43.

［82］ Yao B, Han Z, Lu K. Correlation between wear resistance and subsurface recrystallization structure in copper. Wear,
2012, 294-295 (Complete): 438-445.

［83］ Chen X, Han Z, Lu K. Wear mechanism transition dominated by subsurface recrystallization structure in Cu-Al
alloys. Wear, 2014, 320: 41-50.

［84］ Baumann G, Zhong Y, Fecht H J. Comparison between nanophase formation during friction induced surface wear
and mechanical attrition of a pearlitic steel. Nanostructured Materials, 1996, 7 (1-2): 237-244.

［85］ Tumbajoy-Spinel D, Descartes S, Bergheau J M, et al. Assessment of mechanical property gradients after
impact-based surface treatment: Application to pure α-iron. Materials Science and Engineering A, 2016, 667:
189-198.

［86］ Umbrello D, Rotella G. Experimental analysis of mechanisms related to white layer formation during hard turning of
AISIS2100 steel. Materials Science and Technology, 2012, 28 (2): 205-212.

［87］ Österle W, Rooch H, Pyzalla A, et al. Investigation of white etching layers on rails by optical microscopy, electron
microscopy, X-ray and synchroton X-ray diffraction. Materials Science and Engineering A, 2001, 303 (1-2):
150-157.

［88］ Wild E, Wang L, Hasse B, et al. Microstructure alterations at the surface of a heavily corrugated rail with strong
ripple formation. Wear, 2003, 254 (9): 876-883.

［89］ Lojkowski W, Djahanbakhsh M, Bu G. Nanostructure formation on the surface of railway tracks. Materials Science
and Engineering A, 2001, 303 (1): 197-208.

［90］ Sauvage X, Ivanisenko Y. The role of carbon segregation on nanocrystallisation of pearlitic steels processed by
severe plastic deformation. Journal of Materials Science, 2007, 42 (5): 1615-1621.

［91］ Cho D H, Lee S A, Lee Y Z. Mechanical properties and wear behavior of the white layer. Tribology Letters, 2012,
45 (1): 123-129.

［92］ Zhou Y, Peng J F, Luo Z P, et al. Phase and microstructural evolution in white etching layer of a pearlitic steel
during rolling-sliding friction. Wear, 2016, 362-363: 8-17.

［93］ Bosheh S S, Mativenga P T. White layer formation in hard turning of H13 tool steel at high cutting speeds using
CBN tooling. International Journal of Machine Tools & Manufacture, 2006, 46 (2): 225-233.

［94］ Carroll R I, Beynon J H. Rolling contact fatigue of white etching layer: Part 2. numerical results. Wear, 2007,
262 (9-10): 1267-1273.

［95］ Carroll R I, Beynon J H. Decarburisation and rolling contact fatigue of a rail steel. Wear, 2006, 260 (4-5): 523-537.

［96］ Lojkowski W, Millman Y, Chugunova S I, et al. The mechanical properties of the nanocrystalline layer on the
surface of railway tracks. Materials Science and Engineering A, 2001, 303 (1): 209-215.

［97］Pal S, Daniel W J T, Valente C H G, et al. Surface damage on new AS60 rail caused by wheel slip. Engineering Failure Analysis, 2012, 22(none): 152-165.

［98］Ivanisenko Y, Lojkowski W, Valiev R Z, et al. The mechanism of formation of nanostructure and dissolution of cementite in a pearlitic steel during high pressure torsion. Acta Materialia, 2003, 51(18): 5555-5570.

［99］曲敬信, 栾道成, 邵荷生. 滑动磨损表层"白层"组织的研究. 水利电力机械, 1992, (1): 27-30.

［100］Li Y J, Choi P, Borchers C, et al. Atomic-scale mechanisms of deformation-induced cementite decomposition in pearlite. Acta Materialia, 2011, 59(10): 3965-3977.

［101］Pal S, Daniel W J T, Farjoo M. Early stages of rail squat formation and the role of a white etching layer. International Journal of Fatigue, 2013, 52: 144-156.

［102］Daniel W J, Pal S, Farjoo M. Rail squats: Progress in understanding the Australian experience. Proceedings of the Institution of Mechanical Engineers, Part F: Journal of Rail and Rapid Transit, 2013, 227(5): 481-492.

［103］Pal S, Valente C, Daniel W, et al. Metallurgical and physical understanding of rail squat initiation and propagation. Wear, 2012, 284-285: 30-42.

［104］Carroll R, Beynon J H. Rolling contact fatigue of white etching layer: Part 1. crack morphology. Wear. 2007, 262(9): 1253-1266.

［105］Simon S, Saulot A, Dayot C, et al. Tribological characterization of rail squat defects. Wear, 2013, 297(1-2): 926-942.

［106］周琰. 高速轮轨材料滚动摩擦损伤及白层形成机理研究. 成都: 西南交通大学, 2017.

第 10 章　微动磨损理论及其应用

前面几章按不同的微动磨损运行模式，详细地阐述了各模式微动磨损的运行行为和损伤机理，并概括总结了摩擦学白层，尤其是微动白层的特征、形成机制和对磨损过程的影响。本章将在此基础上，全面概括总结微动磨损的理论，并以此为理论指导，建立抗微动磨损的防护准则，重点针对表面工程的防护方法，通过典型案例，给出定量评价方法，以达到指导工程实际中防护微动损伤的目的。

10.1　微动磨损理论综述

如图 1-25 所示，微动磨损的理论体系包括四种基本模式(切向、径向、扭动和转动微动磨损)和复合模式(双向复合、扭转复合、扭动+径向复合等)等不同形式的微动磨损。在前述几章详细介绍的基础上，微动磨损理论可概括如下。

(1)微动磨损的运行行为和损伤机理强烈地受法向载荷、位移幅值、接触副材料性质的影响，此外接触刚度、频率和运行环境等也对其有重要影响。

(2)所有微动循环中仅有 3 种类型的载荷-位移幅值曲线(部分滑移的直线型、椭圆型；完全滑移的平行四边形型)。

图 10-1 示出了四种基本模式微动磨损的载荷(或扭矩)-位移(或角位移)幅值曲线可能出现的形式。当载荷-位移幅值曲线为直线型时，接触区的微滑由接触副的弹性变形协调；而当相对位移增大，载荷-位移幅值曲线呈椭圆型时，表明接触界面发生了塑性变形，微滑由弹塑性变形协调。这两种情况下微动均处于部分滑移状态，即接触中心黏着，微滑发生在接触的边缘区，磨痕呈环状，中心区为无磨损区。而当位移幅值增加，微滑发生在整个接触区时，微动进入完全滑移状态，载荷-位移幅值曲线转变为平行四边形型，磨损发生在整个接触区，磨痕呈中间低的凹坑状。

(3)微动运行存在三个区域：部分滑移区(PSR)、滑移区(SR)和混合区(MFR，该区是裂纹产生的最危险区域，它必须在微动过程中有相对运动状态的改变)。

不同模式微动磨损均表现出相似的区域特性。通常把所有微动循环的载荷-位移幅值曲线均为平行四边形型的情况定义为微动磨损的滑移区，而把所有微动循环均为部分滑移状态的情况定义为微动磨损的部分滑移区。值得注意的是，在部分滑移区载荷-位移幅值曲线可以是椭圆型或直线型,也可以存在椭圆型与直线型之间的相互转化(图10-2)。在微动循环的演变过程中,会出现部分滑移状态到完全滑移状态的转变,也可以是完全滑移状态到部分滑移状态的转变,甚至是多

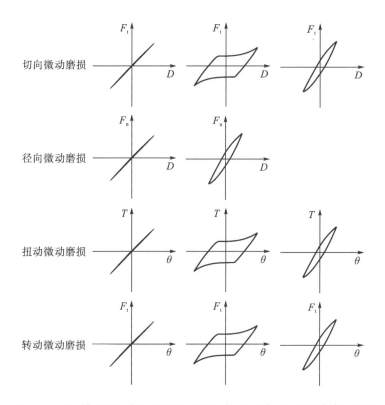

图 10-1   不同模式微动磨损的载荷(扭矩)-位移(角位移)幅值曲线示意图

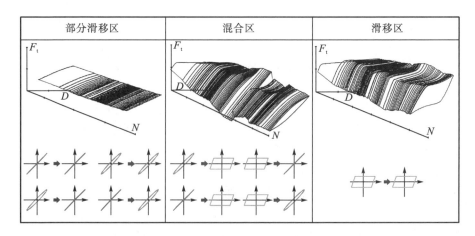

图 10-2   微动磨损三个运行区域的划分准则

次相互转化,把这种微动运行状态的工况定义为混合区。混合区判断的准则就是相对运动状态的改变,载荷-位移幅值曲线的演变如图 10-2 所示。在混合区,由于相对运动状态发生改变,往往对应着接触界面的强烈塑性变形、加工硬化和颗粒剥落等现象发生,裂纹萌生与扩展是其主要现象之一,被认为是三个运行区域中最危险的区域,也因此该区域对应着最短的服役寿命。

(4)可以用二类微动图(运行工况微动图(RCFM)和材料响应微动图(MRFM))来描述材料的微动特性,从而揭示接触界面损伤机理。

对于微动磨损,法向载荷和相对运动的位移幅值是两个最关键的运行参数,因此以位移幅值(或角位移幅值)和法向载荷分别为横坐标与纵坐标,可建立二类微动图(图 10-3),运行工况微动图用于描述不同微动运行区域特性,而材料响应微动图则用于表征损伤的特征。图 10-4 示出了 LZ50 钢在不同微动磨损模式下,二类微动图的对比,可见微动图并没有因微动模式的变化而发生本质上的改变。值得注意的是,对于转动微动磨损,有的材料(如 LZ50 钢)未能观察到混合区,而有的材料(如 7075 铝合金)则可观察到较窄的混合区。

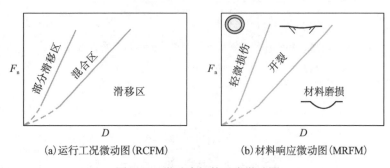

(a)运行工况微动图(RCFM)　　　　(b)材料响应微动图(MRFM)

图 10-3　微动磨损的二类微动图

	切向微动磨损	径向微动磨损	扭动微动磨损	转动微动磨损
运行工况微动图(RCFM)	法向载荷 PSR MFR SR 位移幅值	法向载荷 仅PSR 位移幅值	法向载荷 PSR MFR SR 角位移幅值	法向载荷 PSR SR 角位移幅值
材料响应微动图(MRFM)	法向载荷 轻微损伤 开裂 材料磨损 位移幅值	法向载荷 开裂+剥层 轻微剥层 位移幅值	法向载荷 轻微损伤 开裂 材料磨损 角位移幅值	法向载荷 轻微损伤 开裂 材料磨损 角位移幅值

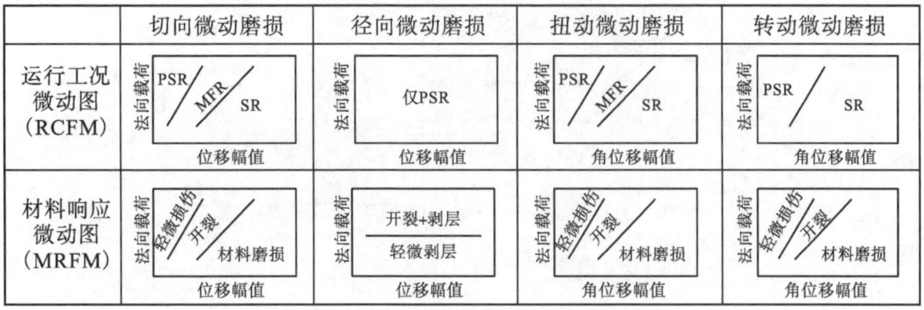

图 10-4　不同模式微动磨损的二类微动图对比(LZ50 钢)

(5)微动磨损过程中,通常最高的摩擦系数出现在混合区,这与摩擦界面的严重塑性变形有关。

如图 10-5 所示,LZ50 钢切向微动磨损在不同位移幅值条件下的摩擦系数演变曲线显示，在混合区表现出了最高的摩擦系数。在扭动微动磨损条件下，摩擦扭矩表现出与切向微动磨损条件下的摩擦系数相似的规律，即混合区的摩擦扭矩值最大（图 10-6）。

(6) 不同微动模式下微动磨损机制并没有大的差异，例如，对于车轴钢在滑移区，最终磨痕表现出的磨损机制主要为磨粒磨损、氧化磨损和疲劳磨损（剥层）。

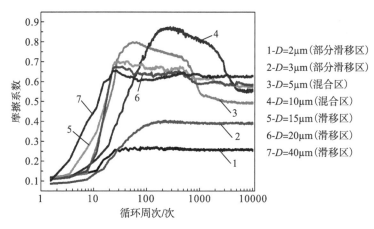

图 10-5   LZ50 钢切向微动磨损的摩擦系数曲线

(F_n=100N)

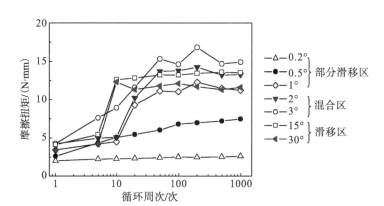

图 10-6   LZ50 钢扭动微动磨损的摩擦扭矩曲线

(F_n=100N)

改变微动模式，并不改变微动磨损的机制，以中碳钢为例（图 10-7），在试验结束的最终磨痕上都呈现出磨粒磨损、氧化磨损和疲劳磨损，其中剥层现象较为明显。在微动磨损的过程中，在摩擦系数迅速升高的阶段，实际上还发生黏着磨损，只是在磨屑层形成后，黏着现象消失。因此，微动磨损是集黏着磨损、磨粒磨损、疲劳磨损和腐蚀（氧化）磨损四种基本机制为一身的复杂磨损形式。

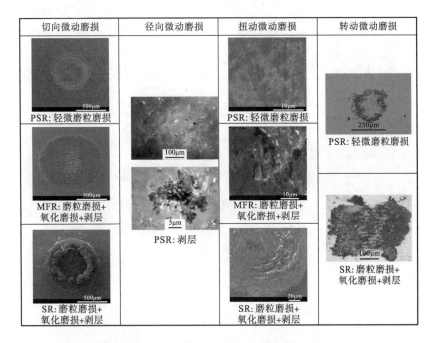

图 10-7　中碳钢不同微动模式下的微动磨损机制对比

　　如图 3-24 所示，切向微动磨损条件下，部分滑移区损伤轻微，剖面未见明显材料损伤（图 3-24(a)和(b)）；在混合区，裂纹扩展速率大于磨损速率，损伤主要表现为裂纹（图 3-24(c)和(d)）；而在滑移区，磨损速率高于裂纹扩展速率，微裂纹被磨损去除，损伤表现为磨损坑（图 3-24(e)和(f)）。

　　同样现象也出现在其他微动模式中，如在转动和扭动微动磨损条件下（图 10-8 和图 10-9），混合区主要表现为倾斜裂纹，而在滑移区，未见倾斜裂纹，可见材料呈片层状剥落。

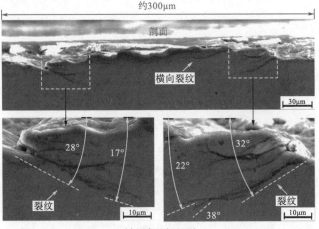

(a) 混合区(θ=0.5°)

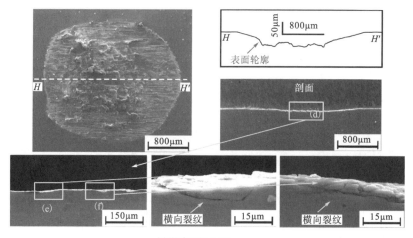

(b)滑移区($\theta=1.5°$)

图 10-8　7075 铝合金转动微动磨损混合区和滑移区剖面形貌

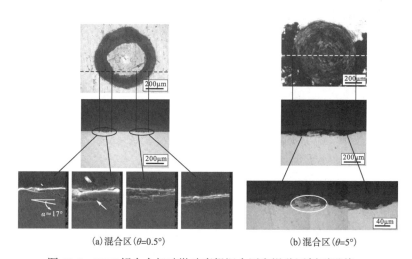

(a)混合区($\theta=0.5°$)　　　　　　　　(b)混合区($\theta=5°$)

图 10-9　7075 铝合金扭动微动磨损混合区和滑移区剖面形貌

　　(7)微动损伤(如氧化、白层等)的程度可以用参数 T 表征,即损伤与接触界面的切应力和相对位移成正比:

$$T = A \cdot \tau \cdot \delta \cdot \cos\theta \qquad (10\text{-}1)$$

其中,A 为材料和环境相关常数;τ 为接触表面切应力;δ 为接触表面相对位移;θ 为角度因子(对于复合微动磨损)。

　　如 9.3.6 节所述,白层的形成符合式(10-1),而其他微动损伤也有相似规律,这是因为 $\tau\delta$ 是能量的量纲,实际上反映的是接触界面材料损伤时所耗散的能量。图 10-10 示出了扭动微动磨损条件下,摩擦氧化随循环周次的演变,对于扭动微动磨损,其接触圆外圈的切应力和相对滑移量均大于内圈,因此摩擦氧化中间低

（甚至未氧化）而边缘高。

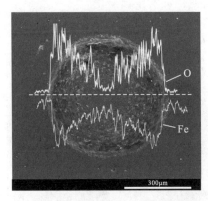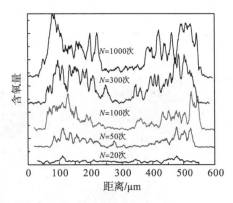

图 10-10　扭动微动磨损混合区摩擦氧化随循环周次的演变

（LZ50 钢，F_n=50N，θ=1.5°）

(8) 摩擦氧化在微动磨损接触界面扮演重要角色：氧化磨屑不易排出接触界面，有利于降低摩擦系数；摩擦氧化程度与环境中的相对湿度密切相关，湿度越大摩擦氧化越严重。

在微动磨损过程中，不管是在哪种模式、含氧气氛下，摩擦所形成的氧化磨屑不易从接触区排出，堆积的磨屑一方面充当了磨粒，另一方面参与承载，充当固体润滑剂，氧化磨屑在反复的挤压作用下碎化并形成致密的第三体层，进一步减少磨损。因此，在含氧气氛中，含氧量越高，氧化磨屑越容易产生，磨痕深度也越低。图 10-11 示出了 LZ50 钢在干氮气、实验室空气和干氧气气氛和不同角位

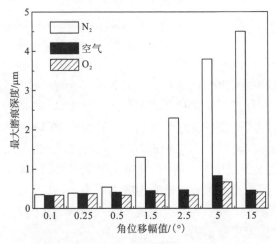

图 10-11　LZ50 钢在不同气氛条件和角位移幅值下的最大磨痕深度值

（F_n=50N）

移幅值下的扭动微动磨损最大磨痕深度对比，可见氧化磨屑大大有利于降低磨损量；图 10-12 所示的磨痕形貌随循环周次的演变也证实了该结论。

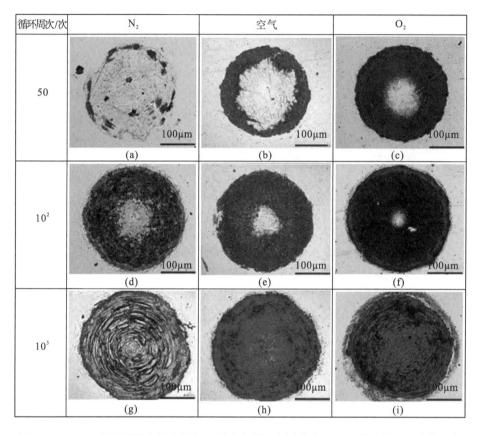

图 10-12　LZ50 钢在不同气氛中的扭动微动磨损混合区磨痕 OM 形貌随循环周次的演变

(F_n=50N，θ=1.5°)

对微动磨损过程的摩擦氧化进行 X 射线光电子能谱(XPS)分析，发现环境中的相对湿度在摩擦氧化过程中发挥了重要作用。用 XPS 对空气中的扭动微动磨痕进行表面分析，并与未磨损表面进行对照，结果如图 10-13 所示。可见，724.9eV 和 711.6eV 处的峰分别对应着 Fe_2O_3($Fe2p^{1/2}$) 和 Fe_2O_3($Fe2p^{3/2}$)，表明磨痕发生了明显的氧化。从 O1s 谱线也可以看出，530.4eV 处的峰代表铁的氧化物，而 OH^- 所对应的峰值则由原来的 531.9eV 转变为磨损后的 532.3eV，发生了 0.4eV 的化学位移。这可能意味着 531.9eV 处磨损前的表面吸附水，转变为 532.3eV 对应的氢氧化物，所发生的反应可表示为

$$4Fe+3O_2+6H_2O \longrightarrow 4Fe(OH)_3 \tag{10-2}$$

$$2Fe(OH)_3 \longrightarrow 3H_2O+Fe_2O_3 \tag{10-3}$$

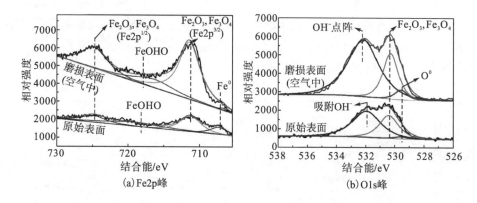

图 10-13 LZ50 钢扭动微动磨损滑移区磨痕表面的 XPS 谱图

上述转变是一种水合反应,是微动摩擦促进了该反应的进行。

微动磨损过程中的空气中的水分(相对湿度),促进了摩擦氧化过程。7075 铝合金扭动微动磨损的 XPS 分析显示,Al^{3+} 峰(未磨损时为 75.0eV)向高能量区发生了明显的化学位移,在 RH=10%、RH=60% 和 RH=90% 时分别对应着 75.2eV、75.4eV 和 75.5eV(图 10-14),说明摩擦界面可能发生了如下摩擦水合反应:

$$2Al+6H_2O \longrightarrow 2Al(OH)_3+3H_2 \tag{10-4}$$

$$2Al(OH)_3 \longrightarrow Al_2O_3+3H_2O \tag{10-5}$$

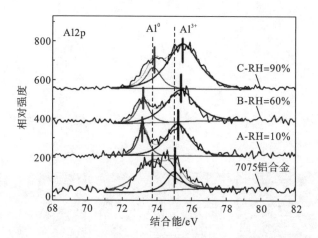

图 10-14 磨痕及原始表面的 XPS 谱

($F_n=50N$, $\theta=1.5°$)

图 10-15 示出,随相对湿度增加,扭动微动磨损界面的摩擦扭矩明显降低,这一方面可能是高湿度下接触界面间吸附的水分子起到润滑减摩作用;另一方面更重要的是,高湿度带来更多的摩擦氧化形成的磨屑,起到了减摩作用。

图 10-16 显示相对湿度提高降低了磨痕的尺寸，降低了磨损。同时，高湿度下相对滑移更容易发生，导致运行工况微动图的混合区和滑移区发生左移，即向小角位移幅值方向移动(图 10-17)。

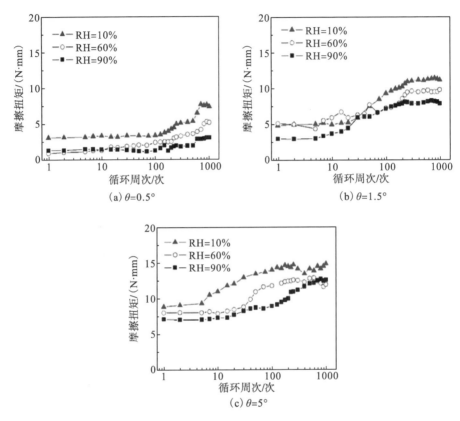

(a) $\theta=0.5°$　　　　　　　　　　(b) $\theta=1.5°$

(c) $\theta=5°$

图 10-15　7075 铝合金在不同相对湿度及角位移幅值下的摩擦扭矩曲线

(F_n=50N)

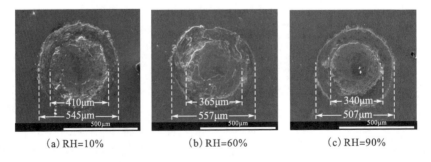

(a) RH=10%　　　　(b) RH=60%　　　　(c) RH=90%

图 10-16　7075 铝合金在不同相对湿度下的磨痕尺寸

(F_n=50N，　θ=0.75°)

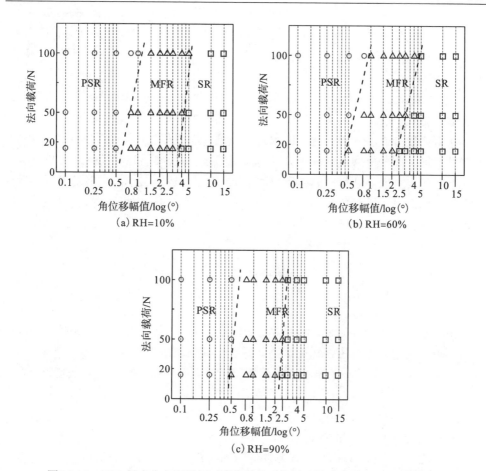

图 10-17　7075 铝合金在不同相对湿度条件下的扭动微动磨损运行工况微动图

(9)对于复合微动磨损，随着微动磨损的进行，不同微动分量会发生改变：双向复合微动磨损中，逐渐转向以径向分量为主；扭转复合微动磨损中，逐渐转向以扭动分量为主。

复合微动磨损的磨痕均出现明显的非对称性，随着磨损进程的进行，由于接触应力和损伤的非对称性，材料响应也呈现非对称性特征，随着塑性变形和损伤的累积，微动控制分量发生改变，并进一步促进这种非对称特性的发展，对于双向复合微动磨损，微动逐渐转变为以径向微动分量为主的特征(图 7-40)，而对于扭转复合微动磨损，微动逐渐转变为以扭转微动分量为主的特征(图 8-31)。

(10)不同模式的微动磨损也表现出各自特有的特征。

①径向微动磨损：微滑只发生在不同材料的接触副之间；由于接触面始终保持不分离，所有微动循环均运行于部分滑移区；当法向载荷达到某一临界值之上时，径向微动磨损的裂纹区才出现(图 10-4)。

②扭动微动磨损：其混合区的判断除根据载荷-位移幅值曲线演变外，还需考虑损伤形貌的演变，这是由于在接触圆的半径方向，相对位移(微滑)量随半径的增大而增大。

③转动微动磨损：相对于其他微动模式，转动微动磨损的混合区不易观察到；随着磨损进程发展，由于塑性流动的累积，接触中心呈现隆起现象。

④双向复合微动磨损：随着磨损进程发展，在其损伤的不同阶段可呈现不同的区域特征，即一个磨损进程中分别呈现滑移区、混合区和部分滑移区的特征。

⑤扭转复合微动磨损：扭转复合微动磨损可以形成两类不同类型的局部隆起，第 I 类隆起的形成机制主要为磨屑堆积，第 II 类隆起的形成机制主要是塑性流动的累积；疲劳裂纹的形成与接触区局部隆起密切相关。

10.2 微动磨损的防护准则

工业微动现象十分复杂，影响微动的因素很多[1]，除受微动运行参数影响外，还与环境、应用要求等密切相关，因此减缓微动损伤的方法很多，但有的甚至相互矛盾。半个多世纪前，Campbell[2]就提出了减轻工业微动损伤的 6 条建议：

(1)减轻振动；

(2)增加法向载荷；

(3)增加微动表面间的摩擦；

(4)在接触表面间黏接有更好弹性性能的材料；

(5)用液体润滑剂隔绝接触区的氧；

(6)用固体润滑剂将接触表面分开。

基于对微动磨损和微动疲劳损伤机理的一些基本认识，一些研究者提出了不同的减缓措施[1, 3-8]，其中 Fu 等[8]总结了三类措施。

(1)改变结构设计：通过优化设计，改变部件的几何结构或接触副材料，可抑制微动的发生。

(2)使用润滑剂：用适当的润滑剂(润滑油、润滑脂和固体润滑剂)可以减轻微动。

(3)应用表面工程：因为微动与磨损、腐蚀和疲劳等因素有关，所以可以应用表面处理和涂层来减轻微动损伤。有报道表明，一些涂层可使微动磨损的体积磨损量减小因子达 100，或使微动疲劳寿命增加因子达 10 或以上[9, 10]。

防止微动损伤的最简单方法就是消除振动源，但在工业实际中是不可能的。由于微动问题的复杂性，需要具体问题具体分析，作者根据 10.1 节微动磨损理论的总结，提出了如下微动磨损的防护准则。

10.2.1 消除滑移区和混合区

由二类微动图可知,材料磨损与裂纹形成主要发生在滑移区和混合区,而部分滑移区的损伤较轻微。因此,首先应考虑将接触界面间的相对运动幅度降低,使微动尽量运行于部分滑移状态。根据运行工况微动图的影响因素,具体办法主要有以下三种。

1.增加法向压力

在给定位移幅值的条件下,法向压力增加,微动区域从滑移区、混合区向部分滑移区转化,从而可达到减缓微动损伤的目的。因此,在许多应用如螺栓紧固、缆索的夹紧机构或过盈紧配合面中,增加预紧力或过盈程度常常可以减小微动损伤。但增加法向压力应以机构所承受的强度为限,因为法向压力增加,意味着局部接触应力加大,也就意味着增大了疲劳的倾向,即增加了裂纹萌生和扩展的概率,尤其在微动疲劳条件下,更是加大了裂纹萌生和扩展的危险性。因此,我们不能以降低构件的疲劳寿命为代价减轻或消除接触表面的磨损。

2.降低切向刚度

在位移幅值一定的情况下,增加接触表面的柔度意味着接触表面处的弹性变形承受能力增强,部分甚至全部微动振幅可被接触区的弹性变形吸收,使得微动处于弹性调节状态,即运行于部分滑移区。在实际工作中,接触配合处插入一个比母体软的夹层,如橡胶垫片就能有效地降低相对滑移,减轻微动破坏。打一个比较形象的比喻,光脚穿新鞋,容易磨破脚(打起"疱"),但一旦穿上袜子,就可以有效防护脚,这里袜子起到的作用就是降低了接触刚度。当然,夹层的强度和寿命是受制约的因素之一,而且配合面处是否允许使用垫片也要根据具体情况而定。

3.改变结构设计

结构设计的简单改变,有时能收到意想不到的微动损伤防护效果[11],因为结构设计改变,同时也改变了接触面处的压力分布、几何接触模式或接触刚度,从而改变了微动运行区域,有利于使相对运动处于部分滑移区。

这里有几个典型的案例:机械加工过程中切削力的振动使刀具夹持器产生微动,但缩短夹持器和增加直径可增加其刚度,减小了因偏斜变形产生的微动[12];针对火车轮轴配合的微动疲劳,日本新干线高速列车采取了使轮轴内轮毂端呈悬臂状安装(图 10-18)的方法，减少了相对滑移量，使裂纹数量大大减少，减轻了损伤[13, 14]；在法国，采取加大轮座与平行部台阶的直径差的做法，使压配端的应力集中有所减轻，但是这样圆角处的应力增大[15]。此外，改变缆索内部的几何结构、夹紧方式、槽头的几何尺寸，都可以不同程度地提高抗微动损伤的能力。

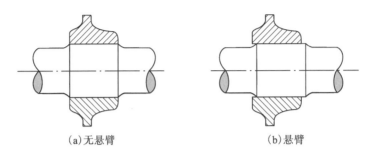

(a)无悬臂   (b)悬臂

图 10-18 轮轴配合内轮毂端呈悬臂状安装示意图[14]

对微动接触区进行结构参数优化，可按式(10-1)进行，最小的 $\tau \cdot \delta$ 可取得最好的防护效果。但是，改变结构设计也可能带来其他一系列问题，如改变生产线、增加成本、增加设备投入等，因此未必是可行的方案。

10.2.2 增加接触表面强度

表面工程是固体材料经表面预处理后，利用各种物理、化学或机械的工艺过程，通过表面涂覆、表面改性或多种表面技术复合处理，改变固体材料的表面形态、化学成分、组织结构和应力状态，使表面获得特殊的材料成分、组织结构和表面性能(物理性能、化学性能、力学性能、摩擦学性能、耐腐蚀性能或装饰性能等)，以提高产品质量的系统工程[16]。

通过各种表面工程技术，可提高材料表面强度，达到耐磨和抗疲劳的效果。大量研究证明，大部分表面改性技术对运行于部分滑移区和混合区的微动非常有效，极大地提高了抗微动疲劳裂纹的能力。但是，对于处于滑移区的微动，经过一定的微动循环次数后，表面改性层由于磨损通常遭到破坏，从而失去保护作用。表面处理层的寿命与其厚度和接触工况有很大关系，例如，当最大接触应力深度与表面改性层或涂层厚度相当时，裂纹易在界面区形成，导致表面处理的效果早期丧失。

10.2.3 降低摩擦系数

减缓微动损伤的另一个有效措施就是降低摩擦系数(即摩擦力或摩擦力矩)。而降低摩擦系数最基本的方法是通过润滑来实现的。从物理状态分，润滑剂有固体(聚合物薄膜夹层、石墨、二硫化钼等)、半固体(如各种润滑脂)和液体(如润滑油、乳化液、水等)三类，微动破坏的减缓程度主要取决于润滑介质在接触表面处的耐久性。一般固体薄夹层很容易在交变摩擦力作用下遭到剪切破坏；而对于半固体和液体润滑剂，由于微动不同于常见的滑动和滚动摩擦，其相对滑移速度极低(例如，位移幅值为 50μm，频率为 10Hz 的微动，其滑动速度仅 1mm/s)，而且具有高接触压力，很难形成有效的动力润滑[17-20]。相反，微动摩擦具有自我清洗作用，可以很快清除边界润滑膜。因此，除非保障润滑介质能连续不断地进入接触区，否则微动状况下的润滑只能减缓却不能消除或有效防护微动损伤。微动试验研究表明，在润滑条件下，微动的初期摩擦系数很低，通常小于 0.1，但经过一定循环次数后，摩擦系数上升，其变化与干态情况相似[18-21]。在混合区或靠近混合区边缘的部分滑移区，由于微裂纹的存在，流体性质的润滑剂可能会被挤入裂尖，从而促进裂纹的扩展，此时润滑起到了有害的作用。

当然降低摩擦系数，不仅仅只有润滑的方法。通常，一些表面处理，尤其是润滑涂层处理，可以使材料表面的摩擦系数降低，其中的机理往往随表面处理技术的不同而不同。大量研究经验表明，固体润滑涂层是抗微动磨损较常用的重要手段之一。

10.2.4　材料的选用和匹配

接触副材料的合理选择与匹配对减缓微动损伤有重要作用。在能满足结构强度的条件下，选择柔性较好、变形量大的材料能有效吸收相对滑动[22]，从而减轻表面损伤；选择硬度大、疲劳强度高的材料能有效地减轻微动的磨损及抑制裂纹的萌生和扩展；另外，经过材料的合理选配，利用微动初期产生的少量第三体进行自润滑也可达到减缓材料进一步损伤的目的[23]。

虽然很多抗磨损和疲劳的新材料不断涌现，但工业中的一些接触副材料往往因在物理、化学等特性方面的要求，而不可随意替代，例如，电缆由于导电要求和经济性的考虑需使用强度较低的纯铝，核反应堆的部件需要有良好的抗辐照损伤能力。另外，材料的更换虽然使抗微动损伤的能力提高了，但可能使其他的使用性能无法满足。

由于表面工程的一个优点是可以在基体材料上构建一层特殊材料，因此表面工程可以用来实现接触副之间的合理材料匹配。

以上 4 方面的减缓措施中，不论是降低切向刚度、增加接触表面强度、降低摩擦系数，还是提供特殊的匹配材料，都可与现代表面工程技术有机结合在一起。目前，关于各种表面工程技术抗微动磨损、微动疲劳和微动腐蚀的研究十分活跃，近十年来发展迅速，并带来巨大的经济效益，越来越受到各方的重视。另外，一个鲜明的特点是，随着表面处理技术的不断创新，微动摩擦学的表面工程研究也不断地推陈出新。因此，对发生微动损伤的摩擦副进行表面工程设计，可以实现对微动损伤的有效减轻和防护。

10.3　抗微动磨损的表面工程设计方法及范例

表面工程技术对减缓微动损伤非常有效，但表面工程技术种类繁多，而且在微动摩擦条件下的损伤机理也有很大差异，再加之实际的微动现象复杂，这使得如何有效利用表面工程来减缓微动损伤成为一个较复杂的系统工程。这需要：一方面对表面改性和涂层的微动行为和损伤机理有系统认识；另一方面以开放的心态面对大量新技术的不断涌现，做到有效、经济的方案选择。

10.3.1　表面工程设计方法

表面工程的应用越来越广泛，由于表面性能的先进性和技术的复杂性不断提高，因此需要正确应用系统工程的方法来研究表面工程问题[16, 24]。为了更有效地发挥表面工程技术的应用效果，在确定采用某种技术之前，需要进行系统的表面工程设计[16]，其主要过程包括以下 5 步(图 10-19)。

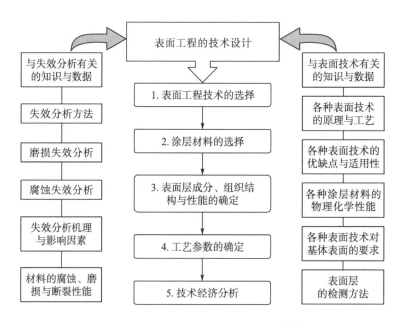

图 10-19　表面工程设计的技术体系[16]

（1）表面工程技术的选择：首先要考虑所需要的和所能够获得的表面性能，还需考虑如何精确控制表面性能以及工艺过程的成本等。

（2）涂层材料的选择：选择耐磨、减摩、耐蚀、防滑、减振、耐高温、抗氧化等材料，以及多种材料的匹配。

（3）表面层成分、组织结构与性能的确定：为获得所需要的表面性能必须通过表面层的组织结构、应力状态来实现，对多层涂层还需要考虑膜层总厚度、层数、每层的材料和厚度及各层的匹配等。

（4）工艺参数的确定：确定形成膜层的工艺方法、工艺参数和工艺规程等，同时也要考虑辅具、夹具、量具、控制台和工程车等工装设计。

（5）技术经济分析：估计表面处理和改性层的自然寿命、使用寿命、技术寿命、经济寿命、费效比等。

实际中，表面工程技术和表面层的选择受大量因素控制，如基体材料、沉积速率、工件几何形状、工作温度、涂层厚度、结合强度和费用等。图 10-19 所示的表面工程设计技术体系是在现有经验基础上初步建立起来的，尚难预先准确确定表面体系是否具有最佳的经济可行性和技术性能，往往需要大量试验予以验证。如 10.2 节所述，从表面工程防护的角度来减缓微动损伤，可以考虑从图 10-20 所示的原理入手，其中最核心的方法是改变微动运行区域。

图 10-20　表面工程抗微动损伤的原理示意图

Fu 等[8]提出选择减缓微动损伤的表面处理方法，应遵循以下 3 个步骤。

第一步，进行全面的材料和力学分析，确定损伤的形式（即确定是滑动磨损、微动磨损还是微动疲劳），同时确定服役条件和工作环境；然后通过试验模拟建立运行工况微动图和材料响应微动图，确定微动的模式（微动磨损或微动疲劳）。

第二步，可根据表 10-1 和表 10-2 提供的典型表面处理方法的主要特征和抗微动损伤的作用机制，选择合适的表面处理方法。

第三步，为证明涂层的有效性，需进行质量控制（如涂层的基本物理、力学性能、微动磨损性能、厚度、结合力、显微硬度、弹性模量、屈服强度、断裂韧性等)试验。

表 10-1 典型表面工程技术的主要特征对比[24]

	物理气相沉积	化学气相沉积	等离子增强化学气相沉积	离子注入	溶胶-凝胶	电镀	激光处理	热喷涂	堆焊
沉积速率/(kg/h)	<0.2	<1	<0.5	—	0.1~0.5	0.1~0.5	0.1~1	0.1~10	3~50
零件尺寸	受工作室限制	受工作室限制	受工作室限制	受工作室限制	受溶液池限制	受溶液池限制	无限制	无限制	无限制
基体材料	选择范围宽	受沉积温度限制	有限制	有限制	选择范围宽	有限制	选择范围宽	选择范围宽	多数为钢
预处理	机械/化学+离子注入	机械/化学+离子注入	机械/化学	化学+离子注入	喷砂/化学清洗	化学清洗/刻蚀	机械/化学清洗	机械/化学清洗	机械/化学清洗
后处理	无	调整基体应力/力学性能	无	无	高温煅烧	热处理	调整基体应力	调整基体应力	无
控制沉积厚度	好	中等/好	中等/好	好	中等/好	中等/好	中等/好	手工(变化大);自动(好)	差
涂层均匀性	好	很好	好	视线加工	中等/好	中等/好	中等	变化大	变化大
涂层结合机制	原子结合	原子结合+扩散	原子结合+扩散	整体结合	表面力	机械/化学	冶金结合	机械/化学	冶金结合
基体变形	低	高	低/中等	低	低	低	低/中等	低/中等	高

表 10-2 典型表面工程技术抗微动损伤的作用机制[8]

表面技术	降低摩擦系数	引入残余压应力	增加表面硬度	增加表面粗糙度	耐久力或结合强度	经济性	减轻微动磨损	减轻微动疲劳
渗碳	√	√	√	D	√√	√	√	√
氮化	√	√√	√√	D	√√	√	√	√
电镀(Cr、Ni 等)	D	××	√	D	×	√	√	××
阳极硬化处理	D	×	√	D	√	√	√	××
喷丸	×	√	√	√√	—	√√	√√	√√
等离子喷涂	D	D	D	√	××	√	D	D
固体润滑涂层	√√	D	D	×	D	D*	√	√
离子注入	√	√	√	D	√	×××	√	√
离子束辅助沉积硬膜	√	√	√	××	√	××	√	√√
物理气相沉积和化学气相沉积硬涂层	√	D	√	√	√	√	√	√
激光合金化或激光涂覆	D	×	√	√	√√	√	√	D

注:D-依赖试验条件;×-坏作用;√-好作用。

*:文献[8]中为"×"。

通常针对磨损和腐蚀等表面损伤，从失效分析的角度需要按图 10-21 所示的步骤分析和解决问题。

图 10-21　表面工程设计应遵循的流程

10.3.2　实际问题的分析方法

这里有一个铁道机车柴油机中连杆与连杆盖齿形配合面的齿根裂纹问题，是一个典型微动损伤失效的案例。根据微动图理论，结合失效分析和表面工程设计的方法，我们有如下解决问题的思路。

(1) 资料收集和现场调查：进行相关文献研究；进行现场调查，收集损伤部件的设计资料、图纸、运行(使用)资料等相关信息，掌握损伤部件的接触特征、载荷特征、振动来源、频率等服役状况以及工作环境、温度、流体介质等工况条件；同时，切取典型失效部件损伤部位，为下一步的分析做准备。

(2) 受力/动力学分析：分析失效部件的受力状况，尤其需进行动力学分析，掌握接触区的载荷动态变化过程。

(3) 接触应力和相对位移分析：在受力和动力学分析的基础上，通过有限元计算，获得紧配合面的接触应力，并进一步计算紧配合面的微动位移振幅，为试验研究提供必要的参数。

(4) 失效方式分析：在力学分析的同时，对现场所采样品进行宏观和微观解剖与分析，掌握表面磨损和疲劳裂纹(包括裂纹的起源地和扩展方式等)等损伤特征；进行失效部件材料的基本分析(包括组织结构、力学性能检测)和摩擦学性能测试(包括常规摩擦学性能测试、微动磨损和微动疲劳试验)；然后结合接触力学分析的结果，通过试验模拟，最终确定失效的方式和主要控制参数。

(5) 表面工程设计：考虑部件的加工工艺性和制造成本(技术经济性)，根据失效分析结果和抗微动损伤的原理，按图 10-19 所示的步骤进行表面工程设计(主要内容包括表面处理方法的选择、涂层材料的选择、表面处理工艺的筛选与优化等)，获得最佳的表面处理工艺。

(6)现场实际考核：表面工程技术要成功应用到实际部件上必须进行现场实际考察验证。

10.3.3 连杆与连杆盖齿形配合面损伤机理分析（案例失效分析）

随着我国铁路运输事业的发展，对铁道机车的安全和可靠性要求越来越高，尤其对关键零部件的强度、疲劳性能、磨损性能等指标的要求也显著提高。连杆是内燃机车柴油机的关键部件，它将活塞的往复直线运动转变成曲轴的回转运动，连杆的抗疲劳性能和使用寿命对机车安全运行和可靠性极为重要。

我国铁道内燃机车 240 型和 280 型柴油机的连杆与连杆盖采用齿形配合再加螺栓紧固联接，在运行过程中紧配合面承受交变的疲劳载荷，其大小和方向随曲轴转角的变化而变化。图 10-22 示出了 16V280ZJ 型柴油机(16 缸，活塞直径为280mm，额定功率为3675kW，额定转速为1000r/min)连杆及其齿形配合面 O^{I}—O^{II}，该配合面用 4 根螺栓预紧(总预紧力为 3.12×10^5N)，齿形配合面承受往复惯性力在切口方向的分力和实现连杆与连杆盖的准确定位。

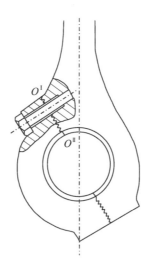

图 10-22　连杆与连杆盖齿形配合结构示意图

(O^{I}—O^{II}为配合面)

一直以来，连杆大端短叉处切口与连杆盖的齿形配合面间发生严重损伤，导致构件早期失效，是严重危及行车安全的隐患，也导致产生了大量维修费用。不同型号柴油机连杆大端短叉处配合齿面经常发生严重损伤，大约 50% 的连杆故障出自配合齿面裂纹的产生，导致构件过早报废。长期以来，不少科技人员对此付出了不少努力，包括改变齿的几何形状、齿面的表面处理等，但往往顾此失彼，收效甚微，例如，配合面采取平切口后，必须加大螺栓预紧力，造成螺栓寿命降低。问题未解决的原因在于没有从根本上正确认识连杆齿形配合面的损伤机理，自然也就很难提出合适的解决措施。实际上，连杆齿形配合面的裂纹形成是紧配合面微动疲劳损伤的结果，此前的研究忽视了这点。

1.动力学分析

在柴油机工作循环内，连杆大部分时间受到压缩，由于柴油机的爆发压力高达 13.7MPa，连杆必然受到很大的压缩载荷；同时，排气上止点附近作用在连杆上的惯性力大于气体压力，故连杆在一段时间内受到较大的拉伸载荷；另外，连杆在摆动平面内还受到摆动的惯性力矩作用。因此，在一个工作循环内，连杆所受作用力大小和方向不断变化。

对连杆大端短叉 O^{I}—O^{II} 配合面(图 10-23)进行分析，按工程上的一般假定进行连杆动力学分析计算，连杆盖惯性力相对较小，将其忽略，连杆齿形配合面沿 O^{I}—O^{II} 的水平方向(x 向)和法线方向(y 向)的作用力在一个工作循环内随曲轴转角 α 的变化用图 10-23 表示。可以发现，O^{I}—O^{II} 配合面在一个工作循环内，大部分时间承受连杆由于螺栓预紧力带来的恒值压力，同时切向力为零；只有曲轴转角在 300°～460° 变化范围内时，配合面承受的切向力和法向压力出现波动，其幅值分别为 $7×10^4$N 和 $2.5×10^5$N。

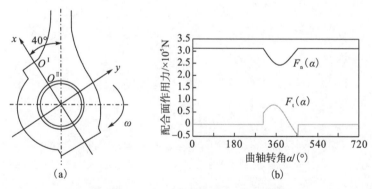

图 10-23　O^{I}—O^{II} 配合面作用力波动图

($F_{\mathrm{n}}(\alpha)$ 为 O^{I}—O^{II} 配合面法向压力；$F_{\mathrm{t}}(\alpha)$ 为 O^{I}—O^{II} 配合面切向力)

2.接触力学分析

鉴于连杆与连杆盖的接触区域形状基本固定，连杆与连杆盖间的作用力位于同一平面内，同时，所分析的单元相对于接触区域非常小，因此，我们按平面问题采用接触单元方法[25]来进行接触应力和相对位移的计算。

连杆与连杆盖借助于螺栓紧固联接，导致齿面螺栓孔附近区域所受应力相对较高。当连杆受到爆发气体压力和惯性力共同作用时，接触区域受不均匀应力作用。齿形配合面在实际工况下，承受变化幅度较大的外加交变载荷。接触力学分析结果表明，O^{I}—O^{II}配合面切向力 $F_t(\alpha)$ 按图 10-23 所示曲线变化，在一个工作循环内，由靠外侧第二齿在两个不同曲轴转角时的齿面应力分布可知，当 $\alpha=90°$ 和 275° 时，配合齿面 S_1 间相互作用力大小以及作用时间均高于配合齿面 S_2（与 S_1 面对应的齿面是正齿面，对应于 S_2 面则为背齿面），如图 10-24 所示；其他曲轴转角下也有类似结果。

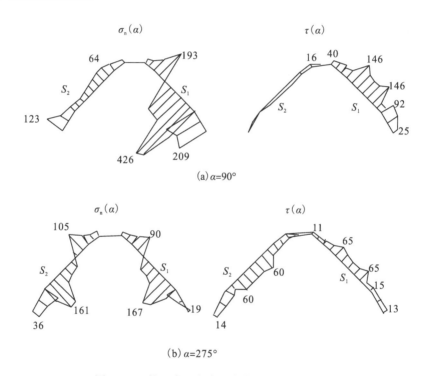

(a) $\alpha=90°$

(b) $\alpha=275°$

图 10-24   第二齿配合齿面应力图（单位：MPa）

上述研究发现，在一定作用力下，连杆齿面接触区域受不均匀应力作用，接触区中间正应力显著高于接触边缘，明显存在一个峰值，而对应的切应力低于接触边缘，类似于球/平面接触模型的 Hertz 应力分布。图 10-25 示出了连杆与连杆盖啮合齿一侧配合面上的正应力峰值点在齿面上的位置，图中所示的Ⅰ点、Ⅱ点、Ⅲ点、Ⅳ点、Ⅴ点、Ⅵ点成为相应啮合齿在其接触区域的应力峰值点。

齿面应力分析表明，在整个工作循环内，各峰值点的正应力和切应力随连杆的摆动做周期性变化。在一个工作循环中，Ⅰ点正应力峰值在所有配合区域中最

大，其值为 446MPa，最大切应力为 152MPa，其随曲轴转角的变化关系如图 10-26
所示，其他各点也得到类似的应力变化趋势。在一个工作循环内各点的应力变化
幅度见表 10-3。

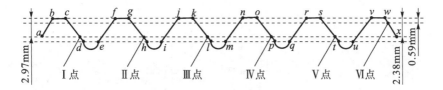

图 10-25　配合齿面应力峰值点位置示意图

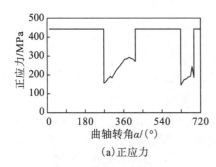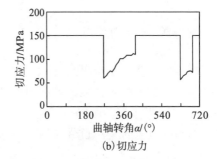

| (a)正应力 | (b)切应力 |

图 10-26　配合齿面 I 点应力变化规律

从表 10-3 可以看出，VI点(位于距离轴承最近的一个齿面上)的应力波动幅度
最大。选择这一点在一个工作循环内的两种极端情况，即 $\alpha=355°$ 和 633° 这两个
位置，$\Delta\sigma$ 和 $\Delta\tau$ 达到最大值。对图 10-25 所示的 a—b 接触区、c—d 接触区、…、
w—x 接触区表面间的相对微滑位移幅值进行了分析。图 10-27 示出了在一个工作
循环内，所有接触区表面间相对微滑位移幅值的变化情况，结果表明，连杆盖和
连杆齿面接触区相对微滑位移幅值在各啮合齿面不尽相同，甚至同一齿的两侧也
有差异，因此导致接触齿面的正齿面与背齿面损伤程度不同，相对微滑位移幅值
的最大值出现在图 10-27 所示的 v 点，其大小为 22μm(即 $D=\pm11\mu m$)。

表 10-3　各点的应力变化幅度(单位：MPa)

	I点	II点	III点	IV点	V点	VI点
$\Delta\sigma_n$	300	259	230	260	262.5	333.8
$\Delta\tau$	100	87.4	78.7	86	104	118

注：$\Delta\sigma_n=\sigma_{nmax}-\sigma_{nmin}$，$\sigma$ 表示正应力；$\Delta\tau=\tau_{max}-\tau_{min}$，$\tau$ 表示切应力。

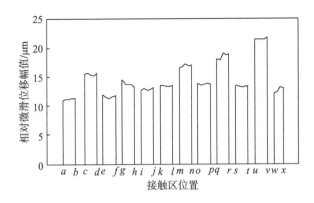

图 10-27　接触区齿面相对微滑位移幅值的变化

3.齿形配合面损伤分析

连杆构件在实际工况下运行 60 万 km 后,用线切割机切取连杆大端短叉处齿形配合部位。首先将齿面用汽油初步清洗,接着分别用酒精和丙酮进行超声波清洗各 5min,采用体视显微镜对试样表面磨损形貌进行宏观分析;然后将试件沿齿形法线方向剖分为若干小试件,树脂镶嵌之后,进行机械研磨抛光,用 3%(体积浓度)硝酸酒精溶液对剖面进行浸蚀;最后在光学显微镜下进行剖面裂纹观察。

齿面磨损形貌如图 10-28 所示。可以观察到,所有啮合齿面靠外侧第二、第三齿损伤相对严重,不少齿面出现了不同程度的疲劳裂纹,并且均发生在包含第二、第三齿在内的邻近区域。另外,在正齿面(图 10-28 中 S_1)上发现有明显的塑性变形,表面有较大尺寸的块状颗粒剥落,齿面呈现出严重的凹凸不平,齿面相互接触区域越接近齿根面,损伤程度越严重,凹坑越深,损伤面积越大;与该齿面相对应的背齿面(图 10-28 中 S_2)接触区域保持光滑平整,没有明显的凹坑和颗粒剥落,齿面损伤轻微。对齿形剖面进行观察,如图 10-29 所示,发现因接触齿面受螺栓预紧力、爆发压力和惯性力的共同作用,局部齿面产生严重塑性变形,

图 10-28　配合齿面磨损光学显微镜形貌

S_1-正齿面;S_2-背齿面

接触齿根顶端出现明显的台阶，疲劳裂纹往往存在于齿面严重磨损区域，图 10-29 中的裂纹萌生于正齿面接近齿根一侧，距离接触区边缘 0.29mm 处，其扩展方向大致与齿面微滑方向垂直。

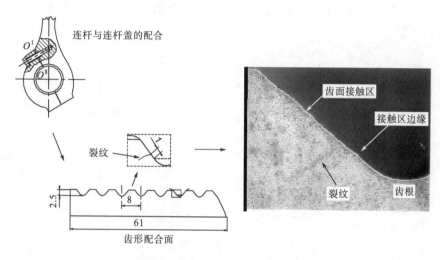

图 10-29　配合齿面裂纹形貌及位置(单位：mm)

对 16V280ZJ 型柴油机连杆与连杆盖的齿形紧配合面的失效分析表明：正齿面发生明显的局部塑变、擦伤、磨损及裂纹的萌生和扩展，其损伤表现为典型的微动疲劳。由于所受载荷在切向和法向均交替变化，因此其发生的是一种复合模式的微动疲劳。

4.微动磨损试验研究

柴油机连杆构件的材料为 42CrMo 合金结构钢，其化学成分主要为：0.38%～0.45%C、0.17%～0.37%Si、0.50%～0.80%Mn、≤0.035%P、≤0.035%S、0.15%～0.25%Mo 和 0.9%～1.2%Cr。其热处理工艺为调质，主要力学性能为：拉伸强度 1080MPa、屈服极限 930MPa 和延伸率 12%，调质硬度不小于 320HB。为了了解该钢的微动损伤特性，对其进行了微动磨损试验，采用球/平面接触方式，球试样为直径 40mm 的 GCr15 轴承钢钢球，平面试样为 10mm×10mm×20mm(长×宽×高)的调质 42CrMo 钢，微动试验参数主要为：法向载荷 F_n=200N、400N 和 600N，位移幅值 D=±(2～40)μm，频率 f=10Hz。

对 42CrMo 钢在不同法向载荷和位移幅值条件下进行了大量微动磨损试验，根据微动运行的特性曲线，建立了 42CrMo 钢的运行工况微动图，如图 10-30 所示。可见，随位移幅值的增加，微动分别处于部分滑移区、混合区和滑移区 3 个微动区域，增加法向载荷，微动区域向部分滑移区移动。42CrMo 钢处于部分滑移区时,微动损伤较轻微,接触中心黏着,微滑发生在接触边缘;当法向载荷一定、位移幅值较大时,微动处于滑移区,相对滑移发生在整个接触区,损伤主要表现为材料剥落导致的磨损;介于部分滑移区和滑移区之间时,微动运行于混合区,损伤主要表现为表面磨损和微动疲劳裂纹的形成与扩展(裂纹向基体内扩展),损伤较严重。

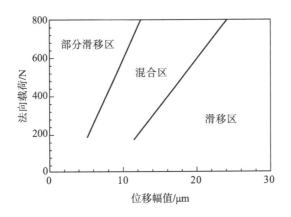

图 10-30 42CrMo 钢运行工况微动图

接触力学分析获得的最大相对位移约为 22μm,相当于微动位移幅值为 11μm,该位移正好处于 42CrMo 钢运行工况微动图混合区位置(图 10-30)。实验室模拟试验和实际工况的一个重要的差别是系统刚度不同,因此各自微动产生的相对位移不一定相同。虽然接触力学计算的结果与试验模拟的混合区重合,并不能断定实际的微动就运行于混合区,但从微观损伤的形态来看,图 10-29 所示的裂纹形态是一种典型的混合区特征,由此我们推断实际工况的微动运行于混合区,也就是微动裂纹最容易形成和扩展的区域。

10.3.4 连杆齿形配合面表面工程设计

1.表面处理方法的确定

连杆齿形配合面的裂纹形成是微动疲劳的结果,为保护配合表面,减缓微动损伤,可考虑从 10.2 节列举的 4 方面的措施(即消除滑移区和混合区、增加接触表面强度、降低摩擦系数、适当的选材与材料匹配)入手。

改变接触区的法向压力,即改变紧固螺栓预紧力,可以改变微动运行的区域,但是这种方法不宜采用,因为增大螺栓预紧力势必增大螺栓的疲劳应力,增大螺栓疲劳失效的概率。改变配合结构,虽然是一条途径,但其后续会带来许多问题,如生产线的改变、成本的大幅增加，甚至会影响整个柴油机的结构，在这方面一些研究已做过尝试，效果甚微，因此不是首选的措施。改变材质和材料匹配，一方面，对连杆的制造工艺改变过大，对制造成本有影响；另一方面，强度上的要求不一定就能达到，所以也不能考虑。综合来看，最好的方法是利用表面工程技术，改变微动运行的区域和减缓微动疲劳裂纹的形成和扩展。

涂层技术分为硬涂层和软涂层两类，对于硬涂层，承载时基体与涂层的变形差异较大，易在涂层/基体界面形成裂纹，并导致涂层的剥落，抗微动损伤的使用寿命并不很长，尤其对提高微动疲劳的性能有限；固体润滑涂层(软涂层)，可使接触表面摩擦系数降到较低水平，由于滑移很容易进行，能够抑制甚至消除对微动疲劳最不利的混合区，同时还可改变接触区域的应力状态，并吸收振动能量，涂层使微动裂纹主要发生在涂层内部，很好地保护了基体材料，大大延缓了微动裂纹在基体材料中的形成和扩展。因此，我们选定了固体润滑涂层作为连杆配合面的防护。

表面工程的技术种类繁多，但从机车柴油机连杆部件的结构来看，尺寸较大而需要保护的表面相对较小；从生产企业的要求来看，采用的表面工程手段不能有太大的设备投入，而且工艺成本不能过高；因此，从现有的表面工程技术来看，可供选择的表面处理方法大致限制在热喷涂、化学热处理、黏接涂层、电沉积等技术。因此，能够达到连杆配合面要求的固体润滑涂层制备方法也就主要限制在黏接涂层和电沉积技术。根据以前大量的工作积累，我们选择黏接 MoS_2 涂层、黏接石墨涂层、黏接聚四氟乙烯(poly tetra fluoroethylene，PTFE)涂层和电刷镀 Pb 涂层作为下一步的研究目标。

2.涂层材料的选择

1)涂层材料选择的极坐标法

为了实现经济性和实用性的统一，不同的表面涂层存在其最佳的应用工况。但是，为了达到对涂层的最优选择，需要比较较多的涂层性能参数和微动摩擦磨损试验结果。Carton 等[26, 27]提出了一种极坐标法，以基体材料作为参考，借助于极坐标将不同涂层的微动摩擦磨损性能和力学性能进行比较，从而清晰地显现了不同涂层间的性能和微动特性的差异，为工程应用中合理选择涂层提供了有效方法。具体的方法如下。

第一步，将涂层或涂层材料特征参数、涂层/基体界面特性参数、摩擦副运行工况参数和材料响应参数分别归类。

(1)基体或涂层材料特征参数：包括弹性模量(E)、屈服强度(σ_y)和疲劳强度(σ_D)；其中基体钢铁材料的疲劳强度为强度极限的 40%～50%。

(2) 涂层/基体界面特性参数：包括残余应力(P_r)、涂层划痕试验临界载荷(L_c)和结合强度(σ_{adh})，其中：

$$P_r = \frac{(\sigma_{r1} + \sigma_{r2} + \sigma_{r3})}{3} = \frac{\sigma_y(\alpha + \beta + \gamma)}{3} \tag{10-6}$$

式中

$$\begin{cases} \sigma_{r1} = \alpha \cdot \sigma_y \\ \sigma_{r2} = \beta \cdot \sigma_y \\ \sigma_{r3} = \gamma \cdot \sigma_y \end{cases} \tag{10-7}$$

其中，α、β 和 γ 为常数，表面承受压应力时为负值，承受拉应力时为正值，对于软涂层，残余应力一般表现为拉应力，即

$$\begin{cases} \sigma_{r1} = \sigma_{r2} = 0.1\sigma_y \\ \sigma_{r3} = 0 \end{cases} \tag{10-8}$$

(3) 摩擦副运行工况参数：包括加载速率(T)、运行工况微动图中部分滑移区与混合区宽度之和(Δ)和摩擦系数(μ)。根据 Tresca 塑性变形法则，加载速率可定义为

$$T = \frac{\tau_{max}}{K} \tag{10-9}$$

其中，τ_{max} 表示 Tresca 等效应力最大值；K 表示剪切屈服强度，即

$$K = \frac{\sigma_y}{2} \tag{10-10}$$

对于球/平面接触有[28]

$$\tau_{max} = 0.31P_0 \tag{10-11}$$

其中，P_0 为最大接触应力，对于基体材料可采用 Hertz 理论计算，对于厚度相对接触半径要小得多的薄涂层，Hertz 理论不再适用。对应于圆柱/平面接触，最大接触应力 P_0 为[28]

$$P_0 = \left[\frac{9P^2}{8Rb} \cdot \frac{(1-\upsilon_c)^2}{1-2\upsilon_c} \cdot \frac{E_c}{1-\upsilon_e^2} \right]^{\frac{1}{3}} \tag{10-12}$$

其中，R 表示圆柱半径；P 为单位长度上的载荷；E_c 和 υ_c 分别表示涂层的弹性模量和泊松比；υ_e 表示圆柱试样的泊松比。对于球/平面涂层接触，不同材料涂层很难得到比较一致的计算方法，因此，在不影响其他微动参数的前提条件下，可以借助圆柱/平面接触的计算结果，在设定的应力工况下达到对不同涂层加载速率的近似比较。Δ是与裂纹萌生密切相关的参数，定义为在某一法向载荷下，部分滑移区与混合区宽度之和，相对于颗粒脱落而言，该区域内裂纹的萌生与扩展占主导因素。

(4) 材料响应参数：包括涂层磨损寿命(n_s)、裂纹形核所需最小循环周次(n_A)、

某一循环次数下最大裂纹长度(Z_F)和最大磨损深度(Z_U)。如果经历与磨损寿命相应的循环次数后，涂层从基体表面大量剥落，但是基体未受损伤，那么这种情况下的最大磨损深度等于涂层厚度。

　　显然，微动运行工况参数和材料响应参数取决于外界条件，是系统依赖性很强的参数。

　　第二步，与四类参数对应，将以上参数用极坐标图描述，分别可以将各类参数放入四个扇区，如图 10-31 所示。定义内圆(参考圆)半径为 1 个单位，将图分为两个部分。坐标图中的参数都是涂层与未经涂层处理的基材的相应值之比，其结果小于 1 时表明微动磨损特性得到改善，即处于参考圆内部，否则表明性能变得更差，处于参考圆外部。通常可定义，坐标轴上的各参数单位在参考圆内时取值从 0.1 到 1，在参考圆外时取值从 1 到∞。4 个扇区的参数可分别按下列公式计算。

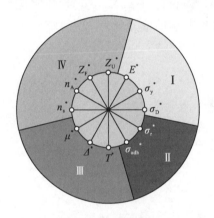

图 10-31　涂层选择的极坐标法示意图[26]

　　第 I 扇区：涂层固有特性(弹性模量、屈服强度、疲劳强度)弹性模量比 E^* 为

$$E^* = \frac{E}{(E)_{ref}} \tag{10-13}$$

其中，以 ref 为下角标的参数表示对应的基体值(以下同)，当涂层较薄时，它对接触应力场影响很小，仅充当传递力的作用，最终应力作用于基体，为了最大限度地减小涂层表面应力，涂层的弹性模量必须小于基体弹性模量，即选择 E^* 小于 1 的涂层为佳。

　　屈服强度和疲劳强度的比值分别如下：

$$\sigma_y^* = \frac{(\sigma_y)_{ref}}{\sigma_y} \tag{10-14}$$

$$\sigma_D^* = \frac{(\sigma_D)_{ref}}{\sigma_D} \tag{10-15}$$

通常涂层的屈服强度未知，一般按屈服强度的比值等于硬度之比来计算。对于钢基体材料，因为涂层较薄，作用力直接传递到基体，涂层表面承受的疲劳载荷几乎与未经涂层处理时大致相同，因此，可以认为无论有无涂层，其疲劳强度被认为相同。

第 II 扇区：涂层/基体界面特性参数。

残余应力比值：

$$\sigma_r^* = \frac{\sigma_y + P_r}{\sigma_y - P_r} \tag{10-16}$$

结合强度比值：

$$\sigma_{adh}^* = \frac{(\sigma_{adh})_{ref}}{\sigma_{adh}} \tag{10-17}$$

对于 Cr-Mo 钢铁基体材料，$(\sigma_{adh})_{ref}$ 为剪切屈服强度。对使用划痕试验获得的临界载荷，因为不存在基体的临界载荷，所以临界载荷比值可用与某参照涂层的比值表示，即

$$L_c^* = \frac{L_{c0}}{L_c} \tag{10-18}$$

其中，L_{c0} 为参照涂层的临界载荷。

第 III 扇区：运行工况参数。

加载速率：

$$T^* = \frac{0.6P_0}{\sigma_y} \tag{10-19}$$

其中，σ_y 为涂层屈服强度；P_0 为最大赫兹接触应力。

摩擦系数 (μ) 的比值和部分滑移区与混合区宽度之和 (Δ) 的比值：

$$\mu^* = \frac{\mu}{(\mu)_{ref}} \tag{10-20}$$

$$\Delta^* = \frac{\Delta}{(\Delta)_{ref}} \tag{10-21}$$

第 IV 扇区：材料响应参数比值。

涂层寿命比值：

$$n_s^* = \frac{(n_s)_{ref}}{n_s} \tag{10-22}$$

裂纹形核所需最小循环周次比值：

$$n_A^* = n_s^* \frac{n_s - n_A}{(n_s)_{ref} - (n_A)_{ref}} \tag{10-23}$$

最大裂纹长度比值：

$$Z_F^* = n_s^* \frac{Z_F}{(Z_F)_{ref}} \qquad (10\text{-}24)$$

最大磨损深度比值：

$$Z_U^* = n_s^* \frac{Z_U}{(Z_U)_{ref}} \qquad (10\text{-}25)$$

第三步，根据以上准则，利用极坐标图，可以实现对不同表面涂层抗微动磨损性能的综合比较，根据比较结果得到适合工况的最佳涂层。

2) 几种典型涂层材料的选择与分析

对所选择的黏接 MoS_2 涂层、黏接石墨涂层、黏接 PTFE 涂层和电刷镀 Pb 涂层进行了大量试验研究，表 10-4 展示了基体和 4 种涂层的力学性能和微动特性参数。其中，在测试涂层/基体界面性能时，需要计算界面最大接触应力，为了定性比较不同涂层的该项参数，采用圆柱/平面接触，参数如下：法向载荷取 600N，圆柱半径为 4mm，长度为 3mm。

按极坐标方法的要求，由表 10-4 计算的相关比值见表 10-5。

表 10-4　基体及涂层力学性能和微动特性参数

参数	42CrMo 钢基材	黏接 MoS_2 涂层	黏接石墨涂层	黏接 PTFE 涂层	电刷镀 Pb 涂层
E/GPa	210	6	8	2	17
HV	370	50	60	20	35
σ_y/MPa	930	125	150	50	90
σ_D/MPa	500	500	500	500	500
P_r/MPa	0	9	10.5	4	6
L_c/N	—	1	0.39	0.64	0.125
P_0/MPa	1354	2190	2400	1170	3900
Δ/μm	20	2	2	2	10
μ	0.50	0.12	0.15	0.035	0.1
n_s(×10⁴)	100	18	8.4	>100	2.2
n_A(×10⁴)	10	>20	>10	>100	>10
Z_F/μm	12	0	0	0	0
Z_U/μm	82	10	30	5	37

注：表中除所列 n_s 及 n_A 外，其他有关参数的试验工况为 F_n=600N，D=20μm，N=10⁵ 次，f=10Hz。

表 10-5　极坐标中基体及涂层性能比值

性能比值	42CrMo 钢基材	黏接 MoS_2 涂层	黏接石墨涂层	黏接 PTFE 涂层	电刷镀 Pb 涂层
E^*	1	0.03	0.04	0.01	0.08
σ_y^*	1	7.8	6.2	8.6	10.3
σ_D^*	1	1	1	1	1
σ_r^*	1	1.16	1.14	1.17	1.14

续表

性能比值	42CrMo 钢基材	黏接 MoS_2 涂层	黏接石墨涂层	黏接 PTFE 涂层	电刷镀 Pb 涂层
L_c^*	—	1	2.56	1.56	8
T^*	1	10.5	9.6	14.5	26
Δ^*	1	0.1	0.1	0.1	0.1
μ^*	1	0.24	0.3	0.07	0.2
n_s^*	1	5	12	1	46
n_A^*	1	0	0	0	0
Z_F^*	1	0	0	0	0
Z_U^*	1	0.61	4.4	<0.06	21

注：L_c^* 的计算中，L_{c0} 取黏接 MoS_2 涂层为参照涂层。

再将 4 种涂层的相应比值用对数极坐标图表示，如图 10-32 所示。可以发现，4 个图的轮廓相似，说明了固体润滑涂层性能的一致性。润滑涂层的力学性能低于基材，即 $\sigma_y^* > 1$；低弹性模量涂层具有良好的应变调节能力，因此 E^* 小于 1；涂层完全改变了基材的微动特性，对于黏接 MoS_2 涂层、黏接石墨涂层和黏接 PTFE

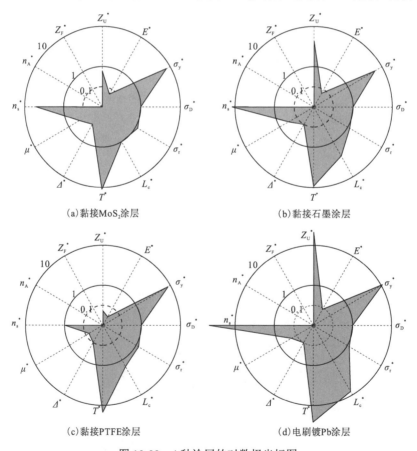

(a) 黏接MoS_2涂层   (b) 黏接石墨涂层

(c) 黏接PTFE涂层   (d) 电刷镀Pb涂层

图 10-32　4 种涂层的对数极坐标图

涂层，只观察到滑移区和极小范围的部分滑移区，对电刷镀 Pb 涂层，尽管存在 3 个微动区域，但是微动区域左移，部分滑移区减小，因此 Δ^* 较低；经相同循环次数后（10^5 次循环），四种涂层均未萌生裂纹，即 n_A^* 和 Z_F^* 为 0。

由图 10-32 进行综合对比可以发现，黏接 MoS_2 涂层综合抗微动磨损性能最好，其余依次按黏接 PTFE 涂层、黏接石墨涂层和电刷镀 Pb 涂层逐渐降低。所以，我们选定了黏接 MoS_2 涂层为最终的涂层材料。

3.表面处理工艺的优化

为获得最佳的黏接 MoS_2 涂层工艺，我们系统研究了涂层厚度、残余应力、喷砂预处理、固化温度等涂层制备关键参数对其使用寿命的影响，最终优化后的制备工艺为：去锈、除油→表面喷砂→喷涂黏接 MoS_2 涂层（厚度为 (25 ± 2) μm）→高温固化（180℃）。

4.实际验证

现场试验是检验涂层能否最终达到使用要求的必经的最后一道考核。目前我们所研究的黏接 MoS_2 涂层防护柴油机连杆齿形配合面方案，已由原铁道部戚墅堰机车车辆厂（现中国南车集团戚墅堰机车车辆厂）成功应用到东风 11 型内燃机车 16V280ZJ 柴油机连杆上，经 120 万 km 运行考核，效果良好。

参 考 文 献

[1] Dobromirski J M. Variables of fretting process: Are there 50 of them?//Attia M H, Waterhouse R B. Standardization of Fretting Fatigue Test Methods and Equipment. West Conshohocken: ASTM International, 1992: 60-66.

[2] Campbell W E. ASTM STD144. Philadelphia: ASTM International, 1952: 3.

[3] Hurrick P L. The mechanism of fretting-a review. Wear, 1970, 15: 389-409.

[4] Gordelier S C, Chivers T C. A literature review of palliatives for fretting fatigue. Wear, 1979, 56: 177-190.

[5] Beard J. Palliative for fretting fatigue//Waterhouse R B, Lindley T C. Fretting Fatigue. London: Machanical Engineering Publications, 1994: 419-436.

[6] Sato J, Shima M, Sugawara T. Effect of lubricants on fretting wear of steel. Wear, 1988, 110: 83-95.

[7] Waterhouse R B, Nikulari A. Metal Treatments against Wear, Corrosion, Fretting and Fatigue. Oxford: Pergamon Press, 1988: 31-40.

[8] Fu Y Q, Wei J, Batchelor A W. Some considerations on mitigation of fretting damage by the application of surface-modification technologies. Journal of Materials Processing Technology, 2000, 99: 231-245.

[9] Bill R C. Fretting of AISI 93100 steel and selected fretting resistance surface treatments. ASLE Transactions, 2008,

21: 236-242.

［10］Harris S J, Overs M P, Gould A J. The use of coatings to control fretting wear at ambient and elevated temperatures. Wear, 1985, 106: 35-52.

［11］Hoeppner D W, Gates F L. Fretting fatigue consideration in engineering design. Wear, 1981, 70: 155-164.

［12］Yang J A, Jouraij J, Du R. Controlling toolholder fretting though simple design modifications. International Journal of Machine Tools & Manufacture, 2000, 40: 1385-1402.

［13］石塚弘道. 车轴微振磨损的对策. 姚英, 译. 国外内燃机, 1993, 12(282): 48-52.

［14］平川贤尔. 高速动车用车轴的疲劳设计. 骆巧珍, 译. 国外内燃机, 1997, 5(323): 31-33.

［15］Leluan A. 车轴耐疲劳性能的改善. 徐网大, 译. 国外机车车辆工艺, 1990, 1: 21-26, 40.

［16］徐滨士, 朱绍华. 表面工程的理论与技术. 北京: 国防工业出版社, 1999.

［17］Qiu Y, Roylance B J. The effect of lubricants on fretting wear of steel. Wear, 1988, 110: 83-95.

［18］Zhou Z R, Vincent L. Lubrication in fretting-a review. Wear, 1999, 225-229: 962-965.

［19］Zhou Z R, Liu Q Y, Zhu M H, et al. An investigation of fretting behaviour of several metallic materials under grease lubrication. Tribology International, 2000, 33: 69-74.

［20］Liu Q Y, Zhou Z R. Effect of displacement amplitude in oil-lubricated fretting. Wear, 2000, 239: 237-243.

［21］Zhou Z R, Kapsa P, Vincent L. Grease lubrication in fretting. Journal of Tribology, Transactions of the ASME, 1998, 120: 737-743.

［22］Berthier Y, Vincent L, Godet M. Velocity accommodation in fretting. Wear, 1988, 125: 25-38.

［23］Godet M. The third body approach: A mechanical view of wear. Wear, 1984, 100: 437-452.

［24］Matthews A, Holmberg K, Franklin S. A methodology for coating selection//Dowson D. Thin Films in Tribology. Amsterdam: Elsevier, 1993: 422-439.

［25］江晓禹, 金学松. 考虑表面微观粗糙度的轮轨接触弹塑性分析. 西南交通大学学报, 2001, 36(6): 588-560.

［26］Carton J F, Vannes A B, Vincent L. Basis of a coating methodology in fretting. Wear, 1995, 185: 47-57.

［27］Carton J F, Vannes A B, Zambelli G, et al. An investigation of the fretting behavior of low friction coatings on steel. Tribology International, 1996, 29: 445-455.

［28］Johnson K L. Contact Mechanics. Cambridge: Cambridge University Press, 1985.